Christian Carl Willinger

Auf Leben und Tod

Ein Kulturjagdreisebuch

CCW-VERLAG

Sämtliche Abbildungen stammen aus dem Archiv des Autors

Willinger, Christian Carl
Auf Leben und Tod – Ein Kulturjagdreisebuch
478 Seiten, 184 farbige Abbildungen
CCW-Verlag, Fieberbrunn 2018

ISBN 978-3-200-05922-1

Limitierte Auflage von 500 Exemplaren

Verlag: CCW-Verlag, Fieberbrunn
Druck und Bindung: Best-Preis-Printing ug. & Co KG
Printed in the EU

Umschlagbild: Detail aus den Löwenjagdreliefs im Palast zu Ninive, British Museum

Ἐπάμεροι· τί δέ τις; τί δ' οὔ τις; σκιᾶς ὄναρ
ἄνθρωπος. ἀλλ' ὅταν αἴγλα διόσδοτος ἔλθῃ,
λαμπρὸν φέγγος ἔπεστιν ἀνδρῶν καὶ μείλιχος αἰών.

Dem Tag unterworfen. Was ist einer? Was ist einer nicht?
Eines Schattens Traum ist der Mensch.
Doch wenn der Glanz von Göttern gegeben,
Ist strahlendes Licht auf den Männern und süß ist das Leben.

Pindar, VIII Pythische Ode, 95 sqq

Through many dangers, toils and snares
We have already come
T'was grace that brought us safe thus far
And grace will lead us home.

John Newton, Amazing Grace, 1779

ΙΠΠΕΥΕΙΝ ΚΑΙ ΤΟΞΕΥΕΙΝ ΚΑΙ ΑΛΗΘΙΖΕΣΘΑΙ

Herodot, Historien I, 136,2

Reiten, den Bogen spannen, die Wahrheit sagen

Inhalt

Vorwort

Ein halbes Jahrzehnt ist nun seit der Veröffentlichung von *Good Sport and Fair Chase* vergangen. In dieser Zeit hat sich die Welt und auch die Welt der Jagd nachhaltig verändert, und beide nicht zum Positiven.

Im Gefolge der „Cecil"-Affäre, die von einem Tierrechtsaktivisten aus *alternative facts* zusammengebraut und den internationalen Medien präsentiert wurde, kam es zu dramatischen Veränderungen der internationalen Sichtweise auf den Jagdtourismus. Es gibt heute selbst bei seriösen und konservativen Medien kaum mehr einen Journalisten, der die jagdliche Argumentation nicht für lächerlich und an den Haaren herbeigezogen halten würde, während die Argumente der „Naturschützer", wie man pauschal alle jagdkritischen NGOs bezeichnet, für vernünftig und richtig erachtet werden. Die „Naturschützer" werden dabei als moralisch integrer Gegenpol zu nutzungsorientierten Gruppen, also Jägern und „jagdhörigen" Organisationen wahrgenommen.

Die sozialen Medien haben bei der Entwicklung dieser Sichtweise eine entscheidende Rolle gespielt. In einer postfaktischen Welt, in der nicht mehr Fakten, sondern nur noch Emotionen zählen und in der es allein schon wegen der uferlosen Informationsflut pro und contra praktisch unmöglich geworden ist, Wahrheit von Lüge, News von Fake-News, Information von Propaganda zu trennen, drohen sich Hashtags, Likes und Dislikes zur Weltherrschaft aufzuschwingen. Der tiefe Fall der Menschheit von Plato und Kant zum Gewürm. Und wir müssen uns eingestehen: wir, die Repräsentanten der Vernunft, haben die Deutungshoheit längst verloren. So konnte man in Geo Saison, Ausgabe November 2017, als prominentes Schlußstatement des Heftes lesen: „... Trophäenjäger wie er (Hemingway) werden (heute) als Verbrecher verurteilt ..."

Good Sport and Fair Chase schloß mit den Worten: „Während die Großwildjagd und der Jagdtourismus heute besser aufgestellt sind als noch vor einem Vierteljahrhundert, sind sie doch hochoffiziell eingebunden in das international anerkannte Konzept nachhaltiger Nutzung natürlicher Ressourcen, so kam im selben Zeitraum für die Meutejagd im Königreich das Ende, zumindest in ihrer ursprünglichen Form". Das hat sich als grundlegender Irrtum erwiesen. Die Tierrechtsbewegung hat längst schon nicht nur die Medien und „fortschrittlichen" Parteien auf ihrer Seite, sondern auch die Universitäten, wo einschlägige Institute wie Pilze aus dem Boden schießen, sodaß heute ein Heer von Intellektuellen und Moralisten gegen uns Jäger zu Felde zieht. Und die neuen sozialen Medien tragen trotz der Kurzlebigkeit ihrer Entrüstungsstürme wesentlich zur Beeinflussung der öffentlichen Meinung bei. Dutzende Fluglinien verweigern in vorauseilendem Gehorsam inzwischen den Trophäentransport, und der Gesetzgeber wird immer öfter mit Anträgen zum Verbot der Trophäeneinfuhr bombardiert. Die sogenannte Trophäenjagd, die eigentlich Erhaltungsjagd heißen müßte, ist mittlerweile derart diskreditiert, daß ihre Zukunft ungewiß erscheint.

Doch nicht nur der Jagdtourismus ist von globalen ideellen Umwälzungen betroffen, auch die heimische Jagd steht immer öfter im Kreuzfeuer. Hier in Tirol ticken die Uhren zwar derzeit noch geringfügig anders, denn die Tiroler sind immer noch ein stolzes, eigenständig-eigenwilliges Volk, das sich nicht so schnell von dümmlichen Zeitgeistigkeiten manipulieren läßt. Somit hat die Jagd gerade im ländlichen Tirol noch einen starken Rückhalt in der Bevölkerung. Dennoch gibt es auch hierzulande einen zunehmenden Einfluß tierrechtsaktivistischer Kreise, von denen zwischenzeitlich auch der bislang gemäßigte Tiroler Tierschutzverein unterwandert wurde, eine Entwicklung, wie sie vielerorts zu beobachten ist. Österreich mag der internationalen „Entwicklung" zwar fünf Jahre nachhinken, Tirol vielleicht zehn, aber am Ende kommt alles Übel auch zu uns.

Selbst in Spanien weht zunehmend ein rauher Wind. Die Fiesta taurina, immerhin zum immateriellen nationalen Kulturerbe erhoben, leidet angeblich unter Besucherschwund und wird von der Tierrechtsszene mit allen Mitteln bekämpft, ja es gab sogar den Versuch, sie über das EU-Parlament verbieten zu lassen. Trotzdem ist sie derzeit noch nicht in ernsthafter Gefahr.

Die Meutejagd in Großbritannien findet seit fast eineinhalb Jahrzehnten nur mehr in modifizierter Art und Weise statt, und zwar unter Ausnutzung diverser Ausnahmebestimmungen im Verbotsgesetz. So darf Wild mit zwei

Hunden aufgestöbert werden, um dann geschossen oder der Beizjagd mit dem Milchuhu zugeführt zu werden. In der Regel setzt man mehrmals hintereinander immer wieder zwei neue Hunde an, bis sich nach ein paar Stunden doch mal eine ungefährliche Schußgelegenheit bietet. Etliche Meuten haben jedoch einfach auf Schleppjagd umgestellt. Immer noch werden die Jagden massiv von den Antis bekämpft, sind von extremen Störaktionen betroffen und werden mit sinnlosen und meist ergebnislosen Gerichtsprozessen überschüttet.

So bietet sich heute ein Bild der Verwüstung durch kulturelle Säuberungsstürme, welche – initiiert von einschlägigen Organisationen, aufgegriffen von den Medien, aufgepeitscht in den Sozialen Medien und letztlich umgesetzt durch „fortschrittliche" Politik – wie Tornados über alle politisch inkorrekten Traditionen hinwegfegen. Nachdem man sich vor einem Jahrhundert ideologisch, politisch und gesellschaftlich vom klassischen Abendland distanziert hat, will man das nun auch kulturell tun. Insbesondere vor dem Hintergrund der Globalisierung bedeutet dies den endgültigen Abschied vom Okzident.

Das vorliegende Buch wendet sich vehement gegen diese unselige Entwicklung des Zeitgeistes und führt gleichzeitig die großartige Schönheit, Komplexität und kulturelle Vielfalt der diversen angefeindeten Traditionen vor Augen. In gewissem Sinne ist es ein geistiges Manifest wider die Zerstörungsorgien der Moderne und Postmoderne.

Doch nicht nur die Vielfalt der Kultur ist bedroht. Noch nie in der Geschichte der Menschheit hat es ein derart ungeheures Maß an Naturzerstörung gegeben wie im vergangenen halben Jahrhundert. Biotope, Arten, Landschaften, Luft, Erde und Wasser, nichts ist mehr vor Vernichtung, Ausrottung, Vergiftung, Klimawandel sicher. Und nein, daran trägt die regulierte Jagd keine Mitschuld, ganz im Gegenteil!

Wenn dieses Werk also den Titel *Auf Leben und Tod* trägt, so bezieht sich dieser nicht auf meine Abenteuer, die vielleicht auch bisweilen gefährlich gewesen sein mögen, sondern einerseits vor allem auf den Kampf um die Vielfalt von Natur und Kultur, den es heute an allen Fronten zu führen gilt, und andererseits auf den tiefen sinnstiftenden Zusammenhang zwischen Leben, Tod und Töten, einen Zusammenhang, den ich aus unterschiedlichen Blickwinkeln ausleuchten will.

Darüber hinaus geht es mir bei meinen Ausführungen noch um einen weiteren Aspekt, der wesentlich ist, um zu verstehen, warum die Jagd sich weit über das reine Beutemachen erhebt.

Zeit meines Lebens war ich fasziniert von den Schönheiten, welche die Natur uns bietet, und andererseits von den großartigen Schöpfungen, die der Mensch als Kulturwesen hervorgebracht hat. Der Mensch als ein Wesen im Schnittpunkt von Natur und Kultur, dessen Sein existentiell geprägt ist von beidem, diese große Einheit von Natur und Kultur im Menschsein steht im Zentrum meiner Weltbetrachtung. Gerade die Jagd verkörpert wie kaum eine andere menschliche Tätigkeit diese Dualität: bei der Jagd entfaltet sich der Mensch einerseits gänzlich als Naturwesen, wenn er als Jagender eins wird mit der Natur, andererseits steht die mit der Jagd verbundene kulturelle Überhöhung, von der jagdlichen Ethik über die Bräuche und technischen Hilfsmittel bis hin zu den rein kulturellen Umsetzungen in Malerei, Architektur, Bildhauerei, Musik und Dichtung nicht nur an der Wiege aller Kultur überhaupt, sondern ist ein fundamentaler Ausdruck des Menschen als Kulturwesen.

Seit jeher hat mich deshalb die große kulturelle Vielfalt begeistert, die zu verschiedenen historischen Epochen und von unterschiedlichen Völkern hervorgebracht worden ist. Erleichtert durch persönliche Verbindungen war es mir möglich, mich mit mehreren großen Jagdkulturen zu beschäftigen, neben der Jagd in Mitteleuropa vor allem – unter besonderer Berücksichtigung der Meutejagd – mit jener in Großbritannien, jedoch auch mit Frankreich, Spanien, den Ländern der GUS und dem anglophonen Afrika. Darüber hinaus habe ich mich einem weiteren Thema gewidmet, das in seinen anthropologischen Ursprüngen gemeinsame Wurzeln mit der Jagd aufweist, nämlich der spanischen Tauromachie. Auf zahllosen Reisen habe ich diese unterschiedlichen Kulturen zu erfassen versucht, wobei ich immer bemüht war, die Jagd eingebettet zu betrachten in die allgemeinen historischen und kulturellen Aspekte der besuchten Länder und Stätten.

Daraus ist eine Sammlung von Niederschriften entstanden, die zugleich Jagderzählungen und Reiseerzählungen mit naturgeschichtlichen, kulinarischen, kunst- und kulturhistorischen Einwürfen sind, eben ein *Kulturjagdreisebuch,* wie der Untertitel lautet, welches in größere kulturelle und geschichtliche Zusammenhänge einführen will, nicht alltägliche Blickwinkel ermöglichen soll und aufzeigt, wie sehr die „blutbefleckten“ Traditionen Teil des Weltkulturerbes sind, aus dem sie nicht herausgestrichen werden können, nur weil sie dem Zeitgeist unpassend erscheinen.

Ein Kapitel ist vor einiger Zeit in ähnlicher Form in HuntiNamibia veröffentlicht worden. Ich darf mich hier beim Verlag Venture Media bedanken, mir den Text für dieses Buch freigegeben zu haben. Mein besonderer Dank gilt nicht nur all den vielen wunderbaren Menschen, die ich im Laufe meiner Reisen kennenlernen durfte und von denen einige zu engen Freunden geworden sind, sondern mehr noch all jenen, die zum Gelingen dieses Werks beigetragen haben. Johann Sojer danke ich für etliche Korrekturhinweise; der Untertitel dieses Buches geht auf eine beiläufige Erwägung meiner hochgeschätzten Studienkollegin Prof. Dr. Roswitha Gruber-Sgonc zurück. Auch diesmal bin ich der alten deutschen Rechtschreibung treu geblieben.

Christian Carl Willinger
Sancti Iacobi mense Septembri AD MMXVIII

Prolegomena

Jagd – eine Frage der Freiheit

Den diversen Überlegungen zur Jagd, die in diesen Vorbemerkungen abgehandelt werden, darf ich eine wesentliche Erkenntnis voranstellen, daß nämlich das Recht zu jagen in erster Linie eine Frage der Freiheit ist.

Nicht selten wird gegen die Jagd ins Feld geführt, daß es diese ja überhaupt nicht brauche, besonders, wenn man Großprädatoren zuläßt. Unabhängig davon, daß diese Behauptung mit guten Argumenten widerlegt werden kann, ist jedoch die entscheidende Frage gar nicht, wieviel Jagd eine Kulturlandschaft oder eine Restnatur braucht, ob es die Jagd überhaupt braucht, ob sie notwendig ist. Die Frage ist vielmehr: wollen wir weiterhin das Recht auf Eigentum und dessen Nutzung anerkennen oder nicht. Das Nutzungsrecht von Eigentum aber ist eine fundamentale Frage der Freiheit.

Ein Wald braucht prinzipiell keinen Förster, eine Wiese keinen Bauern und ein Erzlager keinen Bergbau. Eigentum von Grund und Boden jedoch ist ohne umfassendes Nutzungsrecht sinnlos. Deswegen muß die Frage lauten: bekennen wir uns zu Grundeigentum und dessen Nutzung oder wollen wir das abschaffen? Wenn wir dieses Nutzungsrecht bejahen, kann der Förster Holz gewinnen, der Bauer Heu, der Bergbau Erz. Und der Jäger eben Wildpret, Felle, die verpönten Trophäen. Er kann sich dabei an der Natur auch umfassend erfreuen. Freude und Erbauung sind ebenso „Produkte“, die sich aus dem Nutzungsrecht ergeben, ganz ähnlich wie materielle Abschöpfung. Und es ist immer im langfristigen und ureigenen Interesse jedes Grundbesitzers, seinen Besitz nachhaltig zu bewirtschaften, während sich kurzsichtige Gewinnsucht alsbald rächt.

Daß die Jagd darüber hinaus noch wichtige Aufgaben für die Erhaltung der Schutzwälder und damit für das öffentliche Interesse und Gemeinwohl erfüllt, daß sie durch Biotop-Pflege die Artenvielfalt fördert, zum Wohle ganzer Lebensgemeinschaften, und daß sie eine Reihe weiterer wichtiger Aufgaben erfüllt, soll hier nur beiläufig erwähnt werden.

Wesentlich bleibt die Grundfrage: wollen wir eine nachhaltige Nutzung natürlicher Ressourcen oder wollen wir das nicht. Wenn nicht, dann müßten wir aber konsequenterweise auf unser menschliches Dasein überhaupt verzichten, denn Leben ist prinzipiell nur möglich als Prozeß des Stoffaustausches mit der Außenwelt und impliziert damit deren Nutzung. Nur dort, wo unsere Aktivitäten nicht nachhaltig sind, sollten wir Einschränkungen unseres Handelns dulden, ja fordern.

Grundbesitz und die zugehörigen Rechte sind in verschiedenen Staaten höchst unterschiedlich geregelt. In sozialistischen und ehemals sozialistischen Ländern gibt es keinen privaten Grundbesitz oder nur einen Kleinstbesitz wie Haus und Garten. Doch auch im Westen sind die Rechte des Grundbesitzers oft stark eingeschränkt. Mancherorts gehört ihm nichts, was sich tiefer im Boden befindet, oft muß er jedermann auf seinen Gütern Zutritt gewähren, jeder darf sich unentgeltlich aneignen, was ohne Zutun des Grundbesitzers wächst, er muß abhängig von der Grundgröße andere (entgeltlich) auf seinem Besitz jagen lassen und dergleichen mehr. In anderen Ländern jedoch ist seine Herrschaft über den Besitz absolut und uneingeschränkt. Auch gibt es Länder, wo bestimmte Rechte unabhängig von Grund und Boden veräußerbar sind, zum Beispiel Jagd- oder Fischereirechte in Großbritannien. Bei aller Variabilität dieser Rechtsformen muß jedoch festgehalten werden, daß sich ein Staat um so weiter vom Ideal der persönlichen Freiheit und einer freien Gesellschaft entfernt, je mehr er die Rechte des Einzelnen beschneidet und die Rechte des Grundbesitzers einschränkt.

In diesem Sinne stellt sich die Frage, welche Werte einer Gesellschaft wichtiger sind: Freiheit, Eigentum, Nutzungsrecht, Freiheit auch des Gewissens oder aber ideologisches Diktat und kollektivistischer Zwang. Eine Gesellschaft jedenfalls, die letzteres bevorzugt, hat mit Offenheit und Freiheit nichts mehr zu tun, auch dann nicht, wenn ihre Vorgaben demokratisch legitimiert wurden.

Gibt es überhaupt Freiheit?

Letztlich ist also Jagd, jegliche Form von Jagd, ja die Nutzung von Tieren schlechthin, eine Frage des persönlichen Gewissens. Und dieses läßt sich von niemandem diktieren, weder von der Gesellschaft, noch von demokratischen Mehrheiten oder von staatlicher Macht. Staatsmoral ist immer eine Form von Diktatur, individuelle Moral ein Ausdruck von Freiheit, der Freiheit des Gewissens und damit auch von echter, persönlicher Verantwortung.

Das widerspricht natürlich der von gewissen Kreisen vertretenen Auffassung, daß jeder nur das Produkt externer Einwirkungen bei einer gewissen genetischen Grundausstattung sei und daher niemand letztendlich für sein Handeln verantwortlich gemacht werden könne. Persönliche Freiheit sei eine Illusion und ein freies Gewissen gebe es nicht. Daher müsse auch das Kollektiv per Majoritätsbeschluß oder per Beschluß der machthabenden Kräfte vorschreiben, was erlaubt und was verboten, was gut, was böse, was moralisch, was unmoralisch sei.

Die Existenz der freien Entscheidung wird zwar von neurobiologischer Seite bezweifelt, doch diese simplifizierende Interpretation wird von vielen Philosophen nicht geteilt. Auch das Christentum sieht dies anders. Es ist außerdem gar nicht wichtig, ob es den freien Willen als solchen gibt oder nicht; entscheidend ist einzig, ob wir uns – als Erwachsene im Vollbesitz unserer geistigen Kräfte – frei *fühlen,* frei von unverständlicher Fremdbestimmung, frei von Willkür, Zwang und Nötigung.

Am Ende stehen wir vor der Grundsatzentscheidung: Bevorzugen wir unsere Freiheit, selbst wenn sie lediglich eine Illusion wäre, oder beugen wir uns irgendwelchen intellektuellen Konstrukten, welche ganze Heere einschlägiger Denker zusammengebraut haben? Wollen wir also eine freie Gesellschaft oder das Diktat des Kollektivismus? Für jeden, der nicht masochistisch veranlagt ist, kann es nur eine Antwort geben: *Wir wollen die Freiheit!*

Die wirre Welt von Kendall Jones [1]

Der Fall Kendall Jones und die jagdfeindliche Gleichschaltung der Medienlandschaft.

Es ist mehr als bedenklich, wie anläßlich der Berichterstattung um den Shitstorm gegen die amerikanische Jägerin Kendall Jones (und andere wie Axelle Despiegelaere, Melissa Bachman, Michaelka Fialova, Sabrina Corgatelli, Eva Shockey, Rebecca Francis oder in Deutschland Udo Wedekind) in beinahe allen deutschsprachigen Medien dem Jagdtourismus mit Ablehnung begegnet wird, und zwar nicht in Unkenntnis der Argumente, sondern in offener, herabwürdigender Mißbilligung dieser. Die Weltsicht des Tierrechtsaktivismus hat mittlerweile eine so universelle Verbreitung erfahren, daß jede andere Sichtweise als absurd abgetan wird und man in höchster moralischer Entrüstung zur medialen Lynchjustiz schreitet. Da es inzwischen längst zahllose Lehrstühle für Tierrechtsphilosophie gibt, kann man sich auch sehr einfach einschlägiger akademischer Leitartikeln bedienen. *Audiatur et altera pars,* heißt es so schön. Nun, angehört wird die Gegenseite zwar noch, aber nur, um sie dann dem Erdboden gleich zu machen, indem man sie völlig diskreditiert.

Liest man aber dann erst die Postings, kann man sich des Eindrucks nicht erwehren, daß das Denkmuster der großen Mehrheit der Poster noch mehr gleichgeschaltet ist als jenes der Medien. Hier gibt es überhaupt fast nur noch ablehnende emotionale Statements wie „abscheulich, abstoßend, Göre, absurd, Prahlerei, gehört eingesperrt", ja „getötet".

Nun ist es mit Trophäenphotos so eine Sache. Sie sind für den Jäger Ausdruck von Freude und Stolz, dienen der Erinnerung, werden aber von Nichtjägern gerne als Prahlerei angesehen. Ob man damit wirklich an die breite Öffentlichkeit gehen muß, sei dahingestellt. Dies, so meine ich,

[1] Schlagzeile in der Schweizer Boulevardzeitung „Blick", 12. 7. 2014

kompromittiert in gewissem Sinne die Würde (so man von einer solchen überhaupt sprechen kann) der erlegten Kreatur, und der von manchen gezogene Vergleich mit Porno-Photos liegt nicht gänzlich daneben.

Weiters hat Kendall Jones, wie auch an der Mähne ihres Löwen ersichtlich, einen südafrikanischen Gatterlöwen geschossen, wenngleich in einem Großgatter von 18.000 Hektar und unter Fair-Chase-Bedingungen, wie sie schreibt. Dennoch handelt es sich um einen Zuchtlöwen. Weidgerechte Jäger lehnen *canned hunting, put and take,* Gummipirsch und einige andere südafrikanische Unsitten ab. Doch um diese Dinge geht es hier gar nicht. Die Reaktion wäre dieselbe, egal, ob das Wild bloß exekutiert oder ehrlich bejagt wurde. Das Problem ist die uniforme, aggressive und völlig verständnislose Reaktion *aller* außerhalb des Kreises jener Menschen, die als Angehörige der „Jagdlobby" diffamiert werden. Wir sind hier meilenweit entfernt von einer rationalen und ausgewogenen Sicht der Dinge.

In den Shitstorms offenbaren sich neben dem Gedankenmüll der Achtelgebildeten die Tyrannengelüste der Ohnmächtigen und die moralinsaure Empörung und Entrüstung der zeitgeistig Verblendeten. Ich halte mich nicht gerade für einen geistigen Riesen, aber was in so manchen Postings geboten wird, kann nur von intellektuellen Mikroben stammen. Es ist dies alles ein ziemlich trauriger Auswuchs der demokratischen Idee hin zur Ochlokratie. Und daß die Medien hier mitspielen und in die gleiche Kerbe schlagen, erweist sich als hemmungsloser und zutiefst beunruhigender Mißbrauch ihrer Macht.

Wenn also die Medien von der „wirren Welt der Kendall Jones" schreiben, dann muß wohl die wirre Medienwelt gemeint sein, mit der Jones konfrontiert wird.

Der Fall Udo Wedekind

Wenige Tage vor Beginn der größten europäischen Jagdmesse *Jagd und Hund* in Dortmund 2014 wurde der Zentralabteilungsleiter des Umweltministeriums Thüringen, Udo Wedekind, seines Postens enthoben, weil er während seines Urlaubs in Botswana einen Elefanten erlegt und dies in einem Rundmail an ausgewählte Amtskollegen kundgetan hatte. Das Mail wurde den Grünen und der Linken zugespielt, welche es an die

Presse weiterleiteten und diese Form der Jagd als „koloniale Manier“ und moralisches Defizit brandmarkten. In der Folge brach ein Shitstorm über Wedekind herein, der den zuständigen Minister dazu veranlaßte, ihn zu beurlauben. Selbst bis in die Redaktionen renommierter deutscher Zeitungen reichte der Sturm der Entrüstung.

Nun hat Wedekind jedoch nichts anderes getan, als in völliger Übereinstimmung mit dem international ratifizierten Konzept der nachhaltigen Nutzung natürlicher Ressourcen zu agieren, welches über die vergangenen 30 Jahre auf zahlreichen Weltkongressen für Natur- und Artenschutz ausgearbeitet wurde. Sowohl UNEP als auch IUCN anerkennen und fördern Trophäenjagd als legitime Form nachhaltiger Nutzung, auch und gerade des Elefanten, und Jagdtourismus ist eine Form des Ökotourismus, wie Schüle in seiner Dissertation aufgezeigt hat. Artenschutz mit der Büchse widerspricht also keineswegs den Zielen eines Ministeriums, in dessen Zuständigkeitsbereich der Artenschutz fällt. Somit hat Wedekind ganz im Sinne seines Aufgabenbereichs gehandelt. Man kann ihm lediglich vorwerfen, daß es dem guten Geschmack widerspricht, mit seinen Jagderfolgen zu „prahlen“, wenn man das Verschicken von Erlegerphotos so nennen will. Jeder in einer Führungsposition muß heute mit politischer und persönlicher Mißgunst rechnen, insbesondere wenn man jagt, sodaß es bisweilen klug ist, Zurückhaltung an den Tag zu legen.

Den Vogel abgeschossen hat jedoch ein Gastkommentar einer Dozentin für Philosophie der Universität Erfurt in der Thüringer Allgemeinen, die dort in einer recht geschickt argumentierten Abhandlung die Ideen der Tierrechtsphilosophie als einzig zeitgemäße ethische Einstellung darlegt und Jagd als unangemessene Art der Freizeitgestaltung verurteilt, welche letztlich die Würde des Menschen verletze. Als Expertin für Bioethik, so wird der Leser schlußfolgern, müsse sie das ja schließlich wissen. Weit gefehlt!

Im besten Sinne des Konstruktivismus wurde hier durch Auswahl jagdkritischer Aussagen einiger bekannter Philosophen eine Denkachse geformt, die direkt zu Peter Singer, dem Urvater der Tierrechtsbewegung hinführt, während alle anderen Denker und Schulen totgeschwiegen werden. Auch die Wahl der Sprache ist tendenziös. „Seit XY wissen wir“, schreibt sie in Anwendung eines erprobten Stilmittels wiederholt, obwohl es seit Sokrates die allererste Grundtugend eines Philosophen sein sollte, zu wissen, daß er und wir gar nichts wissen. Wir können behaupten, annehmen, postulieren, aber niemals endgültig wissen. Und der Philosoph kann hinterfragen, aber er kann nur selten definitive Antworten geben, denn auf jede Frage gibt es beinahe so viele Antworten wie Philosophen. Immer wenn eine philosophische Schule den alleinigen Wahrheitsanspruch für sich erhebt, wird sie zur Ideologie, zu einer Art Religion. Wenn dann noch die Politik versucht, diese Wahrheit legislativ durchzuboxen, wird es brandgefährlich für die freie, offene Gesellschaft. Und Platon, auf den sich die Autorin gleich eingangs bezieht, war laut Sir Karl Popper nicht gerade ein Repräsentant der offenen Gesellschaft, sondern ein Totalitarist.

Daß sich kritische Bemerkungen zur Jagd durch die Geschichte der vergangenen zweieinhalb Jahrtausende ziehen, ist allgemein bekannt, gleichzeitig aber ist ebenso klar, daß diese Kritik immer nur vereinzelt geäußert worden ist und nie die geringste Rolle gespielt hat. Heute jedoch gibt es weltweit ganze Legionen von Gelehrten und zahllose Institute und Institutionen, welche sich der radikalen Umformung unserer Wertewelt im Sinne der Tierrechtsphilosophie verschrieben haben.

Man zementiert eine Weltsicht, indem man sie möglichst vielseitig intellektuell untermauert, sie möglichst oft wiederholt und missionarisch predigt. So haben das schon alle großen Weltreligionen gehandhabt, so hat es der Marxismus und reale Sozialismus gehandhabt, und so handhabt es nun auch der Tierrechtsaktivismus. Am Ende stehen immer Glaubenskriege, Unterdrückung und Unrecht. Was aus der konsequenten gedanklichen Weiterentwicklung des Egalitarismus resultiert, ist wohl an kaltblütigem Zynismus nicht mehr zu überbieten: *a rat is a pig is a dog is a boy.* Singer mag seine Ideen für richtig erachten, doch daß sie der Weisheit letzter Schluß wären, ist eine Anmaßung und Verblendung, die ihresgleichen sucht.

Der Fall Dr. Palmer

„*Perhaps one of the most disagreeable features of fanatic Islam is its ability to make people of other faiths feel impure in thought, word, and deed* – Vielleicht einer der widerlichsten Züge des fanatischen Islam ist, daß er Menschen anderen Glaubens dazu bringen kann, sich in Gedanken, Worten und Taten unrein zu fühlen."

Dieses Zitat aus Eric Newbys brillantem Reisebericht *A Short Walk in the Hindu Kush* trifft den Nagel auf den Kopf und läßt sich eins zu eins auf die Jagddebatte übertragen: wenn auf einen Jäger tausende von Haß-Postings niederregnen und auch alle sogenannten seriösen Medien dieser Welt *uni sono* das soziale Todesurteil fällen, kann man sich schon mal wie ein Ungläubiger fühlen, der den Kämpfern des Islamischen Staates in die Hände gefallen ist, und wer nicht eine sehr starke innere Überzeugung von der moralischen und faktischen Integrität seines Tuns hat, könnte beginnen, daran zu zweifeln. Er könnte im Angesicht der tödlichen Bedrohung seinen Glauben wechseln.

Hier muß man sich fragen, wo der sonst so omnipräsente Staat bleibt, wenn Menschen schutzlos der globalen medialen Lynchjustiz ausgesetzt werden und schwersten Schaden ihres Ansehens, ja teils sogar erhebliche wirtschaftliche Einbußen erleiden, wie etwa jener Dr. Palmer, der 2015 „Cecil", einen zuvor selbst in Zimbabwe nur Insidern bekannten, dann jedoch medial zum „berühmtesten Löwen Afrikas" hochstilisierten Löwen (was er posthum auch tatsächlich binnen weniger Tage geworden ist), erlegt hatte, und das völlig legal, wie die gründliche Recherche von Rolf Baldus ein Jahr nach dem Vorfall gezeigt hat. Und als 2012 infolge eines Sturzunfalls bekannt wurde, daß König Juan Carlos von Spanien in Botswana einen Elefanten erlegt hatte, führte dies beinahe zu einer Staatskrise. Die Medienkampagnen gegen einzelne Jagdreisende entwickeln sich zunehmend zu gnadenlosen Feldzügen mit standrechtlicher Erschießung, obwohl kein einziges Gesetz gebrochen und kein Unrecht begangen worden ist, einzig, weil das Handeln nicht in das geistig-ideologische Konzept der heutigen Mehrheit paßt.

All diesen Fanatikern ist das Wild, die Natur und die lokale Bevölkerung vollkommen egal. Das einzige, was sie interessiert, ist, daß das Wild nicht von Menschenhand getötet werden soll, und schon gar nicht durch westliche „Jagdtouristen". Es kümmert sie auch nicht, daß ein Ausfall der Amerikaner und Europäer durch Russen und Araber kompensiert würde, auf welche sie nicht den geringsten Einfluß haben. Angesichts dieses Szenarios könnten westliche Jäger bald rufen: Putin, wir kommen!

Postscriptum

Vier Jahre später: Kendall Jones, nun 23, ist nach wie vor jagdlich und jagdaktivistisch hoch aktiv. Auch ist sie immer noch außergewöhnlich attraktiv und sportlich. Allzu viele junge Menschen neigen ja in der heutigen Zeit leider zur adipösen Entgleisung. Kendall hat vor zwei Jahren ihren Vater verloren, dem sie ihre Begeisterung für Jagd und Natur verdankt, und will deshalb um so nachdrücklicher in seinem Sinne weiterwirken.

In der Zwischenzeit hat sie ihren jährlichen Shitstorm abbekommen, doch sind Shitstorms offensichtlich eine Angelegenheit von wenigen Tagen, danach verliert sich jegliches mediale Interesse. Immerhin hat Jones auf Facebook knapp eine Million Follower. Nicht schlecht für eine von den Weltmedien geächtete Person.

Inzwischen hat auch eine österreichische Proponentin der Jagd, die Mitherausgeberin der Zeitschrift *Die Jägerin* Elia Schneeweiß, ihren Shitstorm geerntet. Auffällig ist übrigens, daß ein Gutteil der Shitstorm-Opfer junge Frauen mit hohem Sex-Appeal sind, während unscheinbare Mauerblümchen offenbar verschont bleiben. Dies hängt wohl damit zusammen, daß letztere nur wenige Follower haben, denn auch in den Sozialen Medien gilt die uralte Regel *„sex sells"*.

Eine grundlegende Frage stellt sich angesichts dieser Szenarien: soll der Jäger sich mit Trophäenphotos in Sozialen Medien präsentieren, soll er provozieren, proaktiv sein, seine Präsenz nutzen, um die Welt mit projagdlichen Argumenten zu fluten, oder soll er sich möglichst im Stillen an seiner Passion erfreuen?

Die Stille paßt zum innigen Naturerleben natürlich weitaus besser als das laute Hinausposaunen. Und Argumente nützen offenbar ohnehin nichts, denn der mediale Mainstream tut jedes noch so fundierte jagdliche Argument als lächerlichen Unsinn ab. Unzählige akademische Tierrechtsspezialisten liefern dafür auch den nötigen intellektuellen Input, während die wenigen projagdlichen Intellektuellen kaum zu Wort kommen.

Doch auch im stillen Kämmerchen wird man die Jagd nicht retten können. Die folgenschwersten Shitstorms waren nämlich nicht jene gegen jagdliche Selbstdarsteller, sondern gegen stilles und völlig privates Weidwerk privilegierter Personen, das durch unglückliche Vorfälle an die

Öffentlichkeit gebracht wurde. Dr. Palmer und König Juan Carlos sind typische Beispiele dafür.

Tierrechtsaktivismus und Medien

Es vergeht kaum ein Tag, an dem nicht tierrechtsaktivistische Themata in den Medien aufgegriffen werden: Tierversuche in der biomedizinischen Forschung, Meutejagd, Jagdtourismus, Jagd und Fischerei im allgemeinen, Robbennutzung in Kanada, Gänsestopfleber in Gourmetrestaurants, Bärenfellmützen der Königlichen Garde, Nutztierhaltung, Pferdezucht und Pferdesport, Stierkampf in Spanien, Pelzmode, Haustierhaltung, Ernährung von Hunden und Katzen (man möge sie vegetarisch ernähren!), Wildlife-Management beispielsweise von Dachsen in England, Taubenreduktion in englischen Städten, Bärenmanagement in Deutschland und Österreich, Walfang in Japan, Fleischkonsum und Veganismus, Würmer an Angelhaken ... es gibt kaum ein Thema, welches mit Tieren zu tun hat, das nicht vom Tierrechtsaktivismus aufgegriffen und in den Medien präsentiert wird, wobei rationaler Argumentation eine Absage erteilt und die öffentliche Meinung mit Emotionen, Tatsachenverdrehung und falschen Daten manipuliert wird. Dies ist keine bloße Behauptung, sondern kann Fall für Fall belegt werden.

Die große Gefahr, welche vom Tierrechtsaktivismus ausgeht, besteht vor allem darin, daß er in bedeutenden Medien weltweit mit größter Beharrlichkeit iterativ und inhaltlich konsistent dieselben falschen, ja zum Großteil bewußt unwahren Behauptungen präsentiert. *Decies repetita placebit,* hat schon Horaz gesagt. Leider erzielt die proaktive Öffentlichkeitsarbeit jagdlicher Organisationen in den seltensten Fällen auch nur annähernd eine ähnliche Medienpräsenz, was vor allem mit ideologisch vorbelasteten redaktionellen Richtlinien auflagenstarker Medien wie *Daily Mail* oder *Guardian* zusammenhängt. Es ist durchaus nichts dagegen einzuwenden, wenn der einen Seite solche publikatorischen Möglichkeiten eingeräumt werden, solange auch die Gegenseite mit derselben Großzügigkeit bedient würde. Doch selbst dann bliebe immer noch dic Benachteiligung, daß sich rationale Argumente nicht so reißerisch aufziehen lassen wie Anklagen gegen vermeintlichen Tiermißbrauch.

Von besonderer Bedeutung ist hierbei das Wissen darum, wie westliche Demokratien und die sogenannte offene Gesellschaft heute funktionieren. Es ist nämlich keineswegs so, daß in der westlichen Welt unterschiedliche Meinungen nach rein rationalen Kriterien frei miteinander konkurrieren würden. Diese werden vielmehr durch den Lobbyismus verschiedener Interessensvertretungen polarisiert und der Öffentlichkeit durch den Filter medialer Aufarbeitung präsentiert.

Somit können erstens finanzstarke Lobbys ihre Meinung besser verbreiten als finanzschwache und zweitens üben ideologische redaktionelle Richtlinien eine einseitige und höchst effektive Verstärkerrolle aus. Weiters wird das demokratische Prinzip in sehr fragwürdiger Weise mißbraucht, indem durch Umfragen die „gesellschaftliche Akzeptanz" erhoben und dabei die Mehr-als-fünfzig-Prozent-Regel zum Maß aller Dinge erkoren wird, allerdings nur dann, wenn die Ergebnisse opportun sind. Auch wird keine Rücksicht darauf genommen, daß bei solchen Umfragen urbane Populationen überrepräsentiert sind, schon allein, weil sie die Bevölkerungsmehrheit stellen. Betroffen von entsprechenden legislativen Maßnahmen sind jedoch in erster Linie rurale Populationen. Schließlich bleibt bei der >50%-Demokratie jegliches Minderheitenrecht auf der Strecke. Nur weil über 50 % gegen etwas sind, ist das noch lange kein Grund, es zu verbieten.

Für eine untadelige Meinungsbildung in einer offenen Gesellschaft müßte man voraussetzten, daß alle Menschen einen gleichen und hohen Bildungsgrad, eine hohe Intelligenz und universale Interessen sowie sehr viel Zeit besitzen, sodaß sie sich über jedes gerade aktuelle Thema tiefschürfend informieren können und dann eine rationale Entscheidung dafür oder dagegen treffen. Nun hat kaum jemand universale Interessen, um sich mit allem zu beschäftigen, was heute diskutiert wird. Weiters reicht weder die Zeit noch der Bildungsgrad des überwiegenden Teils der Bevölkerung aus, sich mit dem Für und Wider zu einem beliebigen Thema erschöpfend auseinanderzusetzen, und mit der Verteilung der Intelligenz ist es auch eine heikle Sache. So haben wohl alle ein Wahlrecht und ein Recht auf freie Meinungsäußerung, aber geurteilt wird aus dem Bauch heraus, und zwar in Abhängigkeit davon, welche Seite sich der Öffentlichkeit effektiver oder sympathischer präsentiert bzw. von den Medien präsentiert wird, oder welche Meinung den Vorurteilen in der Öffentlichkeit mehr entgegenkommt.

Ein besonders trauriges Phänomen sind die „volksnahen Medien", deren tiefes Niveau das ohnehin schon niedrige Niveau der Massen verstärkt, anstatt für mehr Bildung und Erkenntnis zu sorgen. Diese Medien leben davon, ihre Leserschicht in deren Stammtischmeinung zu bestärken.

Umfragen sind also, und das will ich hier *expressis verbis* gesagt haben, völlig wertlos. Sie geben nichts anderes wieder als ein vages Gefühl, eine gewisse Stimmung in der Bevölkerung, und diese kann ebensowenig ein Maß für legislative Normen sein wie Sympathie und Antipathie.

Die wenigsten Entscheidungen werden in westlichen Demokratien allerdings durch direkte Volksentscheide herbeigeführt. Die >50%-Regel wird Gott sei Dank lediglich als Argument mißbraucht und nicht direkt angewendet. Legislative Maßnahmen werden von der politischen Nomenklatura getroffen, und bei dieser gilt nach wie vor, daß in erster Linie Ideologie, Vorurteil und Opportunität zu Entscheidungen führen, und nur selten die rationale Analyse und eine faire Abwägung der Argumente. Somit besteht die größte Gefahr, welche vom Tierrechtsaktivismus ausgeht, in der ideologischen Infiltration der politischen Nomenklatura, auf lange Sicht in der Infiltration der politischen Basis, aus der sich künftige Entscheidungsträger rekrutieren. Und hier kommen wir wieder zur Rolle und Verantwortung der Medien: je mehr diese den Tierrechtsaktivismus stützen, desto mehr künftige Entscheidungsträger werden von solchem Gedankengut geprägt sein.

Analyse tierrechtsaktivistischer Manipulationsmethodik

Die Methoden, mit welcher der Tierrechtsaktivismus die öffentliche Meinung zu manipulieren sucht, sind vielgestaltig.

1. Die Verwendung einer hochemotionalen Sprache und Bildersprache mit drei Zielen:
    - Lenkung des Unterbewußtseins (des Id) durch optische Informationen: Auslösung von Mitleid und Brutpflegeinstinkt durch Verwendung des Kindchenschemas (Robbenbabies); Auslösung von Aggression durch abstoßende Darstellungen (Blut, Gewalt); Auslösung positiver sexueller Gefühle durch sexistische Werbung, die das beworbene Produkt mit sexuellen Phantasien verknüpft (Lieber nackt als im Pelz)

- Stärkung des Superego (Über-Ich) durch Appellation an die moralische Instanz über verbale Information: Gegen Leid sein heißt gegen das Böse sein heißt für das Gute sein heißt selber gut sein: Erhöhung des Selbstwertgefühls
- Beeinflussung des Ego durch situative Information (optisch oder verbal): Auslösung von Neidgefühlen (Pelz und Jagd als Symbole für Luxus, Reichtum, Macht, Establishment, Tradition; also für Dinge, zu denen der Durchschnittsbürger keinen Zugang hat)

2. Moralische Diskreditierung der Andersdenkenden, Attribution niedrigen moralischen Niveaus und niedriger Instinkte unter Verwendung einer anklagenden und verurteilenden Sprache – seit Menschengedenken das klassische Vorgehen bei der Feindbild-Erzeugung
3. Argumentation mit pseudowissenschaftlichen Daten durch willkürliche Auswahl und einseitige oder falsche Interpretation seriöser Studien sowie durch gekaufte Auftragsarbeiten; Präsentation von ausgewählten, linientreuen Expertenmeinungen; dabei Fokussierung auf das tierische Individuum ohne Rücksicht auf das Schicksal von Arten und Ökosystemen

Gerade die Appellation an die moralische Instanz erweist sich langfristig als äußerst effektiv, gibt es doch für den Menschen aus der Masse nur eine einzige Möglichkeit, „etwas Besseres zu sein", ja in der eigenen Beurteilung sogar „über den Reichen und Mächtigen zu stehen": die moralische Dimension! So erklärt sich auch manch sensationsgeile Aufdeckersucht gewisser Journalisten und das moralinsaure Geplapper vieler Künstler, Wissenschaftler und Politiker. Vehement das sogenannte Gute zu vertreten und gegen das sogenannte Böse zu sein, steigert das Selbstwertgefühl nicht nur des einfachen Bürgers, sondern mehr noch all jener Übersättigten und Wohlstandsbürger, die latente Schuldgefühle ob ihres Wohlstandes entwickelt haben. Besonders in der Anonymität der Großstadt geht das Selbstwertgefühl nur allzu rasch verloren und muß regelmäßig durch ein öffentliches Bekenntnis zum Guten aufpoliert werden.

Was gut ist, das wird in jeder Gesellschaft durch einen Grundkonsens festgelegt. Je moderner eine Gesellschaft, um so wandelbarer, komplizierter und oberflächlicher wird dieser Grundkonsens. Er entfernt sich immer mehr von den Bedingungen, welche die Natur dem Menschen vorgegeben hat und paßt sich der artifiziellen Welt des urbanen Daseins an. Problematisch wird die Sache, wenn diese neuen Werte hinausgetragen werden, dorthin, wo die urbane Struktur noch nicht herrscht, hinaus aufs Land, in andere Kulturkreise, in die Refugien der Natur, in die Wildnis, in die ursprüngliche Heimat des Menschen. Dort führen sich die neuen Werte *ad absurdum.* Aber davor verschließt der moderne Mensch die Augen und argumentiert mit der Höherwertigkeit seiner Moral gegenüber den ursprünglicheren ethischen Normen oder den Normen anderer Völker oder gegenüber den primitiven Gesetzen der Natur. Es ist dies zweifellos eine Art Hybris und zugleich eine Form von Dünkel, der wenig erbauliche historische Vorläufer hat.

Hier aus einer englischen Tageszeitung ein paar Zitate von Will Travers, dem Vorsitzenden der Born Free Foundation, welche im übrigen – welch sagenhafte Rückgradlosigkeit – von Landrover unterstützt wird. Und dieser Mann ist sogar noch in den Adelsstand erhoben worden! Jeder einzelne Satz ist eine moralistische Tirade gegen uns Jäger, und die meisten Aussagen stellen eine Mischung aus Präpotenz, Lüge, Ideologie und Wahn dar. Man lasse sich das auf der Zunge zergehen:

„Barbaric hunters who shame our civilisation"

„The fact that so many species are threatened in the name of sport"

„The trophy business is the dark heart of the African wildlife industry"

„Big game hunting is anachronistic, a pursuit of another age"

„Trophy hunting is pushing some species close to extinction"

„I refute to accept the idea that just because an activity makes money it is justified"

„If hunting with a gun is both cruel and unnecessary, bow hunting is utterly barbaric"

„It is a return to the Dark Ages that is both unacceptable and wholly indefensible"

„We in the wealthy West are no longer compelled to be hunter-gatherers"

„If trophy hunting is harmful to wildlife, I believe it also damages our own humanity"

„Killing of the world's most noble creatures, all for the sake of over-inflated egos"

„Effective conservation of the Earth's wild creatures is only possible if we unequivocally accept that they have a right to exist, not as a ‚resource' nor because they can ‚pay their way' but because of their intrinsic worth as fellow inhabitants of the world we share"

„hunters are morally defective", „killing as pastime is evil"

„hunting and killing for so-called sport is a tragedy of the human psyche and something we should have grown out of"

IFAW: „We are opposed to trophy hunting because it is cruel and has a serious negative impact on conservation“

„Slaughter, bloodbath, blood-lust, horror, shocking, sickening, appalling, agonizing, terrified, desperate, the full brutal reality“

Kein Wort aber zu den wahren Ursachen von Bestandsrückgängen und Artensterben! Inzwischen ist es so weit gekommen, daß wirklich fast alle außerhalb des Kreises seriöser Naturschutzexperten diese Meinungen vertreten. Die ganze Welt ist vor der Tierrechtsideologie in die Knie gegangen!

Das Wesen der Tierrechtsbewegung

Beim Tierrechtsaktivismus handelt es sich wie bei jeder radikalen Ideologie um eine Ersatzreligion mit der Neigung zum Fundamentalismus und Fanatismus, die so weit geht, daß man vor Gewalt gegenüber Andersgläubigen nicht zurückschreckt. Der radikale Islam hat über Jahrhunderte Millionen Ungläubiger hingeschlachtet, zuletzt im großen Stil bei der Teilung Indiens, der Hinduismus hat bei dieser Gelegenheit nicht weniger gewütet, das mittelalterliche Christentum verbrannte Hexen und Ketzer, der Kommunismus liquidierte 150 Millionen Klassenfeinde, der Nationalsozialismus 6 Millionen Juden, und nun haben wir hier die Tierrechtsideologie als eine neue Sekte, die immer mehr Anhänger gewinnt und deren radikale Elemente den Menschen, die ihrem Feindbild entsprechen, am liebsten den Tod wünschen.

Bei den Bildungsfernen unter den Anhängern und Mitläufern dieser Ideologie darf man getrost einen emotionalen und intellektuellen Infantilismus diagnostizieren, bei den Gebildeten einen ethischen Überlegenheitsdünkel, der den Standesdünkel und den Rassendünkel früherer Zeiten abgelöst hat. Es ist dies das Feld der *ethical supremacists.*

Die Linke, welche dieses Feld lange für sich besetzt hatte, steckt seit dem Fall des Kommunismus in der Krise und hat es dem Tierrechtsaktivismus überlassen. Es ist ja eine geradezu göttliche Ironie der Geschichte, daß die eigentliche historische Inevitabilität des Marxismus-Leninismus oder Realen Sozialismus in seinem Untergang bestand. Seitdem bröckelt auch die bis vor kurzem scheinbar unangreifbare Deutungshoheit der Linken, deren Attraktivität bei der Jugend schwindet, während das Gutseinwollen und damit auch die Tierrechtsidee großen Zuspruch findet. Dieses Gutseinwollen endet jedoch abrupt bei den Feindbildern. Erstaunlich ist in diesem Zusammenhang, daß Jäger bislang ungestraft mit Haß-Postings und Drohungen überschüttet werden dürfen. Scheinbar gilt Jägern gegenüber die Unteilbarkeit der Menschenwürde und die Universalität der Menschenrechte nicht, sind sie doch – Unmenschen!

Wir haben es hier mit einem säkularen Missionierungswahn zu tun, einer neuen Form der Inquisition samt Ketzerverbrennung. Selbst an universitären Scholastikern, welche die neue Weltsicht mit philosophischen Theoriegebäuden untermauern, fehlt es nicht. Die Intoleranz hypertropher Moralisten: das ist eines der größten Übel auf dieser Welt.

Aus der Geschichte nichts gelernt

Ob uns denn diese universelle Ablehnung, die uns nun entgegenschlägt, nicht nachdenklich mache, wird man bisweilen von Journalisten gefragt, ganz so, als täten wir etwas Unrechtes, wofür wir uns schämen müßten. Aber natürlich, sehr nachdenklich sogar, und zwar bezüglich der ungeheuren geistigen Verblendung, welche heute bei den Medien, bei vielen Intellektuellen und Politikern sowie bei der breiten Masse herrscht, nachdenklich auch bezüglich der selbstgerechten Intoleranz neomoralistischer Allmachtsphantasien und der totalitären Aggression, mit welcher man uns zu diskreditieren sucht. Nein, wir brauchen uns nicht zu verstecken, wir tun nichts Unrechtes und wir müssen uns auch nicht schämen! Es ist viel mehr eine Schande, daß ein solches Hexentreiben immer noch oder schon wieder möglich ist!

Haben Tiere Rechte?

Zu dieser Frage ist einmal grundsätzlich festzustellen, daß Tiere keine Rechte *haben* können, nicht in dem Sinne, wie sie etwa Seheindrücke oder Hunger oder Schmerzen haben. Rechte kann man ihnen nur *zusprechen,* denn Rechte sind keine natürliche Erscheinung oder Eigenart, sondern werden – und genau dasselbe gilt auch von den Rechten des Menschen – vom Gesetzgeber *verliehen,* egal ob dieser Gesetzgeber nun Gott heißt oder

Parlament oder Politbüro, ob es ein Potentat ist oder „das Volk", ob die Gesetze durch einen Konsens zustandekommen oder durch ein Diktat. Der Gesetzgeber verleiht Rechte, und somit sind diese, sieht man einmal von einer hypothetischen höheren Macht ab, immer menschengemacht. Ohne den Menschen gibt es auf dieser Welt keine Rechte! Der Gesetzgeber aber kann natürlich alles mögliche beschließen. Er kann Tieren, Steinen und, wenn er wollte, sogar Sternen oder Elementarteilchen Rechte verleihen. Die Frage ist nur, inwieweit dies Sinn macht und ab welchem Punkt die Sinnhaftigkeit zugunsten von Glaubenslehren und Ideologien verlassen wird.

Üblicherweise sind außerdem Rechte unabdingbar an Pflichten gebunden. Unsere Gesellschaft hat hiervon bisher lediglich gegenüber Unmündigen eine Ausnahme gemacht, und zwar, weil es sich dabei um Mitmenschen handelt. Das Tier wird diesem Maßstab jedoch nicht gerecht. Auch wäre es logisch inkonsistent, daß Tiere nur gegenüber dem Menschen Rechte hätten und nicht auch untereinander. Hier betreten wir eindeutig das Reich des Absurden.

Es macht Sinn, Tiere vor brutaler Ausbeutung und Grausamkeit durch den Menschen zu schützen, doch Tieren Rechte zu verleihen, die mit ihren natürlichen Lebensläufen kollidieren, ist widersinnig. Man kann Tieren durchaus ein Recht auf ein naturgemäßes Leben zugestehen, auf ein Leben in intakten Ökosystemen, aber sie können kein Recht auf Leidensfreiheit und Leben an sich haben, weil sie in der Natur immer Glieder von Nahrungsketten sind, Krankheiten haben, Unfälle etc. Und auch der Mensch ist ein natürlicher Faktor, der ihrem Dasein ein Ende setzten darf wie jeder andere Prädator.

Es ist jedoch eine Frage der Vernunft, daß der Mensch sich dabei Selbstbeschränkungen auferlegt, denn mühelos kann er mit seinen technologischen Möglichkeiten Arten ausrotten, Ökosysteme zerstören, seine eigene Lebensgrundlage vernichten.

Und es ist auch eine Frage des wachen Gewissens, daß man, wenn man tötet, rasch tötet, daß man Tiere dabei nicht unnötig quält, ohne jedoch gleich ein Drama daraus zu machen, wenn mal etwas schiefläuft. Ein wenig mehr Gelassenheit täte uns allen gut.

Töten aus vernünftigem Grund

In *Pori Tupu* von Oskar Koenig las ich einst eine Sentenz von tiefer Weisheit: „Jeder dumme Junge kann einen Käfer zertreten, aber alle Professoren dieser Welt können keinen machen." Das bedeutet jedoch keineswegs, daß wir nicht töten sollen. Es bedeutet, nicht achtlos zu töten, nicht aus Langeweile, Bosheit oder aus einer Laune heraus, sondern stets nur „aus vernünftigem Grund".

Diese Formulierung, die sich in der Tierschutzgesetzgebung findet, ist jedoch mit Vorsicht zu betrachten, denn sie öffnet juristischer Willkür Tür und Tor. Nicht von ungefähr ist deshalb die Jagd und andernorts auch die Tauromachie explizit von den Bestimmungen des Tierschutzgesetzes ausgenommen. Damit ist auch der dortige Passus vom Töten aus vernünftigem Grund bislang für die Jagd irrelevant.

Dieser Ausnahmebestimmung kommt eine existenzielle Bedeutung zu. Sollte sie jemals fallen, wäre das ein juristischer Hebel, mit dem die Jagd leicht verunmöglicht werden könnte. Es bedürfte dann unbedingt einer näheren Begriffsbestimmung des „vernünftigen Grundes", wobei man mehr gelten lassen muß als nur Schadensabwendung, Regulierung, Wildpreternte etc.; als vernünftiger Grund hat jede Form von Nutzung zu gelten, auch ein Präparat oder eine Decke, Dinge, die vielleicht einen weitaus tieferen Sinn haben als rein utilitaristische Gründe, haben sie doch wie die Trophäe eine totemistische Dimension oder sind zumindest Bestandteil einer Art Erinnerungskultur. Letztlich müssen im Sinne der Subsidiarität auch Besonderheiten kulturell bedeutsamer Traditionen bei den unterschiedlichen Völkern berücksichtigt werden. Was in Deutschland zurecht undenkbar ist, muß in Irland, Frankreich oder Spanien zurecht bestehen dürfen.

Ansichten, Einsichten, Aphorismen

1.

Des Todes Verleugnung

Wir leben in einer Gesellschaft, die den Tod völlig aus ihrem Alltag ausklammert und verdrängt. Gestorben wird anonym in Krankenhäusern, in Altersheimen und virtuell im Fernsehen oder in Computerspielen.

Noch zur Mitte des Zwanzigsten Jahrhunderts war es zumindest auf dem Lande üblich, daß man zu Hause starb. Schon die Kinder sahen ihre Urgroßeltern sterben und haben sie am Sterbebett auf ihrem letzten Weg begleitet, später dann die Großeltern und manchen Verwandten, schließlich die Eltern. Für beide Seiten war dieses in gewissem Sinne öffentliche Sterben eine unendliche Bereicherung: für den Sterbenden gibt es nichts Humaneres, als im Kreise seiner Liebsten zu scheiden. Hier offenbart sich wahre Menschlichkeit, hier siegt die Liebe über den Tod, hier auch zeigt sich die Kontinuität des Lebendigen, der irdische Teil der Unsterblichkeit. Und umgekehrt offenbart sich schon dem Kinde die ganze Wahrheit des Lebens: daß es nämlich ein unerbittliches Schlußwort gibt, das keinen Widerspruch duldet und mit dem man sich arrangieren muß. Diese Erkenntnis führt heraus aus infantilen Befindlichkeiten und hin zum reifen Menschen.

Das natürliche Verhältnis zum Tod und zum Sterben ist der modernen Gesellschaft abhandengekommen, was sich auch in ihrer emotionalen Infantilität manifestiert. In der Spaßgesellschaft ist für Leid und Tod kein Platz. Wenn dann plötzlich ein Bekannter, ein Verwandter nicht mehr unter uns weilt, ist man schockiert und für einige Zeit vielleicht sogar irritiert und verstört, doch rasch geht man zum Alltag über und verdrängt die unangenehmen Gedanken. Erst wenn Partner, Eltern, Kinder sterben, bleibt eine Wunde zurück, die lange nicht heilt. Doch es ist allein der Verlust, mit dem man zu kämpfen hat, dem Akt des Sterbens beizuwohnen bleibt den meisten erspart. Das jedoch ist der zentrale Punkt: um das Sterben in seiner ganzen Tragik, aber auch in all seiner Natürlichkeit zu erfassen, muß man ihm beiwohnen, muß man den Sterbenden mit eigener Hand hinübergeleitet haben, und dann muß man mit der ungeheuren Erschütterung, welche dieses Erlebnis zurückläßt, auch fertig werden.

Bei diesem Verarbeitungsprozeß kommt der religiösen oder philosophischen Reflexion eine große Bedeutung zu, in deren Verlauf die Erkenntnis reifen muß, daß Sterben und Tod nicht ein unerträgliches Ende, sondern eine erlösende Vollendung sind. Wer es unerträglich findet, daß Lebewesen unseretwegen sterben müssen, ob zur Ernährung oder Bekleidung oder gar des Vergnügens wegen, der hat die Bedeutung des Todes weder emotional noch rational erfaßt.

Die meisten Kulturen haben den Umgang mit dem Sterben und mit dem Tod ritualisiert, um das Ungeheuerliche faßbar und erträglich zu machen. Dabei kommt den Religionen eine besondere Bedeutung zu. Im abendländischen Kulturkreis zählen zu diesen Ritualen das würdevolle Sterben im Kreise der Familie, die Sterbesakramente, die Aufbahrung, das gemeinschaftliche Beten, das Begräbnis sowie das Totengedenken zu Allerheiligen und am jährlichen Sterbetag.

Ein weiteres Ritual ist das Totenopfer, welches in vielen Kulturen üblich war und ist. Eng damit verwandt ist das ritualisierte Töten, zu dem auch das jagdliche Töten zu zählen ist und welches in Form der Tauromachie eine spezifisch mediterrane Ausformung erfahren hat.

Das Sterben, der Tod und das Töten stellen also einen Themenkomplex dar, der für die Menschheit eine zeitlose intellektuelle Herausforderung darstellt. Wer das Sterben verdrängt und das Töten ablehnt, zelebriert eine Form der Realitätsverweigerung, wie sie infantiler kaum sein könnte. Denn der Tod ist allem höheren Leben inhärent, und tierisches Leben kann nur auf Kosten anderen Lebens existieren. Wer sich moralisch besser fühlt, wenn er auf bewußtes Töten fühlender Wesen verzichtet, soll dies tun. Aber er soll nicht anderen vorschreiben, daß sie ebenso zu empfinden und zu handeln hätten. Das nämlich ist die Crux an jeder Form von Moralismus, daß man die ganze Welt „in guter Absicht" unter sein Joch zwingen will, koste es, was es wolle.

2.

Sanguinis mysterium

Blut ist ein ganz besonderer Saft, läßt uns Goethe im Faust wissen. Worin jedoch besteht diese Besonderheit?

Zunächst einmal galt Blut in vielen Kulturen als der Sitz der Seele, nicht nur im Vetus Testamentum, wo es heißt: *ἡ γὰϱ ψυχὴ πάσης σαϱκὸς αἷμα αὐτοῦ ἐστιν* – *Anima carnis in sanguine est* – die Seele allen Fleisches ist im Blut (Lev. 17, 11), denn ganz offensichtlich entweicht beim simplen Verbluten von Mensch und Tier die Essenz des Lebens aus dem Körper. Das jedenfalls konnten schon unsere ersten der Reflexion fähigen Vorläufer feststellen. Als der Mensch schließlich eine Seelenvorstellung entwickelt hatte, mußte es ihm erscheinen, als verließe den Körper mit dem Blut auch die Seele.

Deshalb auch das Schächtungsgebot bei Juden und Muslimen, um die fremde Seele freizusetzen und zu Gott zurückzuführen. In anderen Kulturen hingegen dient gerade das rituelle Bluttrinken dazu, die fremde Seele und mit ihr die erstrebenswerten Eigenschaften der getöteten Kreatur in sich aufzunehmen. Auch der christliche Priester, der den verwandelten Wein als Blut Christi trinkt, nimmt symbolisch die Seele des Gekreuzigten in sich auf. Selbst dem Ekel, welchen viele heutige Menschen vor Blut empfinden, liegt abgesehen von infektiologischen Aspekten diese Idee vom Lebenssaft als Sitz der Seele zugrunde: das extrakorporale Blut wird assoziiert mit Krankheit, Leiden, Tod und Ende.

So obliegt dem Blute eine ungeheure Faszination, die teils abstoßender, teils anziehender, fast immer aber sakraler Natur ist. Das Blut ist somit vielleicht das älteste und mächtigste Symbol für das Leben und zugleich für den Tod, das wir kennen.

Und in dieser doppelten Symbolik liegt wohl das eigentliche Mysterium des Blutes, dessen Anblick uns erschüttern soll, um sich der Tatsache bewußt zu werden, daß das Leben zugleich eine Tragödie als auch eine Komödie ist, und zwar ausnahmslos für alle und jeden. Denn jeder kennt Krankheit, Leid und Tod, und jeder kennt auch Freude, Lust und Ekstase. Dies gilt es zu akzeptieren und uneingeschränkt zu bejahen.

Und hier kommen wir zurück zur Jagd und zur Tauromachie, denn beide bergen diese Bejahung in sich. Wenn der schottische Stalker am jungen Jäger das First Blood zelebriert, wenn man den Bruch mit Schweiß benetzt, wenn man die frische Wildleber kurzgebraten serviert, wenn das Blut des Stieres in Strömen fließt und sein süßlicher Geruch in der glühenden Hitze des andalusischen Nachmittags emporsteigt, so sind all diese Momente zutiefst durchdrungen von jenem Mysterium des Blutes, das diesen Ritualen erst einen tieferen Sinn gibt.

Und gerade deshalb haben wir Heutigen die Symbolik des Blutes dringender nötig denn je, wir Heutigen, die wir in infantiler Befindlichkeit alles Unangenehme aus unserem Leben verbannen, die Naturgesetze nicht wahrhaben wollen und für das terminale Stadium auf Morphium setzen; nötig, damit wir aufwachen und uns als reife Menschen der Realität stellen.

3.

Die Grenzen des Veganismus

Wer aus ethischen Gründen vegan lebt, dürfte eigentlich auch kein Verkehrsmittel benutzen, schon gar kein Automobil, denn jedem Verkehrsmittel fallen jährlich Tausende von Tieren zum Opfer, zumeist Insekten, die auf der Windschutzscheibe zerklatschen, jedoch auch Frösche, Vögel, Hasen, Rehe, Hirsche und anderes mehr.

Darüber hinaus müssen Millionen Kreaturen sterben, damit der Veganer sein Müsli essen kann, Millionen, die dem Pflug, dem Mähdrescher, den Pestiziden zum Opfer fallen: Würmer, Käfer, Mäuse, Maulwürfe, Bodenbrüter, Rehkitze. Und selbst wer sich nur von Selbstangebautem aus dem eigenen Garten ernährt, zertritt unzähliges Leben, wenn er zu seinen Gemüsebeeten geht. Der wahre Veganer muß einfach verhungern, schon allein, weil ihm die Schnecken, die er ja auch verständnisvoll an seinem Gemüsegarten teilhaben lassen muß, alles wegfressen.

Nur unter Steril-Bedingungen im Reagenzglas gezüchtete Nahrung kann den ethischen Bedenken eines ernsthaften Veganers wirklich gerecht werden, er selbst müßte unter sterilen Bedingungen per Kaiserschnitt entbunden werden und dann sein ganzes Leben in einem Sterilzelt verbringen, um sicher zu gehen, daß sein Immunsystem kein anderes tierisches Leben, etwa einen parasitären Wurm, zerstört. Dabei müßte er allerdings ausblenden, wieviel Leben vernichtet wird, um diese Bedingungen für ihn zu verwirklichen. Man sieht also: leben ohne zu töten ist nicht einmal hypothetisch möglich.

4.

Mors certa, hora incerta
The future's uncertain and the end is always near[2]

Mortuus vivam lautet das Motto derer von Abensperg und Traun, und nimmt damit Bezug auf Unsterblichkeit durch das dynastische Prinzip: selbst als Toter werde ich noch leben; *non omnis moriar,* nicht gänzlich werde ich sterben, dichtete Horaz, der auch davon sprach, ein *monumentum aere perennius* geschaffen zu haben, ein Denkmal dauerhafter denn Erz: er sieht Unsterblichkeit im menschlichen Schaffen; *non moriar, sed vivam,* ich werde nicht sterben, sondern leben, heißt es in den Psalmen, womit die Unsterblichkeit der Seele gemeint ist.

Die ersten beiden Vorstellungen sind mächtige Ideen der Hoffnung, um dem Vergessenwerden auf dieser Welt wenigstens für eine gewisse Zeit zu entgehen, denn letztendlich vollstreckt sich, denkt man in kosmischen Zeiträumen, unerbittlich jenes Grundgesetz, von dem schon die Alten wußten: *oblivisceris, oblivione obrueris ultra Stygem,* du wirst vergessen und vergessen wirst du werden jenseits der Styx.

Die dritte Vorstellung jedoch, jene der Transzendenz, bietet dem, der daran glaubt, die Hoffnung auf endgültige Erlösung. Denn um das irdische Dasein des Einzelnen ist es schlecht bestellt: *nascentes morimur,* über offenen Gräbern werden wir geboren. *There is no such thing as a happy end.*

Unter solchen Umständen ist es nicht verwunderlich, daß der Mensch sich in seinem kurzen Leben mit Inbrunst all dem hingibt, was große Freude bereitet und tiefe Leidenschaft entfacht. Und seit tausenden von Jahren zählen dazu vor allem die leiblichen Genüsse, die Kunst und die Jagd.

[2] The Doors, Roadhouse Blues

5.

Trophäenkult einst und jetzt

Das Wort Trophäe stammt aus dem Altgriechischen. Τὸ *τρόπαιον*, im klassischen Latein *tropaeum,* von *τρέπω*, drehen/wenden, bedeutet wörtlich „das zur Wende Gehörende" und bezeichnet ein militärisches Siegeszeichen, welches in der Antike an der Stelle, an der sich das Schlachtenschicksal gewendet hat, wo man also den Feind in die Flucht schlagen konnte, aufgestellt wurde. Dieses Siegeszeichen bestand üblicherweise aus einem Pfahl, auf dem Helm und Harnisch eines gefallenen Feindes aufgehängt wurden, umhäuft von feindlichen Schildern und Schwertern. Der Begriff wurde alsbald zum Synonym für Siegeszeichen, Siegesdenkmäler und Siegesandenken jeglicher Art. Im Spätlateinischen wandelte sich die Schreibweise allmählich von *tropaeum* zu *trophaeum.*

Jagdtrophäen galten jedoch über große geschichtliche Zeiträume hinweg nur am Rande als Zeichen des Sieges über ein wildes Tier. Vielmehr symbolisierten Jagdtrophäen bei vielen Kulturen der vergangenen Jahrtausende in ihren religiösen Mythen Gesundheit, Lebenskraft, Reife, sexuelle Potenz, Macht. Ihnen wurden im Spannungsfeld zwischen Glauben und Aberglauben heilende, glückbringende und abwehrende Kräfte zugeschrieben. Das Geweih der Cerviden, insbesondere des Hirsches stand darüber hinaus noch für Licht und Sonne, Wiedergeburt, Auferstehung, Unsterblichkeit. Es sind dies die Urwünsche der Menschheit, wie sie uns überall in Kunst, Kultur und Religion entgegentreten. Nie wurden diese Urwünsche deutlicher artikuliert als heute, da wir einen geradezu infantilen Kult um Gesundheit, Vitalität, Jugendlichkeit und Sex treiben, und wo sich selbst die Wissenschaft, die Medizin auf die Suche nach dem Ewigen Leben begeben hat. Zu diesem Kult sind die subtileren, die symbolischen Sichtweisen, wie sie in den zahllosen Mythen der Menschheit zum Ausdruck kamen, ein überaus wohltuender Kontrast.

Seit der Aufklärung verloren sich die unzähligen mythischen Bedeutungen jagdlicher Trophäen weitgehend, und der eigentliche Wortsinn als Zeichen des Sieges und des erfolgreichen Beutemachens trat in den Vordergrund.

Heute jedoch ist die Trophäe zum Tabu und zur Obsession zugleich geworden. Zum Tabu, weil manche es als nicht mehr zeitgemäß empfinden, ein Tier seiner Trophäe wegen zu töten oder weil die Auswüchse um starke Trophäen und ihre Züchtung eine generelle Verurteilung und Ablehnung heraufbeschwören. Und zur Obsession, weil es gewissen Jägern, mehrheitlich aus den Vereinigten Staaten, aber bei Gott auch hierzulande, nur mehr um Gramm und Zentimeter geht. Auf die Spitze getrieben hat man dies ja vor ein paar Jahren mit „Burlei“, dem bulgarischen „Weltrekordhirsch“ *made in Austria*. Neuseeländische Masthirsche und südafrikanische Zuchtlöwen werden wenigstens meist als solche deklariert. Doch auch bei uns wird Reh und Hirsch vielerorts über das dem Notzeitparagraphen entsprechende Maß hinaus gemästet, um die Trophäenqualität zu steigern.

Der kompetitive Kult um die Trophäenstärke geht auf eine britische Entwicklung aus dem 19. Jahrhundert zurück, welche ursprünglich keinesfalls auf eine Einengung der jagdlichen Motivation auf die Trophäe abzielte. Es ging darum, Sorge zu tragen, daß der Wildbahn möglichst reife Stücke entnommen würden, und zugleich eine statistische Erfassung der Trophäenqualität einer Wildart in den verschiedenen Jagdgebieten zu ermöglichen. Man muß sich dabei vor Augen halten, daß das Empire unvorstellbar große unberührte und unbekannte Wildnisgebiete aufwies und auch viele Wildarten noch nicht erforscht waren, ja gar erst neu entdeckt wurden. Da war es durchaus sinnvoll, das Wild zu katalogisieren. Natürlich kam ein derartiges Ansinnen auch dem anglikanischen Sportsgeist entgegen bzw. wäre ohne diesen vielleicht nicht zustande gekommen.

Insbesondere in der zweiten Hälfte des 20. Jahrhunderts entartete diese Aufzeichnungstätigkeit zu Rekordsucht und Knochenkult und wird heute insbesondere vom SCI stark propagiert. Dabei ist eine starke Trophäe und die Freude darüber bei Gott nichts Schlechtes. Daß die starke Trophäe immer schon geschätzt wurde, zeigen nicht nur die hochherrschaftlichen Geweihsammlungen etwa auf Moritzburg oder jene von Arco-Zinneberg, welche heute im Deutschen Jagdmuseum München hängt, sondern läßt sich selbst bei Homer belegen, wenn er in der Ilias[3] voll Inbrunst von der Erlegung eines sechzehnhändigen Steinbocks – *κέρα ἑκκαιδεκάδωρα* – berichtet.

[3] IV, 105-109

Wie oben ausgeführt, ist die Trophäe Sinnbild für eine ganze Reihe wünschenswerter und positiver Eigenschaften, und die starke Trophäe ist dies um so mehr. Solches Wild wird weiters, sofern es wirkliches Wild in freier Natur ist, in der Regel alt, erfahren und schwer bejagbar sein. Allein deshalb schon verspricht seine Bejagung ein besonderes Erlebnis.

Man darf sich also durchaus freuen, wenn man ein kapitales Stück streckt. Erst wenn die Trophäe das Maß aller Dinge wird, man darüber das Jagen selbst und das Erlebnis vergißt, oder wenn man an einem schwächeren Stück keine Freude mehr empfindet, obwohl die Jagd gut war, oder wenn man der Natur kräftig nachhilft, damit man zu seinem kapitalen Stück kommt, oder sich wie ein Elitesoldat aufrüstet, um auch noch auf „tausend Meter" Strecke zu machen, dann ist der Zug offensichtlich entgleist.

Es ist an der Zeit, daß in der Öffentlichkeit das Wort Trophäe im Zusammenhang mit der Jagd einen gewissen Bedeutungswandel erfährt, nämlich weg vom Zeichen des Sieges und des Beutemachens hin zu einem Andenken an das Erlebnis, zu einer *res memorialis.*

6.

Zur weidgerechten Schußentfernung

Im letzten Jahrzehnt hat die technologische Entwicklung auch auf dem Gebiet von Jagdwaffen und Optik gewaltige Fortschritte gemacht. Vom technischen Standpunkt ist ein 600-Meter-Schuß heute nicht mehr schwieriger als ein 300-Meter-Schuß vor 20 Jahren oder ein 200-Meter-Schuß über Kimme und Korn. Hochpräzise Spezial-Jagdwaffen (wie etwa die von Christensen Arms) mit rasanten Patronen und akkuraten Geschossen erreichen Streukreise von unter 5 Zentimeter auf 300 Meter, und mit Hilfe von Laser-Entfernungsmesser, Windgeschwindigkeitsmeßgerät, Ballistik-Turm und neuen Absehen, welche die Windabdrift berücksichtigen, oder das Vorhaltemaß beim Flüchtigschuß, ergeben sich heute für den Geübten und Erfahrenen potentiell weidgerechte Schußentfernungen, welche vor kurzer Zeit noch undenkbar waren. Die Amerikaner machen das schon lange.

Und doch ist dieses Szenario nur in Einzelfällen zu rechtfertigen. Denn ist dies noch Jagd, wenn wir dem Wild wie Scharfschützen nachstellen (deren Rekord beim Feindabschuß übrigens bei 2500 Meter liegt)? Abgesehen von der Unmöglichkeit korrekten Ansprechens sind zunehmend größere Fluchtdistanzen und immer weniger Jagderlebnis die Folge. Denn das besondere Erlebnis bei der Jagd kommt doch davon, sich möglichst nahe an das Wild heranzuschleichen. *„Get as close as you can, and then get ten yards closer"*, hieß eine alte Regel, die, so sei einschränkend erwähnt, für afrikanisches Großwild aufgestellt wurde, wo man klassischerweise auf Schußentfernungen unter 50 Meter abzielt. Doch habe ich mich auch auf Rehwild nicht nur einmal weit unterhalb dieser Entfernung angepirscht. Ein Knöpfler zog dabei bis auf fünf Schritte auf mich zu!

Die gute, alte Regel von den 300 Metern als äußerste Grenze sollte auch weiterhin gelten. In besonderen Ausnahmefällen wird man im Hochgebirge oder in der Prärie, sofern geübt, auch mal darüber hinauslangen dürfen, aber 90 Prozent allen Wildes sollte eigentlich unter 200 Meter zur Strecke kommen. Ich jedenfalls bin jedesmal sehr stolz, wenn ich besonders nah an das Wild herangekommen bin, und nur bedingt, wenn ich erfolgreich besonders weit geschossen habe.

7.

Vom Versagen

Die meisten Jäger durchleben, wenn sie versagt und dem Wild übermäßiges Leid zugefügt haben, eine Phase des Bedrücktseins. Einerseits verspürt man Mitleid mit der gequälten Kreatur, doch man weiß, daß das Leid Teil des Lebens und Teil des Sterbens ist. Es ist so natürlich und allgegenwärtig, so sehr dem Leben verhaftet wie tmen und Essen und Trinken und Lieben. Ohne Leid ist das Leben, höheres Leben jedenfalls, Leben, welches ein Nervensystem hat, undenkbar. Dieses Wissen steht der Empathie mit der leidenden Kreatur nicht im Wege, es vermag jedoch das Ereignis aus der rein emotionalen Sphäre herauszuheben, zu rationalisieren.

Eine weitere Ursache für die Bedrücktheit, das schlechte Gefühl, das entsteht, wenn beim Jagen etwas schiefgeht, liegt in der Scham über die eigene Unfähigkeit, sauber zu töten. Es hat dies viel zu tun mit der Kompromittierung der eigenen Würde, welche aus einem Versagen resultiert, ja oft auch mit angeschlagenem Stolz. Töten ist nur dann ein ästhetischer Akt, wenn es mit Stil geschieht, und das heißt, daß es eine Eleganz in der Technik geben muß, wie bei einem guten Flintenschützen oder einem großen Matador, und daß es ohne Feigheit, ohne Hinterhalt, mit Mut, mit Risiko, fair erfolgen soll, vor allem aber muß es schnell und sauber geschehen.

Wenn man darin versagt, so folgt eine Enttäuschung und innere Erschütterung, doch bietet sich auch die Chance, aus diesem Versagen zu lernen, zu lernen, es zu verkraften, und zu lernen, die Fehler, die dazu geführt haben, zu vermeiden. Wenn man darin Erfolg hat, dann hat auch das schlimmste Versagen seinen Sinn gehabt.

8.

Totenwacht

Zur sogenannten Totenwacht am erlegten Stück wurde immer wieder deren Scheinmoral kritisiert. Zuerst töten und dann bereuen oder trauern, und das immer wieder, ja das wäre freilich scheinheilig oder gar schizophren. Doch die Totenwacht am Stück ist völlig anders zu verstehen.

Fest steht, daß mit der Erlegung des Wildes „etwas zu Ende geht", wie es einmal jemand formuliert hat, sei es das Leben des Tieres, sei es die Jagd selbst. Und dieses Ende stimmt wohl viele Jäger melancholisch und hat nichts mit unangebrachter Trauer zu tun. Angesichts des Sterbens und vielleicht auch eingedenk der eigenen Endlichkeit wird so mancher Jäger Wehmut verspüren, nicht Reue, nicht Mitleid, sondern ein Gefühl der Nachdenklichkeit, der Melancholie. Und gerade dieses emotionale Erfassen des Sterbens und des Todes, dieses Nicht-Verdrängen ist wohl einer der wertvollsten Aspekte jagdlichen Tötens hinsichtlich der Charakterformung des Jagenden. Darüber hinaus ist die Totenwacht auch ein Ausdruck des Respekts vor dem erlegten Wild und vor der Schöpfung. Man geht nicht einfach zur Tagesordnung über, sondern hält kurz inne und reflektiert.

9.

Non arma sed aratrum, non sagitta sed securis

Nicht Waffen, sondern der Pflug, nicht der Pfeil, sondern die Axt: Die Bedrohung der Biodiversität ging kaum je von der Waffe des Jägers aus, sondern in aller Regel von Pflug und Axt. Heute sind es in der Ersten Welt die industrialisierte Landwirtschaft und die Verbauung, in der Dritten die großflächige Landnahme und Rodung, besonders das Abholzen der Regenwälder. Nur in Form der Wilderei hat auch die Waffe ihren Anteil. Für frühere Epochen muß man das zwar etwas differenzierter sehen, doch im großen und ganzen hat diese Sentenz universelle Gültigkeit.

10.

Σπαρνὸν γὰρ ὅτ’ Ἄρτεμις ἄστυ κάτεισιν
Denn selten, da Artemis zur Stadt hinabsteigt[4]

Schon in der Antike wurde also der tiefe Gegensatz zwischen Stadt und Natur, zwischen einer rural-pastoral-idyllischen und einer urbanhektischen Lebensweise und Zivilisationsform erkannt und auch auf die Jagd bezogen. Das Zitat bringt nicht nur zum Ausdruck, daß man lediglich am Lande und nicht in der Stadt jagen kann, sondern impliziert, daß der urbanisierte Mensch sich in seinem psychischen Zustand und geistigen Weltbild zunehmend von Jagd und Natur wegbewegt und einen antipodischen Lebensstil mit einer Umwertung aller Werte entwickelt.

Unter Jägern wird seit langem die Meinung vertreten, daß die zunehmende Urbanisation einer der Hauptgründe für die steigende Verständnislosigkeit und sogar Feindseligkeit der Jagd gegenüber ist. Dieser Stadt-Land-Unterschied läßt sich nicht nur landesintern, sondern sogar am Urbanisierungsgrad der verschiedenen europäischen Staaten erkennen, wenn man die Bevölkerungsdichte mit dem Prozentsatz an Jägern in der Bevölkerung korreliert. Ausreißer nach unten sowie oben lassen sich dabei

[4] Kallimachos, *Hymni* 3, 19

mit unterschiedlichen Traditionen und unterschiedlichen Zugangsbeschränkungen für die Jagdausübung erklären.

Diese Stadt-Land-Diskrepanz wird von jagdlicher Seite als Naturnähe und ursprüngliche Daseinsform ruraler Bevölkerungsanteile bzw. als Naturentfremdung der urbanen Massen interpretiert, während Jagdgegner in der urbanen Einstellung eine höhere Form von Zivilisation und eine edlere, vergeistigtere humanitäre Haltung erkennen wollen, die infolge der Rückständigkeit und Traditionsverhaftetheit der Landbevölkerung eben draußen in der Provinz noch nicht erreicht sei. Am Lande würden eben primitivere und in der Stadt zivilisiertere Zustände herrschen.

Insofern wurde die intellektuelle Würdigung des Landlebens und seiner Naturnähe auch als Primitivismus bezeichnet, während wir umgekehrt die Würdigung urbaner Daseinsformen gewissermaßen als „Zivilisationismus" klassifizieren dürfen.

Diese Phänomene sind jedoch keineswegs neu. Schon in der Antike wurde von den Epikureern und bukolischen Dichtern das heile und naturverbundene Landleben verherrlicht und der Verderbtheit städtischen Daseins gegenübergestellt, und auch in der Romantik des 19. und frühen 20. Jahrhunderts wurde der edle Wilde dem neurotischen Großstädter entgegengehalten. In der Diskussion um die Jagd schließlich haben Ortega y Gasset und später Paul Shepard den primitivistischen Standpunkt ausformuliert.

Umgekehrt ist auch der Zivilisationismus uralt: Vor zweieinhalb Jahrtausenden pflegten die Griechen die einfacheren Völker als Barbaren zu bezeichnen. Im 19. Jahrhundert war man überzeugt von der Höherwertigkeit europäischer Zivilisation und Geistestradition gegenüber den kolonisierten Völkern. Man sah sich nicht nur verpflichtet, ihnen unsere hohe Zivilisationsstufe näherzubringen, sondern auch unsere humanitären Errungenschaften, insbesondere in Form des Christentums. In die Jagddiskussion haben in letzter Zeit der Tierrechtsaktivismus und der Ökofeminismus die zivilisationistische Argumentation eingebracht. Dabei lassen sich in der abwertenden Einstellung gegenüber der Landbevölkerung und den Jägern durchaus rassistische Untertöne feststellen.

Letztlich ist es also wieder eine ideologische Frage, eine Frage der Wertorientierung, des Weltbildes, des Glaubens, der Religion und ihrer Ersatzformen, ob wir das ursprünglich-rurale oder das modern-urbane

Dasein als das Erstrebenswertere im Leben erachten. Die Frage der Jagd wird immer eine Frage der Ideologie und des Weltbilds bleiben. Meinungsfreiheit und Glaubensfreiheit aber sind Grundwerte, die eigentlich in der heutigen Welt außer Diskussion stehen sollten!

11.

Die Destruktion der ländlichen Kultursphäre

Immer mehr Landbewohner verlassen den ländlichen Raum, weil sie im urbanen Bereich bessere Arbeits-, Einkommens- und Karriere-Chancen sehen. Dazu kommt, daß der ländliche Bereich in manchen Regionen wegen wirtschaftlicher und infrastruktureller Schwächen zunehmend inattraktiv wird.

Andererseits ziehen immer mehr Städter als Pendler oder Wochenendhäusler auf's Land, wo sie ihre urbane Lebensweise und fortschrittlichen Ansichten der Landbevölkerung aufdrängen. Legendär geworden sind etwa die Prozesse gegen das morgendliche Läuten von Kirchenglocken und gegen die frühe Lärmbelästigung durch krähende Hähne. Daß es denselben Leuten auch wenig gefällt, wenn sie die in ihren Augen archaisch-barbarischen Riten eingesessener Jagdgesellschaften mit ansehen müssen, liegt nahe.

Je mehr jedoch der ländliche Raum von zugewanderten Städtern in deren Sinne verändert wird, um so weniger attraktiv wird er wiederum für den ursprünglichen Landbewohner, ein unheilvoller *Circulus vitiosus,* der sich in Zukunft noch verstärken wird.

Der ländliche Raum degeneriert somit zunehmend zur einem Freizeitpark der urbanen Massen, während seine ursprüngliche und eigenständige Kultur mit ihrer langen Tradition stirbt.

12.

In der Tat gehen heute antithereutische Bestrebungen fast ausschließlich von tierrechtsaktivistischen Organisationen aus: PETA, FoA, HS, IFAW, BFF und Dutzende weitere. Solche Organisationen haben fast unbegrenzte Finanzmittel zur Verfügung, üben heftigen Druck auf im Grunde neutrale Umweltorganisationen wie WWF oder IUCN aus, unterwandern diese auch, um sie von innen heraus zu reformieren, finanzieren und unterwandern einschlägige politische Parteien und finden in den Medien höchst bereitwillige Mitstreiter. Eine unheilbare Krebserkrankung der modernen Welt.

Es dürfte jedoch klar sein: wir werden uns nicht der Bekehrung durch ein paar selbsternannte Missionare und Heilsprediger einer zeitgeistigen ideologischen Sekte namens Tierrechtsbewegung unterwerfen, und wir glauben auch nicht an die neuen Heiligen a la Paul McCartney, Morrissey und PETA-Celebrities, die meinen, sich über uns moralisch entrüsten zu müssen wie einst christliche Gottesmänner über die nackten Wilden.

13.

Natürlich hat jeder das Recht, an bestimmte ethische Normen zu glauben und an ihnen festzuhalten. Problematisch wird die Sache jedoch, wenn die Verfechter einer bestimmten ethischen Norm deren Einhaltung auch von Andersdenkenden erzwingen wollen. Denn der feste Glaube an die absolute Gültigkeit einer ethischen Norm ist eben kein Argument, diese Norm als universelles Absolutum allen „Ungläubigen“ vorzuschreiben, selbst dann nicht, wenn die überwiegende Bevölkerungsmehrheit diesem Glauben unterliegt.

Wir achten und respektieren jeden Hindu, der das Töten von Rindern, jeden Juden, der den Verzehr von Schweinefleisch, jeden Moslem, der den Genuß von Alkohol ablehnt, ja wir haben Anstand genug, diese Regeln im Rahmen der Gastfreundschaft auf uns selbst anzuwenden, doch würden wir dieselben Menschen zurecht bekämpfen, wollten sie uns ein Leben mit ihren Tabus aufzwingen, auch, wenn sie dies mit demokratischer Mehrheit täten.

Eine Demokratie, in welcher Minderheiten dem Willen der Mehrheit schutzlos ausgeliefert sind, verkommt zur Diktatur. Wir müssen gegen Verbotsideologien und für tolerantes Denken kämpfen, gerade, wenn es um moralische Grundsatzpositionen geht. Es darf nicht sein, daß der

Zeitgeist alle Antithesen tabuisiert, unterdrückt und verpönt. In einer wirklich freien und offenen Gesellschaft muß auch Platz sein für all jene, die mit traditionellen Lebensentwürfen sympathisieren.

14.

Man droht heute wieder gewaltigen gesellschaftlichen Zwängen zu unterliegen, die noch weit massiver sind als jene vergangener Zeiten, und von denen sich die freieren Geister früher oder später emanzipieren werden. An erster Stelle steht hier der Zwang „gut" sein zu müssen, immer politisch korrekt zu sein, zu den Gerechten und Anständigen, den Erleuchteten zu gehören, die „keiner Fliege ein Haar krümmen können" und die sich schon echauffieren, wenn sie einen derben Witz hören.

15.

Die drei eigentlichen Todsünden der Menschheit: Neid, Haß und Intoleranz. Wahre Größe mißt sich daran, inwieweit ein Mensch frei ist von solch niedriger Gesinnung.

16.

Wir sind also nach Ansicht der Tierrechtsbewegung und Grünparteien sowie nunmehr auch in den Augen der weltweiten Medienlandschaft untragbare Barbaren, die unserer Zivilisation Schande bereiten. Doch 45 Millionen Jäger, der Großteil der Weltbevölkerung und mehr als eine Million Jahre menschlicher Geschichte sehen das anders! Was sind dagegen 40 Jahre Tierrechtsphilosophie, ein paar tausend Extremisten und ein paar Millionen Mitläufer? Die Geschichte hat allerdings mehrmals gezeigt, wie eine Handvoll Fanatiker den Lauf der Welt dramatisch verändern können, leider immer mit einem hohen Blutzoll. *Principiis obsta!*

17.

Jagdvideos und Pornographie

Jagdvideos haben meist etwas Pornographisches an sich. Die explizite Darstellung jagdlichen Tötens ist in gewissem Sinne obszön, weil hier etwas sehr Intimes breit in die Öffentlichkeit getragen wird. Zwar hat die Pornographie ihren Nimbus des Verpönten und Tabuisierten weitgehend verloren und ist heute nicht nur allgegenwärtig, sondern es ist auch die Betrachtung selbiger etwas völlig Normales geworden, gewissermaßen ein legitimes, klinisch sauberes Ventil für sexuelle Sehnsüchte und Bedürfnisse, welche in der realen Welt immer mehr zu einer Belästigung oder Gesundheitsgefährdung stilisiert werden, und dennoch bleibt die Tatsache bestehen, daß Pornographie nur äußerst selten echte Erotik vermitteln kann und daß sie immer ein virtuelles Phänomen ist.

Sehr vereinzelt verschwimmen die Grenzen zwischen Pornographie, Erotik und Kunst. Das sind die glücklichen Fälle, wo das pornographische Element seine volle Daseinsberechtigung hat. Ähnliches gilt für Jagdvideos. Die Büffelfilme von Rainer Jösch, das grandiose Video über den Erongo, die Hochgebirgs-Filme von Russiatours sind Beispiele für eine sensible Darstellung der Jagd in einem größeren Zusammenhang, nämlich tiefen Naturerlebens, wo eine hervorragende Kameraführung großartige Landschafts- und Wildaufnahmen vermittelt, während ein fachlich fundierter und streckenweise poetischer Kommentar den Seher gefangen nimmt.

Das überwiegende Gros jagdlicher DVDs ist jedoch der pornographischen Massenproduktion gleichzusetzen, erst recht jene, die auf eine Aneinanderreihung von Tötungsszenen reduziert sind.

18.

So wesentlich das Bekenntnis zur Freude an der Jagd für unsere intellektuelle Redlichkeit und für unser Selbstverständnis auch sein mag: ob wir aus Freude jagen, interessiert die breite Öffentlichkeit nicht im Geringsten. Das einzige, was für die Masse zählt, ist, inwieweit die Jagd zum Natur- und Artenschutz beiträgt, dann ob sie dem Schutz land- und forstwirtschaftlicher Interessen dient, und letztlich spielt vielleicht noch die Gewinnung des bekömmlichen Lebensmittels Wildpret eine Rolle, weil es dem Trend zu regionalen Bioprodukten und zu gesunder Ernährung entgegenkommt.

Auch ob wir fair und sportlich jagen, oder weidgerecht oder puristisch oder anständig et cetera, ist eher für unser Selbstbild und unsere eigene Wertewelt von Bedeutung. Für die Öffentlichkeit zählt vielmehr, ob unser Jagen tierschutzgerecht ist.

Diese Tatsachen sollten wir berücksichtigen, wenn es gilt, unsere Geschütze zu formieren: wir müssen in die richtige Richtung zielen. Gleichzeitig aber muß unser Arsenal auf einem soliden Fundament ruhen. Und dazu zählen ein positives Selbstbild mit einem offenen Bekenntnis zur Freude sowie solide jagdliche Grundwerte.

19.

Vom Unheil des stürmischen Wandels

Was das Zwanzigste Jahrhundert, insbesondere seine zweite Hälfte, kennzeichnet, das ist der immer rascher werdende Wandel, der immer rasanter verlaufende Fortschritt. Es gibt keinen Ruhepol mehr, alles verändert sich ständig mit exponentiell zunehmender Geschwindigkeit. Was gestern Sensation war, ist heute schon veraltet und morgen vergessen. Das Tempo der technischen und wissenschaftlichen Entwicklungen steigt unaufhaltsam an und schon wird es schwer, mit der Fortbildung Schritt zu halten. Vielerorts frägt man sich, ob der Einzelne in Zukunft der sich überstürzenden Entwicklung überhaupt noch wird folgen können. Aber auch im gesellschaftlichen und politischen Bereich, auch im Bereich der Werte, Ideologien, Vorstellungen vollzieht sich ein ständiger, nie dagewesener Wandel. Selbst konservative Bereiche wie die Landwirtschaft sind seit den Fünfzigerjahren so gründlich revolutioniert worden, daß kein Stein mehr auf dem anderen blieb.

Doch in der Tiefe der Seele verabscheut der getriebene, gehetzte Mensch den allseits gepriesenen Fortschritt, dieses goldene Kalb der Moderne, und empfindet, dumpf vielleicht und kaum erkennbar, eine beinah unaussprechliche Wahrheit: Fortschritt, heißt das nicht, immer weiter von uns selbst fortzuschreiten?

Die Welt um uns rast also der Zukunft entgegen, immer schneller, immer unsteter, während sich die menschliche Seele nach Stabilität und Geborgenheit, nach einer festgefügten Ordnung, einer Berechenbarkeit, einer Absehbarkeit im Leben sehnt. Der Jäger draußen in der Natur spürt diese Diskrepanz vielleicht am intensivsten, weil er sieht, wie unendlich langsam sich die Dinge in der Natur verändern, sodaß es uns Menschen scheint, als währten sie für immer. Es ist also nicht verwunderlich, wenn die Natur den Menschen mit einer Psyche ausgestattet hat, die sich mit übersteigertem Wandel schwertut.

Das Bedürfnis nach Beständigkeit, Ordnung, Sicherheit ist ein menschliches Grundbedürfnis, und zwar keineswegs nur ein materielles, sondern in allererster Linie ein ideelles! Auf die beständige Interpretation der kosmischen Ordnung durch Mythen konnte bisher kein Volk und keine geschichtliche Epoche verzichten. Erst die Moderne und hier wiederum vor allem die allerjüngste Moderne, die Postmoderne, hat den Wandel selbst zum Prinzip erklärt.

Die geistige Orientierungslosigkeit, die aus der ständigen Anpassung an neue, gerade zeitgeistfähige Werte und Normen resultiert, ist ihrerseits selbst wieder Motor des Wandels von Werten und Lebensformen und führt in einem sich selbst verstärkenden Kreisprozeß zu immer schnelleren Veränderungen. Jeder Widerstand wird dabei blindlings als Fluchtverhalten der Verlierer betrachtet, ohne daran auch nur einen Gedanken zu verschwenden, ob es nicht der systemimmanente Wahnsinn ungezügelter Veränderungswut ist, mit dem sich der Mensch nicht mehr identifizieren kann. Ob wir jemals wieder zur Ruhe kommen?

Deutsches Weidwerk und Meutejagd

Das Verhältnis des deutschen Weidwerks zur Meutejagd und Hetzjagd war seit jeher eher distanziert und von wenig Verständnis geprägt. Wenn man die deutsche Jagdliteratur durchstöbert, stößt man beispielsweise auf folgende Aussagen:

„Gehört die Parforcejagd dem Gebiete der Jagd oder der Reiterei? Ist dieselbe nicht den Auffassungen tüchtiger Weidmänner zu wenig sympathisch? endlich uns Deutschen zu fremd? – Das waren die Erwägungen, die mich schwanken ließen, ob dieselbe in den Rahmen dieses Werkes passe. Ich habe mich für Aufnahme derselben entschieden." (R. Corneli (1884): Die Jagd und ihre Wandlungen, p. 214)

„Auch dieser Teil beschränkt sich auf die in der heutigen Jägerwelt allgemein üblichen Jagden. So sieht er ebenso von den noch vorhandenen Resten höfischer Prunkjagden wie von den mehr dem Sport als dem Weidwerk angehörigen Reitjagden ab." (Ferdinand von Raesfeld (1914): Das Deutsche Weidwerk, p. VI)

„Lange Zeit habe ich mir überlegt, ob ich über diese Art der Jagd überhaupt schreiben soll. Denn für unsere Zeit und für die Einstellung, die wir heute dem Tier gegenüber haben, erscheint sie grausam und verwerflich. Sogar demjenigen von uns, der aus Leidenschaft jagt, ist sie wesensfremd. Und trotzdem, meine ich, gehört sie einfach zur Geschichte der Jagd und man sollte darüber berichten. Sie war nun einmal das Erscheinungsbild ihrer Zeit[5]." (Walter Magometschnigg (1997): Was gleicht wohl auf Erden, p. 93)

„Fragwürdiger Export: Französische Hetzjagd auf Marale in Kasachstan. Die Jagdgesellschaft soll aus etwa 40 Reitern mit einer Hundemeute von 60 Stück bestehen. Nach deutschem Verständnis verstößt dies zumindest gegen Tierschutzregelungen. Darüber hinaus werden wohl Einzeljäger, die in das unberührte Land zur Maralbrunft reisen wollen, leergejagte Areale vorfinden." [6] (Jagen Weltweit 2/1997, p. 5)

---

[5] Dabei ist es doch einigermaßen erstaunlich, daß diese Zeit nunmehr schon zweieinhalb Jahrtausende andauert. Denn die Geschichte der Parforcejagd reicht von den Skythen bis zum heutigen Frankreich, Irland und Britannien.

[6] Zufällig habe ich im Jahre 2005 in Frankreich jenen Herrn kennengelernt, der

Undeutsch, wesensfremd, verwerflich: das sind die Kernaussagen zur Parforcejagd aus über hundert Jahren deutscher Jagdkunde und Jagdliteratur.

Und wenn man dann auch noch den haarsträubenden Unsinn liest, den Bernhard Eibisberger 1994 in seinem Buch *Große Namen – Berühmte Jäger* über die englische Fuchsjagd und über Prinz Charles geschrieben hat, soviel Unsinn, wie man ihn nicht einmal in den Klatschspalten diverser Illustrierter findet, gespickt mit Konfabulationen und Phantastereien, durchzogen von geradezu unfaßbarer Unkenntnis sowohl des Ablaufs einer Fuchsjagd als auch der gesellschaftlichen Realität und erst recht der jagdlichen Biographie des Thronfolgers, klischeehaft und fehlerhaft, wie übrigens auch viel anderes in diesem Buch, dann darf man wohl getrost behaupten, daß das Verhältnis des deutschen Weidwerks zur Parforcejagd von einer Mischung aus Ahnungslosigkeit, Unverständnis, Vorurteil und Intoleranz geprägt ist.

Es ist wichtig festzuhalten, daß um die Jahrhundertwende nicht alle deutschen Jäger der Hetzjagd ablehnend gegenüberstanden. Hermann von Wissmann etwa, der bedeutende Afrikaforscher, beschreibt in seinen Jagd- und Reiseerinnerungen *In den Wildnissen Afrikas und Asiens* zahlreiche Hetzjagden, die ihm offenbar großes Vergnügen bereitet haben. Auch Walter Fournier, der „Wilde Jäger“, widmet ein ganzes Buch dieser Jagdart: *Auf flüchtigem Jagdroß durch Deutsch-Südwest-Afrika.* Für englische Afrika-Jäger wie Hodson, Selous, Percival, Baker, Millais, auch für den Schweden Baron Blixen, zählte die Hetze, wie man in ihren Werken nachlesen kann, ohnehin zum Standardrepertoire der weidgerechten Jagd und wurde mit Begeisterung betrieben.

In dieser Abhandlung geht es darum, unserer Einstellung gegenüber jagdlichen Methoden anderer Kulturkreise zu mehr Toleranz zu verhelfen, da ich nicht nur in der Literatur, sondern auch in Gesprächen mit Jägern auf Unverständnis gestoßen bin, wenn es um das Thema Hetzjagd ging.

diese Jagden mit seiner eigenen Meute tatsächlich durchgeführt hat: es ist Frédéric Poisson, Maitre d'Équipage der Rallye de la Brie, welche im Forêt d' Orleans auf den Hirsch jagt. Wie will jemand, der einmal im Jahr eine Woche lang auf vielleicht 1.000 qkm im flachen Waldland auf Maral jagt und dabei maximal eine Handvoll erlegt, den Maralbestand in einem Land von 2,7 Millionen qkm leerjagen? Noch dazu, wo doch die meisten Marale im Gebirge leben.

Dabei möchte ich unter den Begriffen der Parforcejagd bzw. Hetzjagd salopp mehrere jagdliche Methoden subsumieren, die sich in ihren methodischen Einzelheiten sehr wohl stark unterscheiden: die englische berittene Meutejagd; die französische berittene Meutejagd; die Meutejagd zu Fuß auf Fuchs, Hase, Kaninchen, Puma, Leopard; das Coursing, also die Hetze auf den Hasen mit Windhunden; selbiges im Arabischen Kulturkreis auf Gazellen; die berittene Jagd mit dem Speer auf Schwarzwild und anderes Wild in Indien und Spanien (Pig-Sticking); und weitere ähnliche Jagdarten. Sie alle haben gemeinsam und sind dadurch gekennzeichnet, daß Wild gehetzt wird, sei es durch Hunde und/oder durch berittene Jäger.

Die Ablehnung, welche in unserer Jägerschaft gegenüber dem Hetzen eines Wildtieres besteht, wird damit begründet, daß die klassische Hetze genauso unweidmännisch sei, wie jene mit motorisierten Fahrzeugen zu Land, zu Wasser oder in der Luft, und daß sie schon gar nicht tierschutzgerecht ist, weshalb sie auch gesetzlich verboten wurde.

Nun sollten wir uns aber ernsthaft fragen, seit wann die diesbezügliche Auffassung von Weidgerechtigkeit und die entsprechende Gesetzesvorgabe existieren und vor allem, wie es dazu gekommen ist. Denn es handelt sich dabei um ein auf die deutschsprachigen Länder beschränktes Phänomen.

Weiters sollten wir uns fragen, welchen Stellenwert die Hetzjagd in jagdhistorischer Hinsicht einnimmt und ob man aus dieser Betrachtung eine ausreichende Begründung für ihre Ablehnung ableiten kann.

Dann bedarf es einer näheren Analyse der Sportlichkeit und des Prinzips der Fairneß bei der Hetzjagd. Auch soll die Frage diskutiert werden, ob es sich dabei überhaupt um Weidwerk handelt.

Schließlich ist es unerläßlich , den Aspekt des Tierschutzes ausführlich zu beleuchten.

Kommen wir zur ersten Frage: Wie hat sich das heutige Verständnis von Weidgerechtigkeit entwickelt und wie kam es zu einem gesetzlichen Hetzverbot?

Als mit der Revolution von 1848 das feudalherrschaftliche Jagdregal in Mitteleuropa endgültig Vergangenheit wurde, kam es in den Nachrevolutionsjahren zu einem drastischen Einbruch in den Wildbeständen, bedingt durch das Fehlen einschlägiger gesetzlicher Regelungen und ebenso durch das Fehlen einer allgemeinverbindlichen jagdlichen Ethik in bäuerlichen und bürgerlichen Kreisen.

Erst nach und nach wurden in der zweiten Hälfte des 19. Jahrhunderts jene ethischen Grundregeln samt gesetzlichen Auflagen erarbeitet, die es ermöglichten, daß die Jagd um die Jahrhundertwende auch in Mitteleuropa einen glanzvollen Höhepunkt verzeichnen konnte. Zahlreiche Jagdmethoden wurden damals verfeinert und diversifiziert, und darunter befand sich wie selbstverständlich auch die Hetzjagd. Selbst in Deutschland und Österreich-Ungarn wurde vor dem Ersten Weltkrieg *par force* gejagt. Hier sei lediglich auf die berühmten Jagden von Pardubitz und Gödöllö verwiesen. Allerdings konnte die Parforcejagd nie auch nur annähernd jene Bedeutung gewinnen, welche sie in Frankreich und England seit Jahrhunderten hatte.

Für die Entwicklung in der Zwischenkriegszeit dürfen wir von folgenden Fakten ausgehen:

1. Noch aus der Zeit vor 1848 gab es in der Bevölkerung eine latente Ablehnung jagdlicher Privilegien, insbesondere der ehemals oft auf dem Rücken der Landbevölkerung ausgetragenen Parforcejagd.
2. Die Parforcejagd war vor dem Ersten Weltkrieg das finanziell bedingte Privileg des Großbürgertums, der Militärs und der Aristokratie.
3. Nach dem Ersten Weltkrieg gab es in der Bevölkerung, weit mehr aber noch in den neuen politisch aktiven Kreisen ein sehr feindseliges Verhältnis gegenüber der ehemals herrschenden Klasse, und zwar nicht nur zur Aristokratie, sondern auch zu den „Mitläufern und Günstlingen", all jenen, die vom alten System profitiert hatten, darunter die Militärs und Großbürger. Symbolhaft wurde nun der ehemalige Lebensstil dieser Leute verabscheut und für dekadent gehalten.
4. Schon vor dem Ersten Weltkrieg litt die Ausübung der Parforcejagd in Deutschland zunehmend am Mangel geeigneter Landschaftsstrukturen und Jagdgebiete.
5. Nach dem Ersten Weltkrieg gab es in Mitteleuropa nur mehr Schleppjagden. Die Jagd auf Wild wurde – wohl teilweise bedingt durch veränderte Eigentumsverhältnisse an Grund und Boden und durch die schwierige wirtschaftlichen Situation, aber auch infolge der zerschlagenen gesellschaftlichen Strukturen – nicht wiederaufgenommen.

6. Kurz vor dem Ersten Weltkrieg tauchten die ersten brauchbaren Automobile und Flugzeuge auf, sodaß sich für die Entwicklung der jagdlichen Ethik langsam die Notwendigkeit ergab, auf diesen technischen Quantensprung adäquat zu reagieren. Es bedurfte gesetzlicher Bestimmungen, um eine tatsächlich unfaire und unsportliche Hetze mit Automobilen, Motorbooten und Fluggeräten zu verhindern.

Im Jahre 1934 wurde in Deutschland ein neues Jagdgesetz verabschiedet, welches von Ulrich Scherping erstellt worden war. In diesem Gesetz wurden in §35 sogenannte Sachliche Verbote für nicht weidgerechte Jagdmethoden ausgesprochen. Ulrich Scherping hat der nationalsozialistischen Ideologie ferngestanden, war nie Parteimitglied, und hatte darüber hinaus den Entwurf zu diesem Gesetz schon mehrere Jahre vor der Machtergreifung von 1933 fertiggestellt. Es muß hier also dezidiert festgehalten werden, daß weder Hitler noch nationalsozialistische Funktionäre noch die nationalsozialistische Ideologie einen Einfluß auf das Zustandekommen des Reichsjagdgesetzes hatten. Interessanterweise findet sich auch im §35 des Reichsjagdgesetzes von 1934 noch keine Erwähnung des Parforcejagd-Verbots, obwohl die Hetze mit motorisierten Fahrzeugen schon berücksichtigt war. Erst bei einer Revision im Jahre 1936 kam es dann dazu.

Es bleibt also die Frage im Raum, warum in dieser Verordnung vom 29. 7. 1936 zum Reichsjagdgesetz vom 3. 7. 1934 die Parforcejagd *expressis verbis* verboten werden mußte, obwohl diese

a) ohnehin nie eine ausgeprägte Tradition in Mitteleuropa hatte. Sie wurde zwar vor 1848 auch in Deutschland und der Donaumonarchie immer wieder von nicht wenigen Fürsten und Herrschern betrieben, hatte jedoch nie die Verbreitung wie in Frankreich oder gar die Dimension beinahe einer „Volksertüchtigung" wie in England erlangt. Zwischen 1870 und 1914 gab es wohl einen großen Aufschwung für die Parforcejagd in Deutschland, aber im Vergleich zu Frankreich und England beschränkte sich die Zahl der Meuten, die auf Wild jagten, auf nicht viel mehr als ein Dutzend. Auch in der Donaumonarchie blieb die Parforcejagd weitgehend auf die Aktivitäten Elisabeths von Österreich und ihres Kreises in den Siebziger- und Achtzigerjahren des 19. Jahrhunderts beschränkt und fand mit dem Ersten Weltkrieg ihr Ende (Whyte-Melville, Eben, Stegmann, Thein; siehe auch nachfolgende Tabelle).

b) zum Zeitpunkt des Verbots gar nicht mehr existent war. Es gab schon seit den Zwanzigerjahren weder in Deutschland noch in den Nachfolgestaaten der Donaumonarchie eine auf Wild jagende Meute. 1936 war die Jagd auf Wild schon seit mehr als 20 Jahren tot! (Primavesi, Stegmann, Thein).

c) weder im von Scherping schon lange vor der Machtergreifung fertiggestellten Entwurf noch in der rechtsgültigen Form des Reichsjagdgesetzes von 1934 einer Erwähnung wert befunden wurde (Prossinagg, pers. Mitteilung samt Auszug aus dem Reichsjagdgesetz).

Nachstehend ein Vergleich der Meuten in Deutschland, Österreich-Ungarn, Frankreich, Großbritannien samt Irland und in den USA von 1910 bis 2002.

	D 1910	D 1930	D 1996	F 1979	F 2002	UK+Irl 1996	USA 1996
Fuchsmeuten	1	–	–	?	80	237	170
Hasenmeuten	4	–	–	?	?	54	–
Schwarzwildmeuten	4	–	–	19	30	–	–
Hirschmeuten	1 (Ö)	–	–	32	38	4	–
Kastenwildmeuten	1	–	–	–	–	2	–
Rehwildmeuten	–	–	–	37	85	–	–
Fußmeuten	–	–	–	90	155	130	144
Schleppmeuten	43	37	26	2	?	10	?

Quellen: Whyte-Melville/v. Keudell, Stegmann, v. Thun-Hohenstein in Thein, Williams, Baily's, Real Countryside

Es scheint plausibel, daß gerade, *weil* in der Zwischenkriegszeit niemand mehr *par force* ritt, dieser Paragraph 1936 in das Reichsjagdgesetz aufgenommen wurde. Es gab damals kaum noch Parforcejäger, die meisten der ohnehin nicht zahlreichen Meuten hatten in Ermangelung von Jagdmöglichkeiten auf Schleppjagd umgestellt. Die Parforcejagd hatte also keine Lobby mehr hinter sich. Schließlich muß man bedenken, daß es im damaligen Deutschland wohl mehrere hunderttausend aktive Jäger in Grün, aber sicherlich nur ein paar hundert, maximal wenige tausend parforcejagdlich interessierte Reiter gab. Die Grüne Jagd hatte sich schon vor 1914 von der Roten Jagd distanziert, wie ihre dezidiert ausgesprochene Nichtberücksichtigung bei v. Raesfeld, *Das Deutsche Weidwerk,* in der Erstauflage von 1913 belegt. Es sei jedoch ausdrücklich darauf hingewiesen, daß gerade in aristokratischen (und militärischen) Kreisen diese Ausgrenzung nicht vollzogen wurde, sondern daß die Rote Jagd gewissermaßen einfach mit ihren Vertretern ausgestorben ist.

Wenn der überwiegende Teil der Jägerschaft nie einen Bezug zur Roten Jagd gehabt hatte, diese selbst schon eine Generation lang nicht mehr existent war und zum Zeitpunkt der Gesetzgebung niemand mehr ernsthaftes Interesse daran gezeigt hatte, so war es nur naheliegend, gewissen latenten Vorurteilen der Jäger in Grün gegenüber der Parforcejagd gesetzlich in Form einer „weiterentwickelten Weidgerechtigkeit“ zu entsprechen.

Solche Vorurteile waren in der Bevölkerung seit Jahrhunderten verwurzelt (Jagdregal) und wurden jedenfalls mit dem Zusammenbruch der gesellschaftlichen Ordnung im Rahmen des Ersten Weltkriegs nicht gerade weniger. Die Parforcejagd wurde vermutlich in Jägerkreisen dem Zeitgeist der Dreißigerjahre entsprechend auch als in ihren Ursprüngen „französische, englische“, jedenfalls „undeutsche“ Jagdmethode gebrandmarkt (man versuchte auch, in Schleppmeuten den englischen Fuchshund durch deutsche Rassen zu ersetzen; Stegmann), welche noch dazu beim Großteil der jagenden und nichtjagenden Bevölkerung als „Relikt einer dekadenten Vergangenheit“ gelten mußte. Solche Einstellungen wurden durch den Nationalsozialismus mit seiner extrem nationalistischen, aber auch antiaristokratischen[7] und antikapitalistischen Ideologie sicherlich noch verstärkt. Wenigstens insofern darf wohl auch von einem deutlichen ideologischen Einfluß der zeitgeistigen Grundstimmung in der Bevölkerung und Jägerschaft auf das Zustandekommen des Parforcejagd-Paragraphen bei der Revision des Gesetzes gesprochen werden.

[7] Hitlers Haß auf die Monarchie und sein extrem gespanntes Verhältnis zu aristokratischen Parteifunktionären in seinem Regime sind ja hinlänglich bekannt

Wir haben nun versucht, zu ergründen, wie es zum Parforcejagd-Paragraphen gekommen ist. Daß aber das Reichsjagdgesetz als (einziges?) nationalsozialistisches Gesetz das Dritte Reich bis zum heutigen Tage überlebt hat, ist weniger ein Kuriosum, als vielmehr der untadeligen Persönlichkeit seines Schöpfers Scherping zuzuschreiben, welcher deshalb die Geschicke des Deutschen Weidwerks auch nach Kriegsende weiterhin mitgestalten durfte. Als in den Fünfzigerjahren die ersten Schleppmeuten wiedergegründet wurden, war die Hetzjagd schon längst Geschichte, so sehr Geschichte wie die Monarchie. Und selbst die Schleppjagd hat es bis 1986 nur auf 22, bis 1996 gerade auf 26 Meuten gebracht, eine Zahl, die über die letzten 20 Jahre konstant geblieben ist. Es ist eine unleugbare Tatsache: in Mitteleuropa gab und gibt es kein Interesse an der Jagd zu den Hunden.

Unsere zweite Frage betrifft den Stellenwert der Hetzjagd in der Jagdgeschichte:
Die moderne Paläo-Anthropologie kommt nach einer Phase des Zweifels heute nicht mehr umhin, anzuerkennen, daß die Vorläufer des *Homo sapiens sapiens* erfolgreiche Jäger waren und die Jagd einen wesentlichen Impuls für die menschliche Evolution darstellte, wobei dieser Prozeß vor zwei Millionen Jahren begann und zur Herausbildung des *Homo erectus* führte. Anfänglich wurde nur gelegentlich und auf kleines Wild gejagt, seit mehreren hunderttausend Jahren aber intensiv auf alles Wild bis hin zum Mammut und Höhlenbären.

Zu den frühesten Jagdwaffen zählt jedenfalls der Speer, welcher als die erste hocheffiziente und universelle Waffe angesehen werden kann und welcher schon dem *Homo erectus* vor 400.000 Jahren bekannt gewesen ist. So alt ist zumindest der älteste Fund. Dessen Effektivität und Reichweite wurde erst sehr spät, vor grob 18.000 Jahren, durch die Erfindung der Speerschleuder erhöht. Ungefähr zur selben Zeit, möglicherweise auch erst etwas später, erfand *H. s. sapiens* die zweite hocheffiziente, universell einsetzbare Jagdwaffe, nämlich Pfeil und Bogen.

Der Hund als erster Jagdbegleiter des Menschen wurde ebenfalls schon vor etwa 15.000 Jahren domestiziert, bald wird er zur Hetze eingesetzt worden sein, vermutlich aber erst später auch in der Meute. Seit 7.000 Jahren wird das Pferd in den asiatischen Steppen als Haustier zur

Fleisch- und Milchgewinnung genutzt und ist vor 4.000 Jahren erstmals vor den Streitwagen gespannt worden. Zu dieser Zeit kannte man in Asien und im Orient auch schon die Beizjagd. Seit mehr als 3.000 Jahren wird das Pferd geritten, es dauerte jedoch bis ins siebte oder achte vorchristliche Jahrhundert, bis man „im" Pferd saß und nicht mehr einfach „auf" ihm. Ab diesem Zeitpunkt entwickelten sich auch die berittenen Formen der Jagd, also die Hetze mit und ohne Meute.

Parallel zur Entwicklung der Jagd müssen wir uns vor Augen halten, daß vor etwa 10.000 Jahren ein Prozeß seinen Anfang nahm, welcher als neolithische Revolution bezeichnet worden ist, und welcher über 5.000 Jahre hinweg vom Dasein des Menschen als Jäger und Sammler zu Seßhaftigkeit, Ackerbau, Viehzucht, Stadt- und Staatengründung führte. Gleichzeitig wurde aus der Jagd als Überlebenskunst eine sportliche Freizeitbeschäftigung insbesondere der herrschenden Schicht.

In den großen Kulturen der Menschheitsgeschichte hat dann die Jagd diesen Charakter einer Freizeitbeschäftigung beibehalten, während die legale Nahrungsjagd im Laufe der Geschichte an Bedeutung verlor. In hochzivilisierten Ländern gibt es heute nur mehr wenige Jäger, die ausschließlich des Fleisches wegen jagen; die Freude am Jagen wird als Motiv immer gegenüber der dringenden Notwendigkeit, sich Nahrung zu beschaffen oder Wildbret genießen zu wollen, überwiegen (ginge es nur ums Wildpret, könnte man dieses ja auch käuflich erwerben).

Die jüngste Form der Jagd als ökologische Notwendigkeit, als direktes und indirektes Mittel des Natur-, Biotop- und Artenschutzes ist im Wesentlichen ein Kind unseres Jahrhunderts. Trotzdem sei darauf hingewiesen, daß, obwohl der heutige Jäger im Sinne dieser Verantwortung gegenüber der Natur handelt, er bezüglich seiner Motivation dennoch in erster Linie aus reiner Freude jagt und damit in der Tradition der Sport- und Freizeitjagd bleibt.

Ein wenig willkürlich, aber keineswegs gänzlich zu Unrecht dürfen wir also festhalten, daß die „Sportjagd, Freizeitjagd, rekreative Jagd, die Jagd aus reiner Freude am Jagen" mehrere Jahrtausende alt ist, jedenfalls ebenso alt, wie die erste Entwicklung einer höheren Kultur. Seit Beginn dieser „Sportjagd" wurde sie mit Speeren und Pfeilen sowie Netzen ausgeübt, unter Mithilfe von Hunden, später auf Streitwagen, dann Reitpferden und auch mit Beizvögeln. Mit Ausnahme der Jagd mit Feuerwaffen steht also das ganze Repertoire der hauptsächlichen Jagdmethoden, wie sie dann in der griechischen und römischen Antike beschrieben worden sind, wie sie auch weiter im Mittelalter betrieben wurden und wie sie bis zum heutigen Tage ausgeübt werden, schon seit mindestens drei Jahrtausenden zur Verfügung. Wohl haben sich die Techniken verändert und verfeinert, die Gebräuche, das jagdliche Brauchtum gewandelt, aber im Grunde tut der Jäger heute nichts anderes als von Anbeginn an.

Wir haben es also bei all diesen „archaischen" Jagdmethoden, und damit auch bei der Hetzjagd, keineswegs mit einer „entarteten" Form der Jagd zu tun, wie etwa den Gladiatorenspielen im antiken Rom oder wie bei Tierkämpfen, die auch heute noch in vielen Ländern der Welt üblich sind, oder wie bei den Eingestellten Jagden des Barock. In all diesen Fällen handelt es sich um extrem abstrahierte und vor allem inszenierte Extrakte aus ursprünglich naturgemäßen jagdlichen Handlungsabläufen, und ihr Bestehen im Laufe der Geschichte war immer begrenzt, begrenzt durch den Untergang jener Kultur oder Epoche, welche sie hervorgebracht hat. Echtes und ungekünsteltes Jagen jedoch scheint eine Art historische Kontinuität zu besitzen und immer wieder auf die gleichen einfachen und sich von Natur aus anbietenden Methoden zurückzugreifen: Waffen beschränkter technischer Raffinesse (was sich erst im 20. Jahrhundert entscheidend ändern sollte), sowie die natürlichen Helfer Hund, Pferd und Beizvogel.

Wenn man davon ausgeht, daß diese eben dargelegte Sicht der Dinge in den meisten Jagdkulturen der Welt inklusive der bedeutenden englischen und französischen Jagdkultur bis heute ihre Gültigkeit bewahrt hat, dann läßt sich das Meutejagdverbot von 1936 nur als unheilvolle Vorwegnahme tierrechtsaktivistischer und jagdfeindlicher Forderungen verstehen, selbst wenn die ursprünglichen Intentionen gesellschaftspolitischer Natur gewesen sein sollten.

Die dritte Frage gilt der Sportlichkeit, der Fairneß und dem Weidwerk

Bereits früh in der Entwicklung der „Sportjagd" wurde das Prinzip der Sportlichkeit, daß bei der Jagd also das Geschick und der Mut des Jägers herausgefordert werden soll, erfaßt. Schon die ersten historischen Zeugnisse königlicher Jagden in den frühen Hochkulturen haben die Ruhmestaten des Herrschers bei der Jagd zum Inhalt, um seine körperliche Stärke als Symbol seiner Macht zur Schau zu stellen. Die Idee der Fairneß, der fairen Chance des Wildes, taucht historisch erstmals belegbar bei Arrian im 2. Jahrhundert auf, welcher feststellt, daß der „wahre Jäger" durchaus zufrieden ist, wenn der Hase das Versteck glücklich erreicht.

Natürlich war es ein langer Weg von diesen ersten Gedanken über Sportlichkeit und Fair Play bis zu jenem hohen Niveau, welches diese Begriffe im England des 19. Jahrhunderts erreichen sollten und die letztlich dazu dienen, daß das Gleichgewicht des natürlichen und somit fairen Wettkampfs zwischen Jäger und Gejagtem nicht mehr als gestört empfunden wird. Sie haben also auf eine Wiederherstellung jenes durch technische Errungenschaften gestörten Gleichgewichtes abzuzielen, damit die Lust am Jagen als Lust an der fairen Auseinandersetzung erhalten bleibe.

Immer wieder wird nun behauptet, das Wild hätte bei der Hetzjagd keine Chance zu entkommen. Auch wurde der Parforcejagd jegliche jagdliche Eigenschaft abgesprochen: „Ein schöner Tag im Freien, aber mit Jagd hat das nichts zu tun", wie mir mal ein Jagdvermittler erklärte. Und auch die körperlichen Leistungen des Parforcejägers wurden nicht selten angezweifelt.

Es kann wohl nur ein Nicht-Reiter die Ignoranz besitzen, die körperlichen Leistungen und vor allem die Gefahren bei einer Fuchsjagd zu verkennen und das reiterliche Geschick gering zu achten. Ein Ansitz andererseits muß wohl unumstritten als die unsportlichste Jagdart gelten, die vorstellbar ist, und er ist auch von gar manch großem Jäger so empfunden worden.

Zu den Chancen des gehetzten Wildes sei hier festgehalten, daß selbst bei der Grande Vénerie, der hochorganisierten, französischen Parforcejagd auf den Hirsch, dieser fünfzig Prozent Entkommenschance hat (Stegmann), bei der englischen Hirschjagd liegt der Prozentsatz ähnlich (Whitehead), bei der Fuchsjagd und beim Pig-Sticking ist er sogar weit zugunsten des Wildes verschoben. Welche Chance hat eigentlich der Hirsch in einem Großgatter, der über Jahre herangehegt wird, um ihn eines Tages von der Kanzel aus mit einer Präzisionswaffe, mit der man auf 300 Meter ein Pik-As treffen könnte, niederzustrecken? Doch auch im Revier: oft kann sich ein Stück nur aussuchen, auf welcher Seite der Grenze es sich ins Jenseits befördern läßt. Gerade in diesem Zusammenhang möchte ich auch auf jene Jagdmethoden hinweisen, die zwar von zweifelhafter Weidgerechtigkeit sind, jedenfalls aber vom Gesetz wie auch mancherorts in der täglichen jagdlichen Praxis toleriert werden. Ich spreche hier vom Weitschuß, von Kistlfasanen, von Kleingattern.

Daß die Reitjagd schon in den Dreißigerjahren nicht mehr dem Weidwerk, sondern eher dem Hunde- und Reitsport[8] zugerechnet wurde (Karl Außerer, *Vom Deutschen Jagdwerk*), ist durchaus ein deutlicher Hinweis darauf, daß sich das Selbstverständnis der Jagd im mitteleuropäischen Raum seit der zweiten Hälfte des 19. Jahrhunderts auf bürgerlicher Ebene vom Selbstverständnis aristokratischer Jägerschaft immer weiter entfernt hat. Denn die europäische Aristokratie der Vorkriegsjahrzehnte und selbst noch in der Zwischenkriegszeit war sehr an der englischen Jagdphilosophie orientiert. Man war in England und man lud aus England ein und bot dabei zu Hause ähnlich guten Sport. Dabei vergaß man darüber keineswegs, mitteleuropäische Traditionen und Jagdweisen zu pflegen. Es war dieser gesamtheitliche Aspekt, diese Zusammenführung zweier unterschiedlicher Jagdauffassungen, Jagdphilosophien, Jagdweisen zu einer größeren, umfassenderen Sicht- und Erlebnisweise, die das besondere Verdienst dieser Zeit war, und die mit den gesellschaftlichen Veränderungen seit dem Ende der europäischen Monarchien wieder verlorenging.

In der Tat kann für die Meutejagd ein starkes sportliches Element nicht von der Hand gewiesen werden. Es bedarf hier jedoch einer strikten Trennung von Jagdpersonal und Feld. Während nämlich das Feld keine jagdlichen Aufgaben wahrnimmt und den Ablauf der Jagd nur verfolgt, sind Huntsman, Whipper-in und manchmal noch der Master tatsächlich Jagende, indem nur sie die Hunde führen und dirigieren, das Wild ansprechen, den Weg des Wildes zu erfassen suchen und damit die Verfolgung des Wildes bestimmen. Sie müssen damit ähnliche Fähigkeiten und Kenntnisse haben wie der pirschende oder fährtenlesende Jäger, und sie tun auch etwas sehr Ähnliches. Dagegen hat das reitende Feld keinen aktiven Anteil an der Jagd. Das Feld betreibt gewissermaßen nur Reitsport,

---

8 Zum Verhältnis von Jagd und Sport bzw. von Weidgerechtigkeit und *sportsmanship* siehe das nachfolgende Kapitel

wobei einzelne Jagdreiter sehr wohl aus einem sehr großen Interesse am jagdlichen Teil und nicht oder nicht nur wegen des Reitens teilnehmen.

Andererseits ist auch bei der Grünen Jagd manchmal eine sportliche Komponente nicht zu leugnen: Treibjagden können in der Tat auch als Schießsportveranstaltungen imponieren (Hespeler nimmt daran Anstoß), und jeder geführte Jagdgast oder Auslandsjäger ist dem Schießsport näher als dem Weidwerk, weil alles, was das eigentliche Jagen ausmacht, nämlich Fährten lesen, die Pirsch gestalten, das Ansprechen bis hin zum Aufbrechen des Wildes, insbesondere aber die Hege dem Jagdführer vorbehalten bleibt, während der Gast nur zu schießen braucht. Natürlich ist es das nachvollziehende Erleben, das hier für den Gast die Jagd ausmacht: er erlebt die Jagd an vorderster Front mit, was für ihn das Jagen fast authentisch macht. In Wahrheit aber hat er nicht gejagt, sondern nur miterlebt und geschossen. Genau dasselbe tun die jagdbegeisterten Teilnehmer einer Parforcejagd: Manche Teilnehmer sind freilich bloß Reiter, die das Ungewisse als sportliches Element bei der Reitjagd schätzen. Aber viele sind wirkliche Jäger, welche die Parforcejagd auch als Jagd empfinden.

Reiten ist die älteste und natürlichste Art der beschleunigten Fortbewegung zu Lande. Wer jagdreitet, will sicherlich diese archaische Art der Fortbewegung genießen, verbunden mit dem Erlebnis in der freien Natur, will gleichzeitig mit körperlicher Herausforderung konfrontiert sein. Das sind Motivationen, die auch den Weidmann beim Jagen bestimmen: auch er sucht eine archaische Aktivität, auch er will das Naturerlebnis, auch er will an physische Grenzen stoßen, will ein körperliches Erleben, will sich mit der Natur und dem Wild messen. All diese Motivationen haben aber strenggenommen mit dem offiziellen mitteleuropäischen Selbstverständnis der Jagd im 20. und 21. Jahrhundert wenig gemein.

Jagd in eben diesem Sinne ist eine Tätigkeit, die aus der verantwortlichen Betreuung eines Reviers in all ihrer Vielfalt besteht: ökologiegerechtes Wildlife-Management, nachhaltige Nutzung, Biotopverbesserung, Naturschutz, Schutz der Kulturlandschaft, Vermeiden von Wildschäden, Notfütterung des Wildes *et cetera*. Begriffe wie Freude am Jagen, am eigentlichen Jagen, vielleicht sogar Spaß daran, das sich Messen mit der Natur und dem Wild, das ganze eigene Ich des Jägers, solche Begriffe kommen in diesem Selbstverständnis nur am Rande vor. Jagen als „hehre Verpflichtung" und nicht als „egoistisches Vergnügen“: das ist der Grundtenor, der in diesem Jahrhundert die Theorie bürgerlich-jagdlichen Selbstverständnisses und die Öffentlichkeitsarbeit der Jagdverbände bestimmt hat. Die Theorie, wie gesagt. Denn im Innersten seiner Seele wird der Jäger auch heute noch vor allem „aus Spaß an der Sache“ oder, um es unverfänglicher zu formulieren, aus Freude und nicht wegen irgendwelcher hehrer Ideale jagen.

Viertens kommen wir nun zu einer sehr bedeutenden Frage, nämlich zu den tierschutzrelevanten Aspekten

Die Geschichte des Tierschutzes und damit auch der tierschutzbedingten jagdlichen Beschränkungen ist im Wesentlichen eine Geschichte der Mensch-Tier-Beziehung.

Waren Mensch und Tier in der Vorzeit noch als Teil ein und desselben Ganzen empfunden worden, eingebunden in vielfältige Mythen über das Dasein, so entwickelte sich im Rahmen der neolithischen Revolution das Wildtier immer mehr zum Feind: zum Feind von Feld und Vieh und Mensch. Diese Entwicklung erreichte ihren Höhepunkt im Mittelalter und der frühen Neuzeit, wo das Tier als reine Maschine empfunden wurde, die man jeder Grausamkeit unterwerfen konnte.

Erst mit der Aufklärung setzte hier ein Umdenken ein, welches auch die Jagd wesentlich mitbeeinflußt hat: Das Tier wurde erstmals als leidensfähiges Individuum betrachtet, dem man unnötigen Schmerz ersparen sollte. Viele Ideen der heutigen Weidgerechtigkeit fußen auf diesem Grundsatz.

Es blieb jedoch dem Jahre 1975 vorbehalten, das Tier dem Menschen auch in seinen Rechten gleichzustellen und damit die Jagd insgesamt, ja jede Form von Tiernutzung in Frage zu stellen. Aber diese letzte Entwicklung wird zu unserem großen Glück noch lange nicht die nötigen Bedingungen für ihre legislative Umsetzung vorfinden. Dennoch bleibt die Tatsache: die größte Gefahr droht der Jagd heute von seiten des Tierrechtsaktivismus und des Ökofeminismus. Beide haben gute philosophische Basisarbeit geleistet, während die Jagdphilosophie dem Kaninchen gleicht, das völlig gelähmt vor der Schlange sitzt. Aber da geht es der Jagdphilosophie nicht viel besser als allen anderen Philosophien, welche Althergebrachtes verteidigen wollen.

Zurück zur Parforcejagd: Für unsere Betrachtung stellt sich hier die Frage, ob die Hetzjagd in irgendeiner Form grausamer ist, dem Wild mehr Qualen bereitet, als andere, hierzulande als weidgerecht erachtete Jagdarten, und wenn ja, ob wir dies rechtfertigen können.

Hier gilt es, die Hetze selbst vom Tod des Tieres zu trennen. Betrachten wir zunächst die Hetze. In der Tat ist diese das *punctum saliens* in der ganzen Diskussion. Die Hetze an sich muß als natürlicher Vorgang gelten, wie er einem Wildtier öfter in seinem Leben widerfährt. Ein Wolfspack hetzt den Elch oder Hirsch, aber auch den Fuchs, dieser den Hasen, der Afrikanische Wildhund jagt im Rudel Antilopen, der Asiatische Rothund diverses großes Schalenwild, der Löwe jagt ebenso in der Sippe. Freilich, meist dauern diese Hetzen nicht lange, aber Wölfe können einen Elch auch über viele Stunden verfolgen.

Wildtiere sind auf die Hetze als „bewußtes Gejagt-Werden" von der Evolution her vorbereitet, und ihre Reaktion im Sinne einer Fight-Flight-Fright-Reaktion zählt zum natürlichen Verhaltensrepertoire jedes höheren Organismus, auch des Menschen. Selbstverständlich wird der Streß gehetzter Tiere größer sein als der jener, welche von der Kugel überrascht werden, aber auch hierzulande akzeptierte Jagdmethoden können Tiere durchaus stressen: das Austreiben des Fuchses aus dem Bau, das Drücken und Riegeln, das Treiben von Schalen- und Niederwild. Auch die hierzulande durchaus legale „Hetze" mit dem Beizvogel sei hier angeführt. Jeder Jäger wird zugeben, daß das Wild in diesen und vielen anderen Situationen sehr wohl weiß, daß höchste Gefahr in Verzug ist, und daß es dazu keiner lärmenden Hundemeute bedarf. Tatsächlich gibt es auch Forderungen, das Riegeln (nicht zuletzt aus Gründen der Fleischqualität) einzuschränken. Andererseits ist der Jagddruck und damit der „ständige Streß" im Revier durch das Riegeln sicherlich wesentlich geringer als durch Einzelbejagung.

Um die Jahrtausendwende wurde in England zum Thema Hetze die umstrittene Bateson-Studie vorgestellt, welche dort die Diskussion weiter angeheizt hat, da sie sich gegen die Parforcejagd richtete. Aus diversen Blutwerten wurde dabei auf den Streßzustand des gehetzten Wildes geschlossen. Die Mehrheit der Fachwissenschafter haben allerdings diese Studie sowohl bezüglich des Datenmaterials als auch hinsichtlich der Schlußfolgerungen als inkonsistent und unseriös eingestuft.

Der Tatsache jedenfalls, daß das Hetzen ein Tier mehr streßt als der „Schuß aus dem Hinterhalt", können und wollen wir uns auch nicht verschließen. Ob aber Streß mit Angst gleichzusetzen ist, beim Menschen wie beim Tier, ist mehr als fraglich! Niemand weiß, wie sehr tierischer Streß als Angst empfunden wird, wo doch sogar Menschen völlig verschieden auf Gefahren reagieren und gerade bei akuter Lebensgefahr keineswegs immer mit Angst reagieren, sondern vielmehr alle Energie, welche durch die Streß-Reaktion frei wird, für den Überlebenskampf aufbringen. Dies ist sogar ein Überlebensprinzip, das beim nicht-reflektierenden Tier und erst recht beim naturverbundenen Wildtier noch weit mehr ausgeprägt sein wird als beim Menschen.

Das Wildtier ist sein Leben lang ständig auf der Hut vor Feinden, muß in jeder Sekunde seines Daseins hinter jedem Busch und Baum einen Räuber vermuten, eine Situation, die der Mensch als angsterregend beurteilen würde, die aber für das Wildtier völlig normal ist. Auch muß das Wildtier unzählige Male in seinem Leben tatsächlich vor seinen natürlichen Feinden fliehen oder sich zum Kampf stellen. Auch dies etwas völlig Natürliches, ja es ist durchaus plausibel, daß Angst in solchen Situationen als kontraproduktiv und somit eher als neurotische denn als physiologische Reaktion gelten muß, etwas also, das nur dem Menschen vorbehalten ist. Weiters hat das Tier keinen Begriff von der Bedeutung des Todes, es kann nicht über den Tod und seine Endgültigkeit reflektieren. Die Todesangst des Menschen kann also niemals mit einer möglichen Todesangst des Tieres gleichgesetzt werden.

Letztlich muß es dem Gewissen des Einzelnen überlassen bleiben, zu entscheiden, wieviel „Angst" er einem Tier bei der Bejagung zumuten möchte, und es zeugt von völliger Willkür, einen so schwer faßbaren und kaum quantifizierbaren Begriff wie die „Angst" eines Tieres einem Verbotsgesetz zugrunde zu legen. Es ist auch wirklich die Frage, ob „sogenannte Angst" etwas derart Furchtbares ist, daß wir sie als für Wildtiere unzumutbar einstufen müssen. Hier begeben wir uns in der Tat in gefährliche Nähe tierrechtsaktivistischer Ideen.

Wenn wir den Tod selbst analysieren, müssen wir unterscheiden zwischen dem Tod durch die Meute und dem Tod durch den Jäger. Fuchs, Kaninchen, Hase werden von der Meute getötet, während Schalenwild vom Jäger abgefangen wird: mit der Schußwaffe, der Blankwaffe oder einem Schlachtschußapparat (im Englischen *humane killer* genannt). Der

Tod durch den Menschen entspricht also üblichen jagdlichen Methoden. Was den Tod durch die Meute anlangt, so gibt es wohl keinen schnelleren und sichereren Tod als einen solchen, damit auch kein Siechtum, wie es durch einen Fehlschuß verursacht wird. Der Leithund tötet den Fuchs oder Hasen durch einen Biß ins Genick; sauberer geht es wohl kaum. So glimpflich kommen die Beutetiere diverser Wildhundearten selten davon. Doch wenn es auch grausam erscheinen mag, wie ein Pack Afrikanischer Wildhunde eine Antilope bei lebendigem Leib zerreißt, so hat ein solches Tier nicht länger zu leiden als durch den durchschnittlichen Blattschuß, wo in aller Regel noch Zeit für etliche Fluchten verbleibt, jedenfalls aber hat es sehr viel weniger zu leiden als durch jeden Schuß, der nicht ins unmittelbare Leben trifft.

Zu den Ausführungen in den beiden vorausgehenden Absätzen will ich noch einige Ergänzungen anbringen: In Großbritannien gibt es beinahe 200 Fuchsmeuten. Bei einer durchschnittlichen Frequenz von drei Jagdtagen pro Woche und jährlich 25 Jagdwochen ergibt das 15.000 Jagden pro Jahr. Wenn pro Jagd hochgegriffen ein einziger Fuchs zur Strecke kommt (es können zwischen null und zehn sein, wobei die hohen Strecken absolute Raritäten sind; die Entkommens-Chance angejagter Füchse liegt im übrigen zwischen 60 und 70 Prozent, es werden meist mehrere Füchse pro Tag angejagt), so ergäbe das eine jährliche Fuchsstrecke von 15.000. Die reale Zahl beträgt etwa 9.000 bis 16.000 Stück.

In Österreich, dessen Fläche nur ein Drittel derjeniger Großbritanniens ausmacht, kommen jährlich etwa 55.000 Füchse zur Strecke, die meisten davon durch Büchse und Flinte, ein Teil aber auch mittels Fallen. Trotzdem ist der Fuchs in Österreich stark unterbejagt. Die Jahresstrecke für Deutschland variierte in den vergangenen 20 Jahren zwischen 400.000 und 700.000.

Es ist eine höchst realitätsferne Illusion anzunehmen, daß von diesen hunderttausenden Füchsen alle ohne Qualen binnen Sekunden verenden. Viele Füchse werden einen zumindest minutenlangen Todeskampf haben, nicht wenige werden angeschossen, davon wieder werden etliche nicht mehr aufgefunden und verenden erst nach stundenlangen Qualen. Manche werden überleben und die Schußverletzung wird ausheilen. Da all diese Füchse nicht in die Jagdstatistik eingehen, ist es schwer abzuschätzen, wie viele

Füchse also beschossen, aber nicht – oder nicht sofort – getötet werden. Man muß sich einfach darüber im Klaren sein, daß es keine hundertprozentige Garantie dafür gibt, mit Büchse und Flinte immer schmerzlos zu töten.

Von den 15.000 Füchsen hingegen, die in Großbritannien von Meuten erlegt werden, wird jeder augenblicklich und schmerzlos getötet. Es ist eine extreme Rarität, wenn ein Fuchs nicht augenblicklich von der Meute zu Tode gebracht werden kann.

Von den Qualen durch Fallenjagd, Vergiften und Vergasen in Ländern der Dritten Welt will ich gar nicht reden, abgesehen von der großen Unspezifität dieser Methoden, denen zahlreiche andere Tiere, auch Haustiere und geschützte Arten, zum Opfer fallen können. Insofern ist die als grausam verunglimpfte Hetze eben der Preis für einen schnellen und sicheren Tod. Es ist in der Tat die Frage, welche Grausamkeit die größere ist: das keineswegs unumstrittene psychische Leid eines gehetzten Tieres oder das reale und große physische Leid einer Schußwunde oder einer Vergiftung.

Ich habe schon aufgezeigt, daß ein Wildtier eine völlig andere Perzeption von Gefahr und Verfolgung hat als der Mensch, daß dem Wildtier Gefahr und Verfolgung ständige Begleitung seines Daseins ist, daß das Wildtier das Gefühl von absoluter Sicherheit nicht kennt, daß es nicht um die Bedeutung des Todes weiß und daß daher jeder Vergleich mit menschlichen Ängsten und Gefühlen als im höchsten Maße unseriöse und anthropozentrische Fehlinterpretation aufzufassen ist.

Man kann das psychische Leid eines gehetzten Tieres nicht dem eines gehetzten Menschen gleichstellen, selbst dann nicht, wenn die physiologischen Parameter dieselben sein sollten. Die physiologischen Parameter (die Bateson-Studie bediente sich solcher) eines Marathonläufers und eines auf Leben und Tod gehetzten Menschen sind dieselben, und es läßt sich daraus kein Rückschluß auf die psychische Belastung ziehen.

Für das Wildtier aber ist der Überlebenskampf im Gegensatz zum Menschen etwas Natürliches und Normales, etwas, das ihm öfter im Leben widerfährt und wofür es von seiner Evolution her gewappnet und vorbereitet worden ist, und es hat keine Ahnung von der letzten Konsequenz und Endgültigkeit einer Niederlage in diesem Kampf ums Überleben. Das psychische Leid eines Wildtieres in lebensbedrohlichen Situationen ist nicht objektivierbar, um so weniger, als selbst beim Menschen völlig unterschiedliche Belastungsreaktionen zu beobachten sind: von der Selbstaufgabe über die Todesangst bis hin zur Mobilisation aller Kräfte für das Überleben, ohne daß ein Gefühl von Angst und Verzweiflung aufkommen würde. Eben letztere Reaktion ist die einzige, die bei einem von Hominisations-, Domestikations-, Zivilisations- und Urbanisationsprozessen freien Wildtier zu erwarten ist.

Was macht die Faszination der Parforcejagd aus?

Ich möchte vorausschicken, daß mir, sofern es sich um altes und reifes Kulturgut handelt, Berührungsängste mit fremden Kulturen immer schon unverständlich waren und ich mich für jede Art von Jagd in jedem Land der Welt begeistern kann, solange sie fair und sportlich ist. In England bin ich 66 Mal zu den Hunden auf Fuchs und auf Hirsch geritten, und ich muß sagen, daß diese Tage zu den schönsten zählen, die ich in meinem Dasein erleben durfte. Hier sei versucht, etwas von der Faszination zu vermitteln, welche von der Parforcejagd – hier am Beispiel der Fuchsjagd – ausgeht.

Da ist zunächst einmal die Arbeit der Hunde und mit den Hunden. Genauso, wie der Hundeführer hierzulande von der Arbeit mit seinem Hund fasziniert ist, wie er sich an den Leistungen seines Hundes erfreut, genauso ergeht es dem Huntsman mit seiner Meute, die als Gruppe sehr viel schwieriger zu kontrollieren ist als der einzelne Jagdhund. Die Arbeit der Hunde zu beobachten und mitzuerleben ist auch für das reitende Feld von höchstem Interesse, vorausgesetzt, man hat das Glück, ganz vorne dabei zu sein. Die Verschlagenheit des Fuchses gegen den Spürsinn der Meute: das ist der eigentliche Reiz an der Fuchsjagd. Der Höhepunkt des Erlebens ist erreicht, wenn die Meute *in full cry* dem Fuchs auf den Fersen folgt, und das ganze Feld in fliegendem Galopp mitzuhalten versucht.

Weiters ist da die reiterliche Herausforderung, im wahrsten Sinne des Wortes über Stock und Stein reiten und springen und jeder unerwarteten Kursänderung folgen zu müssen. Das ist etwas völlig anderes als das Reiten über bekannte Hindernisse auf Spring- oder Military-Turnieren. Es ist Reiten im ursprünglichen Sinne, nämlich als Fortbewegungsart in einem natürlichen Gelände. Reiten ist immer auch eine Herausforderung im Sinne eines Zusammenspiels zweier völlig unterschiedlicher Lebewesen, ist etwas unvergleichlich anderes als das Lenken eines motorisierten Fahrzeuges.

Schließlich hat die Fuchsjagd eine ähnlich bedeutsame gesellschaftliche Komponente wie die Treibjagd: das Zusammensein und gemeinschaftliche Erleben mit gleichgesinnten Menschen, das Zeremoniell vor und nach der Jagd, der „Schüsseltrieb", der *hunt-ball*, all das macht zweifelsohne nicht nur für den Jagdreiter, sondern auch für viele Jäger in Deutschland einen nicht unbedeutenden Reiz an einer Gesellschaftsjagd aus.

Letztendlich kann aber nur der, welcher an solchen Jagden selbst aktiv teilgenommen hat, ihre ganze Faszination erleben und verstehen. Doch das gilt wohl für jede Form von Jagd.

Das Einzigartige und Besondere der Meutejagd besteht darin, daß man hier mit Ausnahme der blanken Waffe –Hirschfänger oder Saufeder – bar jeglicher technischen Hilfsmittel jagt, wenn man von Kleidung, Sattel und Zaumzeug absieht. Es ist dies die hohe Kunst, allein durch die Kontrolle über die Meute ein ganz bestimmtes Stück Wild, nämlich das angejagte und kein anderes, zur Strecke zu bringen, ohne Feuerwaffen[9], ohne Fernwaffen, ohne Zieloptik, ohne Optik schlechthin, allein mit den Mitteln, die schon vor zwei, drei Jahrtausenden zur Verfügung standen.

Dasselbe gilt für die Beizjagd und macht auch den Reiz aus, mit dem Bogen zu jagen: daß man nämlich ohne großartige Technik das Auslangen findet – im Falle des Langbogens, unter Umständen auch des Recurvebogens kann man sich die Waffe sogar selbst ohne größeren Aufwand bauen –, und daß man wirklich nahe an das Wild heranpirschen muß. Diese Aspekte gelten mir als höherrangig weidgerecht denn jene moderne Auffassung von Weidgerechtigkeit, gemäß derer man nämlich unter allen Umständen immer auf die Minimierung von Streß und Leid für das Wild zu achten hätte. Zudem haben sehr sorgfältig durchgeführte Studien gezeigt, daß die Jagd mit dem Bogen, wenn sie verantwortungsbewußt ausgeübt wird, nicht grausamer ist als jene mit Büchse und Flinte. Letztlich kommt es immer darauf an, wie man jagt. Wer als Bogenjäger auf zu große Entfernung schießt, handelt ebenso unverantwortlich wie ein 500-Meter-Kugelschütze. Persönlich allerdings habe ich keinerlei Erfahrung damit – meine Ärmchen sind einfach zu dünn …

---

[9] In England verwendet man allerdings seit 1929 statt des Hirschfängers eine Klappflinte

Jagdethik und Subsidiarität

Genuine sport – as distinguished from pastimes like cricket, golf and lawn tennis – is a pursuit in which a man pits his knowledge, skill, and will against the wild animal's instinct for self-preservation in its natural wild surroundings …
… One need not go to the length of saying that the element of risk is indispensable to sport, but at least it has an important place in it.
Claude Luttrell,
Sporting Recollections of a Younger Son

Jagd ist kein Sport

In einem 1995 erschienenen Mitteilungsblatt des Tiroler Landesjagdschutzvereins waren ein paar gute Gedanken zur Jagd unter der markant gedruckten Überschrift *Weidwerk ist kein Sport* zu lesen.

Eine Sentenz wie diese bedarf jedoch einer näheren Erläuterung. Ehe man Jagd und Sport zueinander in Beziehung setzt, gilt es vorab drei Fragen zu klären. Die erste lautet: Was ist Sport? Die zweite: Was ist Jagd? Die dritte: von welchem kulturellen Umfeld sprechen wir?

Es sei vorangestellt, daß es hier nicht um wissenschaftliche Definitionen geht, wie sie etwa Lindner (*Homo Venator I,* 1978) für die Jagd gegeben hat, sondern um jenes Bild von der Jagd, welches beispielsweise in der Öffentlichkeitsarbeit jagdlicher Verbände entworfen wird oder wie Jäger sich selbst sehen oder sich Nichtjägern präsentieren, und andererseits darum, was die breite Bevölkerung jeweils unter Jagd und unter Sport versteht.

Unter Sport subsumiert man in Kontinentaleuropa zwei sehr verschiedene Begriffe. Sport ist einerseits eine körperliche Freizeitbetätigung, die der physischen Ertüchtigung und/oder der physischen wie mentalen Erholung/Entspannung dient, also rekreativ, ansonsten aber völlig zweckfrei ist: wir sprechen dann von Freizeitsport.

Andererseits beschreibt der Begriff Sport auch eine ganz anders gelagerte Tätigkeit, nämlich den Sport als Wettkampf. Es ist dies jede kompetitive

Betätigung *zwischen Menschen,* körperlicher, geistiger oder ideeller Natur, welche sowohl als Freizeitbeschäftigung als auch beruflich ausgeübt werden kann. Es fallen also sowohl ein Hundertmeterlauf (physische Kompetition) als auch ein Schachspiel (mentale Kompetition) als auch ein Hunderennen (ideelle Kompetition zwischen den Hundebesitzern; hier geht es nicht um die Hunde, denen es letztlich gleichgültig ist, wer schneller läuft, sondern um die Besitzer!) unter die genannte Definition. Wettkampfsport ist nie zweckfrei, da er immer auf einen ideellen oder materiellen Gewinn abzielt. Er dient außerdem der Sublimation zwischenmenschlich-aggressiver Verhaltensmuster.

Jagd ist nun im Gegensatz zum Freizeitsport nicht notwendigerweise mit körperlicher Betätigung verbunden (z. B. Ansitz), sehr wohl aber ist sie rekreativ. Allerdings ist sie nicht zweckfrei rekreativ, denn das Ziel der Jagd ist die Aneignung des Wildes, nicht die Rekreation *per se.* Dieses Ziel muß zwar nicht erreicht werden, es wird aber zwingend angestrebt. Somit unterscheidet sich die Jagd in ihrem Wesen und in ihren Zielen wesentlich vom Freizeitsport.

Andererseits entspricht die Jagd noch weniger der Definition kompetitiven Sports. Jagd ist non-kompetitiv. Wohl gibt es Ansätze von Kompetition, die aber alle vom Wesen der Jagd wegführen. So hat der übertriebene Trophäenkult (Medaillen für Trophäen, Record Books, Grand Slam etc.) eindeutig kompetitiven Charakter. Schlimmer noch imponiert der vor etlichen Jahren erfolgte südafrikanische Vorstoß, Jagd als echten Wettkampfsport zu etablieren (der Beste ist, wer mit der geringsten Schußanzahl jagt etc.). Eine weitere afrikanische Neuerung um die Jahrtausendwende, die „Jagd" auf Elefanten mit Farbgeschoßen, liegt vollends jenseits jagdlichen Agierens. Es ist dies ein *Jagdspiel,* welches ebensowenig mit Jagd zu tun hat, wie Kriegsspiele unter Verwendung von Paintball-Waffen mit Krieg zu tun haben. Ganz ähnlich verhält es sich mit der Schleppjagd und der „Schnitzeljagd": Mit Parforcejagd hat das nicht das Geringste zu tun, weil es sich nicht mehr um Jagd, sondern um ein Jagdspiel handelt!

Jagd ist also kein Sport, wenn wir Sport und Jagd jeweils so verstehen, wie dies in Mitteleuropa der Fall ist, wo Sport in erster Linie als körperliche Betätigung, in zweiter Linie als Rekreation und schließlich auch als sublimierender Wettkampf zwischen Menschen verstanden wird. Jagd dagegen ist im Selbstbild der mitteleuropäischen Jäger definiert durch den Begriff des hehren Weidwerks: Jagd ist vor allem Verpflichtung, Verantwortung, Aufgabe, irgendwo ist sie auch Rekreation, kaum aber ein Wettkampf zwischen Menschen. Jedenfalls stehen dem mitteleuropäischen Jäger völlig zurecht die Haare zu Berge, wenn sein Weidwerk als Sport charakterisiert würde. Und interessanterweise empfinden auch Jagdgegner und selbst Menschen, die der Jagd neutral gegenüberstehen, Jagd und Sport als inneren Widerspruch, nach dem Motto: „was ist schon sportlich daran, Tiere abzuknallen, vielleicht gar vom Auto aus". In der Tat entspricht also das mitteleuropäische Verständnis von Jagd nicht jenem des Sports.

Jagd ist Sport

Wagen wir nun den Schritt über den Ärmelkanal: Sportlichkeit ist für den Briten in erster Linie eine *Geisteshaltung:* die Ideen von *fairness* und *skill* sind für ihn das Wesentliche am Sport. *Good sport* ist alles, wofür es ein Höchstmaß an Geschick braucht und wo es faire Chancen gibt. Gleich, ob diese Betätigung körperliche Anstrengung in sich birgt oder nicht. Gleich auch, ob es sich um einen sublimierenden Wettkampf zwischen Menschen oder um eine elementare Auseinandersetzung mit der Natur handelt. Zum Begriff des Sports aus britischer Sicht gehört natürlich auch ganz wesentlich sein rekreativer Charakter.

Über die Herkunft dieses Sport-Begriffs, über seinen Bedeutungswandel und über die späte Übernahme ins Deutsche habe ich in meinen Buch *Good Sport and Fair Chase* ausführlich berichtet. Nur aus dieser Historie wird verständlich, warum der Begriff im Englischen völlig anders besetzt ist und in seiner ursprünglichen Bedeutung überhaupt nur oder in erster Linie auf das Jagen und Angeln bezogen war.

Jagd ist also dem Briten oder Iren ganz und gar Sport *(field sports).* Klar und eindeutig definiert er somit das Ideal von *good sport*, wenn ein Maximum an Geschick nötig ist und dem Wild eine gute Chance gegeben wird. Hier geht es nicht vorrangig um schweißtreibende Körperarbeit, schon gar nicht darum, „wer besser ist", welcher Jäger mehr, bessere etc. Trophäen erlegt, hier geht es nur darum, sich selbst *mit der Natur* auf faire Art zu messen. Und es geht um Rekreation: Jagd ist immer in erster Linie

Erholung, Freude, Vergnügen, nie so sehr Verpflichtung, Verantwortung, Aufgabe. Wir sehen also: Jagd und Sport sind tatsächlich eins, wenn wir angelsächsische Definitionen gebrauchen.

Jede der beiden Aussagen – „Jagd ist kein Sport" und „Jagd ist Sport" – hat also ihre Berechtigung, wenn sie vom jeweils korrekten Bezugssystem aus, also im richtigen kulturellen Umfeld getätigt wird.

Weidgerechtigkeit versus Sportmanship

Ausgehend von dieser Analyse können wir uns nun den Begriffen Weidgerechtigkeit und Sportsmanship näher zuwenden und ihre Gemeinsamkeiten sowie ihre Verschiedenheit zu erfassen suchen. Auch dazu habe ich in *Good Sport and Fair Chase* schon wichtige historische Zusammenhänge erläutert.

Beiden Begriffen gemeinsam ist, daß sie ein ethisches Ideal vorgeben wollen, an dem sich das Verhalten des Jägers zu orientieren habe.

Das Ideal, welches der Begriff Weidgerechtigkeit vorstellt, umfaßt neben dem pfleglichen Umgang mit der Natur, den tierischen Jagdgehilfen, dem Jagdgerät und den Mitmenschen vor allem eine humanitaristisch[10] geprägte Kultur des Mitleids mit der leidensfähigen Kreatur. Die Verhaltensregeln für weidgerechtes Jagen beziehen sich also vor allem auf Maßnahmen zur Vermeidung von Leid und Schmerz des Wildes, sei es durch hegerische Bemühungen in Notzeiten oder sei es bei der Bejagung und beim Erlegen selbst. „Den Schöpfer im Geschöpf zu ehren" ist der hehre Leitgedanke weidgerechten Jagens. In letzter Konsequenz fallen diesem Ideal alle jagdlichen Methoden und Traditionen zum Opfer, welche einer solchen Gesinnung nicht mehr entsprechen.

Wohl hat diese humanitaristische Sichtweise auch ihren gewichtigen Stellenwert innerhalb angelsächsischen Denkens, jedoch kommt ihr nicht jene primäre Bedeutung zu, welchen sie im ethischen Kodex mitteleuropäischen Jagens hat. Vielmehr steht an allererster Stelle des Ideals von Sportsmanship die faire Chance des Wildes, und zwar sowohl zur Flucht

[10] Humanitarismus: Weltbild, welches die Humanität (Menschlichkeit) im Sinne des Gutseins in den Mittelpunkt aller Überlegungen stellt, im Gegensatz zum Humanismus, welcher sich mit dem Wesen des Menschen befaßt.

als auch – im Falle wehrhaften Wildes – zum Kampf. Mut, jagdliches Geschick *(skill)* und ein direkter Vergleich körperlichen Einsatzes zwischen Jäger und Gejagtem wird in erster Linie gefordert. In diesem Sinne wird auch das jagdliche Zusammenspiel des Menschen mit Hunden und Pferden bewertet. Die ethische Grundidee des Sportsmanship zielt, wie schon im vorigen Kapitel erwähnt, darauf ab, daß das Gleichgewicht des natürlichen und somit fairen Wettkampfs zwischen Jäger und Gejagtem nicht mehr als gestört empfunden wird, verfolgt also eine Wiederherstellung jenes durch technische Errungenschaften gestörten Gleichgewichtes. Nicht die Grausamkeit der Natur zu mildern, sondern innerhalb der Spielregeln der Natur inklusive ihrer Grausamkeiten zu jagen, ist ein weiteres Grundprinzip von Sportsmanship.

Die unterschiedlichen Standpunkte mitteleuropäischen und angelsächsischen Selbstverständnisses mögen an Hand einiger Beispiele veranschaulicht werden.

So widersprechen dem Ideal von *good sport* eine ganze Reihe traditioneller mitteleuropäischer Jagdarten: Ansitz/Anstand, Jagd am Luder oder Riß sowie Treib- und Drückjagd auf Groß- bzw. Hochwild dürften nach angelsächsischer Meinung nur aus jagdbetrieblicher Notwendigkeit erfolgen, überall dort aber, wo diese Notwendigkeit fehlt, und das ist im Bereich der Auslandsjagd meist der Fall, hätten diese Jagdarten zugunsten sportlicheren Verhaltens zu unterbleiben. Es wird also günstig sein, die Raubwildreduktion in europäischen Revieren auch weiterhin am Luder zu tätigen; daß aber seit langem der Löwe in Afrika kaum mehr ausgegangen, sondern nur mehr am Riß erlegt wird, ist mit Sportsmanship wohl weniger zu vereinbaren. Ebenso wird man den Abschußplan für Schalenwild in Europa nur vom Ansitz aus erfüllen können, afrikanische Antilopen aber, oder Warzenkeiler vom Ansitz an der Wasserstelle zu schießen, ist nicht nach angelsächsischen Vorstellungen von *good sport,* wenn auch der deutsche Jäger den Vorteil des sicheren und somit weidgerechteren Schusses ins Feld führen wird.

Hieran sieht man, daß die Begriffe von *„good sport"* und „weidgerecht" sich keineswegs decken. Einmal geht es um die faire Auseinandersetzung zwischen Jäger und Gejagtem, das andere Mal geht es vor allem um humanes Jagen und Töten.

Doch selbst dort, wo Sportsmanship und Weidgerechtigkeit dasselbe Verhalten einfordern – etwa auf möglichst kurze Distanzen zu schießen oder angeschweißtes Wild nachzusuchen , selbst dort geschieht dies aus unterschiedlichen Motiven. Nicht daß dem Engländer die humanitäre oder dem Mitteleuropäer die sportliche Dimension jagdlicher Ethik verborgen geblieben wäre, aber der Stellenwert im Empfinden ist doch ein weitgehend anderer.

Mehr noch zeigen sich diese Differenzen bei Diskussionen um die Jagd mit Faustfeuerwaffen, mit Schwarzpulverwaffen und um die Bogenjagd. Während gerade letztere ungeheures jagdliches Geschick erfordert, ist sie im mitteleuropäischen Bereich nicht nur aus gesetzlichen Gründen undenkbar, sondern auch aus Gründen der Weidgerechtigkeit, obwohl der saubere Bogenschuß genauso rasch tötet wie ein Büchsengeschoß.

Am deutlichsten offenbart sich dieser Gegensatz jedoch bei der berittenen Jagd, als deren hierzulande wenig bekannten Vertreter wir das Pig-Sticking, die berittene Speerjagd auf Schwarzwild im ehemaligen Britisch-Indien, herausgreifen wollen.

Einerseits galt den Engländern Pig-Sticking als *the crown of field sports*, erforderte es doch unerhörtes reiterliches und jagdliches Geschick sowie ein Höchstmaß an Mut und ließ dabei dem Wild eine wahrhaft faire Chance, zu entkommen oder um sein Leben zu kämpfen. Andererseits stellt es nach deutschem Jagdrecht und jagdlichem Selbstverständnis den Inbegriff unweidmännischen Verhaltens dar: üble Wildhetze vereint mit einer mittelalterlichen, inhumanen Tötungsmethode (was aber mysteriöserweise nicht für die Saufeder in heimischen Revieren gilt).

Dasselbe Dilemma finden wir im Prinzip bei allen Formen der Hetzjagd: die Grande Vénerie der Franzosen, die Hirschjagd mit der Meute in England und die englische Fuchsjagd: Überall steht hier die Auffassung von Wildhetzerei und angeblich grausamem Tod der Auffassung von fairer und sportlicher Jagd diametral gegenüber.

Subsidiarität

Somit ist es an der Zeit, sich Gedanken zu machen, wie diese beiden Auffassungen in einem vereinten Europa und einer globalisierten Welt unter einen Hut zu bringen sind, ohne daß man eines der beiden Konzepte aufgeben muß.

Die Lösung liegt in der Subsidiarität, also der Selbstbestimmung und Eigenverantwortung sowohl des Individuums als auch der Nationen. Jeder soll so jagen, wie es sein Gewissen und das jeweilige kulturelle Umfeld erlaubt, und jedes Land soll seinen eigenen Traditionen folgen.

In einer globalisierten Welt können nur so die vielfältigen Formen der Jagd überleben. Die politischen und legislativen Organe etwa der Europäischen Union dürfen auch im Bereiche der Jagd nicht dazu mißbraucht werden, lokale Traditionen aus moralistischen Gründen zu diskriminieren. Ebensowenig wie die berittene Meutejagd dürfen andere lokale Traditionen – etwa in Österreich die Balzjagd auf die Schnepfe oder auf Rauhfußhühner – durch gesamteuropäische Richtlinien verboten werden. Es wäre dies die bedingungslose Kapitulation wildbiologisch fundierten Wildlife-Managements sowie der Idee der nachhaltigen Nutzung vor radikalem Protektionismus und Tierrechtsaktivismus. Europa mit seiner dreitausendjährigen Geistestradition der Vernunft darf nicht unter die Räder zeitgeistiger Gefühlsduselei geraten. Und die jagdliche Vielfalt in Europa und weltweit darf nicht vereinheitlichenden Restriktionen zum Opfer fallen!

Abschließend noch meine ganz privaten Richtlinien

Persönlich sehe ich in einer streng humanitaristisch begründeten Ethik, wie sie etwa von Goede Gendrich in seinem Buch *Jagen – Verantwortung oder Lust am Töten?* vertreten wird, keine geeignete allgemeinverbindliche Vorgabe. Gendrichs Analyse ist eine vom humanitaristischen Weltbild geprägte, in deren Mittelpunkt das Mitleid mit der leidensfähigen Kreatur steht. Bei allem gebührenden Respekt vor Gendrichs geistiger Haltung: in letzter Konsequenz muß diese Auffassung zum Ende der Jagd führen. Wenn der Humanitarist einmal nicht mehr töten *muß*, um das Gleichgewicht in der Natur zu erhalten, wie sich etwa Gendrich rechtfertigt („Wir haben als Jäger nun einmal dem elementaren Gesetz zu gehorchen, den Tod zu bringen, um Leben zu bewahren"), weil es dafür beispielsweise medikamentöse Alternativen – etwa Geburtenkontrolle über Ovulationshemmer oder insbesondere über orale Immunokontrazeption[11] – gibt, dann *darf* der Humanitarist auch nicht mehr töten! Dies ist die Crux an der humanitaristischen Deutung jagdlicher Ethik, daß sie sich in gefährliche Nähe zum Pathozentrismus und damit zur Tierrechtsphilosophie begibt und letztlich unbeirrbar auf ein Ende der Jagd hinausläuft.

Im Gegensatz dazu glaube ich, daß wir uns dazu bekennen sollten, in einem gewissen Maße grausam zu sein. Es gilt, unsere eigene Grausamkeit mit Würde zu ertragen und nicht an inneren Zweifeln zugrunde zu gehen. Zwar sollten wir den humanitaristischen Gedanken bei der Jagd berücksichtigen, aber letztlich jenes Maß an Grausamkeit, das zum Jagen und Töten eines Tieres aufzubringen ist, als Ausdruck natürlichen menschlichen Verhaltens verstehen. In diesem Sinne wende ich mich bewußt gegen eine rein humanitaristische Begründung jagdlicher Ethik. Nicht die humanitaristische Idee allein ist es, die uns beim Jagen leiten soll, sondern ebensosehr die Regeln der Natur und das kulturelle Umfeld, in welchem wir handeln, sowie die abwägende Vernunft und das persönliche Gewissen, das vor jeder Art kollektiven Zwangs Vorrang haben muß.

---

[11] Dies ist keine Zukunftsvision! Medikamentöse Geburtenkontrolle wird schon heute im Etosha-Nationalpark bei Löwen angewandt, und in den USA wird seit vielen Jahren über diese Möglichkeit bei Elefanten geforscht. Auch bei wilden Mustangs wird sie versucht und kommt in zoologischen Gärten an weit über hundert Tierarten erfolgreich zum Einsatz. Modernste molekularbiologische Methoden ermöglichen inzwischen sogar die orale Administration von kontrazeptiven Impfstoffen. Dazu wird beispielsweise der genetischen Code von Spermien-Antigenen einer gewählten Tierart in die DNA bestimmter Bakteriophagen eingebaut, welche die Spermien-Antigene dann an ihrer Oberfläche exprimieren. Die Phagen führen auch nach oraler Aufnahme zu einer effektiven Immunreaktion, wobei Antikörper gegen Spermien gebildet werden, sodaß diese nicht mehr an die Zona pellucida der Eizelle andocken können. Die Impfung ist speziesspezifisch und eine einmalige Impfstoffaufnahme soll angeblich ausreichen, die Fertilität über Monate hinweg zu senken. Derzeit wird dieses Verfahren für die Populationskontrolle von Schwarzwild propagiert. Da mit solchen Techniken möglicherweise bald jede Tierart in freier Wildbahn reguliert werden kann, müssen wir Jäger, wie ich schon vor 25 Jahren überzeugt war, die regulative Funktion der Jagd, welche sich ohnehin nur bei wenigen Wildarten als wirksam erweist, argumentativ nach hinten reihen und mehr den Erntegedanken in den Vordergrund stellen.

Literatur

Andrieu, Gert; Wölfel, Helmut (2013): *Aufbrechen … – Die Jagd als Spiegel der Gesellschaft.*
Asche, Florian (2012): *Jagen, Sex und Tiere essen*
Asche, Florian (2015): *Tiere essen dürfen*
Baily's (1999): *Baily's Hunting Directory, 92nd ed.*
Berger, Arthur (1928): *Die Jagd aller Völker im Wandel der Zeit*
Böhme, Klaus (1991): *Vom Steinwurf des Vormenschen zum Waidwerk der Antike*
Brander, Michael (1972): *Die Jagd von der Urzeit bis heute*
Eben-Bauditten, Reinhold von (1925): *Das Jagdreiten*
Ergert, Bernd E. (2017): *Trophäe und Aberglaube*
Hespeler, Bruno (1990): *Jäger Wohin? Eine kritische Betrachtung deutschen Waidwerks*
Loesch, Christian von (1975): *Jagdreiten*
Marquardt, Kathleen (1993): *Animal Scam - The Beastly Abuse of Human Rights*
Otte, Michaela (1994): *Geschichte des Reitens von der Antike bis zur Neuzeit*
Schwab, Alexander (2011): *Werte, Wandel, Weidgerechtigkeit*
Stahmann, Dieter (2016): *Am Anfang war die Jagd. Oder: Das verlorene Paradies?*
Stegmann, Herbert (1987): *Jagdreiten*
Thein, Peter (1995): *Handbuch Pferd*
Trippett, Frank (1974): *Die ersten Reitervölker*
Whyte-Melville, George J.; von Keudell, Kurt (1922): *Reiterinnerungen*
Page, Robin (2000): *The Hunting Gene*
Page, Robin (2002): *The Hunting Gene, Epilogue 2002*
Pye-Smith, Charlie (2006): *Rural Rites. Hunting and the Politics of Prejudice*
Williams, John (1989): *Riding to Foxhounds*
Willinger, C. C. (2013): *Good Sport & Fair Chase – Weidwerk im Geiste ritterlicher Jagdkultur*

Ich denke Dein, wenn trüb der Tag
Hier durch die Scheiben bricht,
Und wenn ich spät zur Ruhe geh',
Auch Deiner Steppen Licht.

Auguste Jung, *Mein Heimatland liegt weit von hier*

Oh! that the desert were my dwelling-place,
With one fair Spirit for my minister,
That I might all forget the human race,
And, hating no one, love but only her!

Lord Byron, *Childe Harold's Pilgrimage* 4,177

Erstes Buch

Terra deserta

Melius est habitare in terra deserta
quam cum muliere rixosa et iracunda[12]
Vetus Testamentum, *Proverbia* 21:19

Terra deserta, das verlassene, das einsame Land, die Wüste Namib. Unwiderstehlich hat es mich dort hinausgezogen, hunderte Kilometer bin ich in diesen kargen Ebenen und Bergen unterwegs gewesen, zu Fuß und zu Pferd, im kühlen Morgennebel, in der sengenden Mittagsglut, im milden Licht des Abends, oft 12 oder 14 Stunden am Stück, unermüdlich, einem Besessenen gleich. Kein Käfer, kein Strauch, kein Vogel, kein Fels, für den ich mich nicht interessiert hätte. Im Überfluß ertrinkt man, doch im Kargen lernt man zu sehen. Und ich sah!

Als T. E. Lawrence eines Tages, begleitet von arabischen Gefährten, im Norden Syriens auf eine römische Ruine stieß, von der die Araber glaubten, es sei ein alter Palast, den ein Fürst für seine Gemahlin erbaut hatte, und dessen Mörtel angeblich nicht mit Wasser, sondern mit den Essenzen verschiedener Blumen angerührt worden war, führten sie ihn durch die einzelnen, verfallenen Gemächer, schnüffelten wie Hunde an den Gemäuern und riefen: „Dies hier ist Jasmin, dies Veilchen, dies Rose". Aber dann zog ihn ein Beduine bei Seite und sprach: „Komm und rieche den weitaus süßesten Duft von allen". Und er führte ihn zum offenen Steinrahmen eines einstigen, großen Fensters, durch das der Wüstenwind strich. „Dies hier", sagte er, ist der beste. Er ist geruchlos".

[12] Besser ist es, in der Wüste zu wohnen als mit einem zänkischen und jähzornigen Weib.

Ich habe diese großartige Geschichte zuerst in Sir Wilfred Thesigers *Arabian Sands* gelesen, und dann bei Lawrence im Original, und sie hat mich tief berührt. Ja, der Duft des Windes in der Wüste, der die absolute Freiheit in sich trägt, ist der reinste von allen. Und die Wüste selbst ist ein einziges Manifest geistiger Reinheit, wo die zersetzende Kraft allen Menschenwerks ein Ende hat.

Hatte, sollte man besser sagen. Denn die Maschine, vom Automobil über den Panzer bis zu den Baggern der Minen, ganz abgesehen von GPS und Satellitentelephon, hat längst auch die Wüste entweiht.

High Noon in der Naukluft

Einst im verblichenen Kleide ritt ich durch's weite Land,
Zog einsam durch die Berge und durch den roten Sand.
Ich jagt zu Pferd durch die Dornen wohl hinterm Wilde her
Und ruhte nachts am Feuer im Steppengräsermeer.
H. A. Aschenborn

Hundertachtzig Jahre ist es her, daß Sir James Edward Alexander[13] auf seiner Reise ins Innere Südwestafrikas als erster Weißer zum Bullenmaul-Paß, Bülls-Port genannt, vordrang, wörtlich die Bullenpforte. Damals gab es dort noch Nashörner, Löwen, Giraffen und Büffel. Lange bevor die ersten Deutschen ins Land kamen, war es allerdings um das herrliche Großwild geschehen.

Die Ländereien am Eingang des Passes, wo das Tsondab-Rivier die Naukluftberge durchbricht, befinden sich seit 1949 im Eigentum der Familie Sauber. Die Farm trägt den Namen der Pforte Büllsport. Vor allem das Bergland ist ein Paradies für Hartmann-Zebras, Kudus, Klippspringer und Leoparden. Doch auch Spießböcke und Hyänen kommen hier vor, und unten im Flachland Springböcke.

Die Berge der Farm bilden den Ostabbruch der Naukluft, in deren bizarren Schluchten es im Jahre 1894 zur entscheidenden Schlacht zwischen Major Leutwein und dem Nama-Häuptling Hendrik Witbooi kam. Es gibt ein fast vergessenes Lied aus jenen fernen Tagen: „In der Naukluft auf dem Berge, da steht nach heißer Schlacht / In der letzten Abendstunde ein Reiter auf der Wacht"[13]. Soeben hatte auch ich dreihundert Kilometer auf dem Pferderücken hinter mir, war in sieben harten Tagen von Twyfelfontein zum Huab, dann über den Ugab zum Messum-Krater und weiter bis Henties Bay geritten, auf endlosen Ebenen, und war auf gar mancher Kopje wie zur Wacht gestanden …

---

[13] Siehe Erläuterungen am Kapitelende

So auch auf jenem Hügel in der Randstufe, den ich hinaufgeritten, während die anderen dem Pfad nach Süden folgten. Einsam stand ich nun auf dieser von ein paar Commiphoren bewachsenen Anhöhe, jenseits derer sich eine unermeßliche, sandige Ebene auftat, die im Norden von Bergen in Ocker und Rost begrenzt war, sich aber westwärts in der Unendlichkeit verlor. Ich blickte gedankenverloren hinaus in die Weite der Wüste, und im zitternden Flirren der vom Sonnenglast aufgeheizten Mittagsluft war mir, als gewahrte ich dort draußen eine Prozession, ein Hochlandregiment, das seine Gefallenen zu Grabe trüge wie damals im Sudan, als die Camerons, the Queens Own, in ihrem unverwechselbar rostroten Tartan[14] beim hellen Schein des Vollmonds einen am Vorabend der Schlacht an Fieber verstorbenen Offizier beerdigten: Flowers of the Forest[14], der Union Jack um den Leichnam, A Lament in the Desert. Der weithin hörbare, klagende Klang der Pipes and Drums in der nächtlichen Wüste war so gespenstisch, daß selbst das Feuer der Heckenschützen aus den Stellungen der Derwische verstummte. *„You should hear the pipes in the desert ...“*, schrieb dazu Lady Butler.[15]

Dort draußen aber, in endlos weiter Ferne, von den flimmernden Spiegelungen der Luft zu surrealen, Dalí'schen Figuren verzerrt, zog in Wirklichkeit eine lange Kette von Gemsböcken mit ihren aufgelanzten Schwertern. Als ich mein Roß wendete, um den anderen zu folgen, entdeckte ich hoch droben in den steilen Hängen der zerklüfteten Randstufenberge, auf deren Vorposten ich gerade stand, drei Zebras, die zu mir herabsicherten und wohl nicht ganz wußten, was sie von diesem seltsamen Zentauren halten sollten; jenes wunderbare Wild mit seinem dicht gestreiften Kleid und den steinharten, kleinen Hufen, das ich wenige Tage darauf bejagen wollte. Abermals verweilte ich, ganz und gar versunken in diesen bezaubernden Anblick, doch noch war die rechte Zeit nicht gekommen, noch lagen endlose Meilen in glühender Hitze vor mir.

Neben allem Reichtum an Farben und Formen der Wüste im Wechselspiel zwischen Bergen und Ebenen war es dieses unvermittelbare, ekstatische, dieses euphorische, extrem berauschende Gefühl, das man verspürt, wenn

[14] Siehe Erläuterungen am Kapitelende

[15] *From Sketch-Book and Diary,* 1909

BULL'S MOUTH PASS.
Published by Henry Colburn, 13, Great Marlborough Street, 1838

Der Bullenmaul-Paß: Zeichnung aus dem Buch von Sir James Edward Alexander

Derselbe Blick 180 Jahre später. Rechts Gebäude der Farm Büllsport

… ein Reiter auf der Wacht

Querung der Namib von Twyfelfontein bis Henties Bay, 300 Kilometer in sieben Tagen

Mächtige Felswand als Talschluß eines breiten Kessels in der Naukluft

In der Tiefe die Pad, welche dem Tsondab-Rivier durch die Naukluft folgt

Links Reitergrab aus dem Naukluftfeldzug 1894, rechts Grab eines Postbeamten 1915

Die Berge erglühen in den ersten Strahlen der Morgensonne

Wundertee (Myrothamnus flabellifolius, im Englischen resurrection bush)

man, wie ich das dreimal tat, in ungezügeltem Renngalopp über die Ebenen um die Wette fliegt und die Luft einem wie Sturmwind ins Gesicht bläst, das Roß flach am Boden, gestreckt wie ein Pfeil, seine Bewegungen weich und kaum spürbar, dieses geradezu jauchzend-manische Hochgefühl, obwohl man – *Floreat Etona!*[16] – am Rande des Todes schwebt – denn käme das Pferd zu Sturz, wenn es mit einer Hand in die unterirdischen Bauten der Namib-Rennmäuse[17] durchsackte, nach deren oberflächlichen Anzeichen man scharf Ausschau halten muß, der Ausgang läge völlig in der Hand des Schicksals und wäre bei fünfzig Stundenkilometern mit großer Wahrscheinlichkeit letal –, dieses triumphale, dieses existentielle Bewußtsein, das sich einstellt, es ist dieses Empfinden, das mir unvergeßlich bleibt, kenne ich doch nicht viel auf der Welt, was ihm gleicht. Oh doch, es gibt etwas, das intensiver ist, etwas, das einen bis in die Grundfesten des Seins aufwühlt: in der Wildnis auf nächste Nähe einem Elefanten gegenüber zu stehen, oder einem Löwen.

Für die Jagd in den darauffolgenden Tagen hatte ich mich mit Sigurd Hess verabredet, um auf Büllsport einen alten Bergzebrahengst sportlich und fair zur Strecke zu bringen. Die Zielvorgabe bestand darin, nahe genug heranzupirschen, um einen sauberen Schuß mit dem Eisenvisier anbringen zu können. Ich führte wieder den alten Perser-Mauser, das militärische G98 im Kaliber 8x57. Zwar traue ich mir damit bei guter Auflage Schüsse bis 200 Meter zu, für die jagdliche Praxis jedoch bevorzuge ich Entfernungen unter 150 Meter. Soweit sollten wir jedenfalls herankommen, und je näher, desto besser.

In den nächsten Tagen machten wir uns mit der Landschaft vertraut, denn auch Sigurd jagte hier zum ersten Mal, und durchstreiften die Randstufenberge der Naukluft. Vorbei an einem malerischen Bogenfels gelangten wir zum Talschluß eines breiten Kessels, der von mächtigen Felswänden begrenzt wurde. Seitlich davon führte eine schmale Pad den Berg hoch, auf der wir alsbald ein kleines Plateau erreichten, das rings von wild zerklüftetem Bergland umgeben war. Vorsichtig pirschten wir

[16] Siehe Erläuterungen am Kapitelende

[17] *Gerbillurus spp.*

an den Rand eines steilen Abbruchs, und tatsächlich standen auf den Gegenhängen und in den Hängen eines Seitentales, das sich zwischen diese Gegenhänge zwängte, einige Trupps Zebras. Doch der Abbruch war so steil, daß man unmöglich in die tiefe Schlucht absteigen konnte, um näher an die Stücke zu gelangen, ganz abgesehen, daß hier jede Bergung erlegten Wildes scheitern mußte. Wie waren nur die Zebras dorthin gelangt? Totenstille lag über diesem engen, von Geröllhalden und Felsabbrüchen dominierten Talsystem, bis ein Zebra sein eigenartiges Wiehern ertönen ließ, das sich im Echo der Berge vervielfachte; es war fast gespenstisch. Dann ein Klappern von Hufen und talwärts rollenden Steinen, jeder Ton glasklar wie in einem Amphitheater, und schon war die Bühne leer. Lange noch saß ich auf jenem Felsblock am Abgrund und starrte verloren in diese einsamsten aller einsamen Schluchten, derweil ich mir vorstellte, wie sich die Soldaten der Schutztruppe hier einst abgemüht hatten, den feindlichen Kugeln erbarmungslos ausgeliefert, die von den Höhen ringsum herabpfiffen, und entsann mich der Schriften Kurd Schwabes, in denen er jene Gefechte lebhaft und spannend schildert. Drunten im Tal kamen wir denn auch am verlassenen Grab eines Reiters vorbei, der dort gefallen war.

Irgendwo mußten hier auch Kudus leben, doch wir bekamen dieses heimliche, geisterhafte Wild nie in Anblick, weder an diesem noch an einem der anderen Tage, obwohl wir uns eigentlich in der Zeit der Brunft befanden.

Auf dem Rückmarsch querten wir die Oberkante jener gigantischen Felswand, welche den Talschluß des weiten Kessels bildet, durch den wir in dieses unwirtliche Bergland eingedrungen waren. In der Ferne lag unten das Tal des Tsondab. Hier war auch Sir James durchgezogen auf dem beschwerlichen Weg zum Kuiseb, und wenn man die Augen halb zukniff, so konnte man im Staub des Tales die Karawane mit dem schweren Ochsenwagen fast noch erahnen, wie sie sich mühsam dahinwälzte, angetrieben vom Knallen der Peitschen und den Rufen der Männer. Die Schatten wurden nun lang und die Farben satt im Lichte der sinkenden Sonne, sodaß Fels und Geröll bald in tiefen Tönen von Rost erglühten. Die Hitze des Tages entwich.

Wieder stiegen wir in die Berge und erklommen einen einsamen Gipfel, von dem aus sich Kette um Kette wirrer Felsrücken in die Ferne zog. Eine kleine Herde Spießböcke bekam unseren Wind und entschwand in den engen Schluchten. Später stießen wir auf mehrere Gruppen Zebras, doch hatten wir den Wind schon wieder im Rücken, sodaß sie sich in flottem Trabe davonmachten. Erbarmungslos stach mittags die Glut der Sonne herab, das Gehen wurde mühsam und die Zunge klebte am Gaumen. Im Schatten einiger Felsen machten wir Rast und aßen unser frugales Mahl. Das Wasser in meiner alten, lederbespannten Feldflasche kochte beinahe. Nach einer Stunde brachen wir erneut auf und folgten einem schmalen Trockenflußlauf, der sich durch eine tiefe Schlucht zwängte. Von einer filigranen Felsensäule sicherte ein Pärchen Klippspringer auf uns herab, ehe es in anmutigen Sätzen entschwebte, als wäre es von Flügeln getragen. In diesen Bergen stieß ich auch auf einen markanten, dornenbewehrten Strauch, den ich bis dahin noch nie gesehen hatte und den auch Sigi nicht mit Sicherheit zu benennen wußte. Irgendwie erinnerte er mich entfernt an die schottische Distel. Als ich abends in meinem klugen Buch blätterte, löste sich das Rätsel. Es handelte sich um den Disteldorn *Berkheya chamaepeuce.*

Eisig kalt war es, als wir tags darauf im ersten Morgengrauen auf die Ebene vor den südwestlich des Bullenmauls aufragenden Gebirgszügen fuhren und dort den Wagen zurückließen. Der schwarze Farmangestellte David begleitete uns. Er war von schmächtiger Statur, doch ausdauernd und zäh. Wir begannen unsere Pirsch, als eben die ersten Strahlen der Sonne über den Horizont flammten und die Berggipfel in zartes Orange tauchten, das zügig die Hänge herabsank und zunehmend intensiver wurde. Kräftig ausschreitend bewegten wir uns entlang der hier noch flachen Hänge, bis der glutrote Feuerball die ersehnte Wärme brachte und die Starre aus meinen Gliedern trieb.

Schon nach einer viertel Stunde tauchte am Hang über uns ein Trupp Zebras auf. Sie hatten uns eräugt, verhofften auf dreihundert Gänge bei einem Schwarzborkenbaum, den die Wissenschaft *Ozoroa crassinervia* nennt, und sicherten zu uns herab, während wir rasch hinter einer viel zu kleinen Sandveldakazie in Deckung gingen. Ringsum wuchsen vorwiegend Trompetendorn und Flügelfruchtstrauch, da und dort auch Stinkbusch und Schäferbaum, jene beiden ubiquitären Boscia-Arten also, die mit ihrem dunklen, immergrünen Blattwerk besonders ins Auge stechen. An kleinerem Gewächs fanden sich hier Wüstendisteln und Weißkugelsträucher, weiter oben auch Buschmannkerzen und Wundertee. Alle Vegetation stand nach drei Dürrejahren stark vertrocknet da, von den Gräsern waren fast nur noch die Horststümpfe übrig. Es ist kaum zu glauben, daß dieses kärgliche, verdorrte Grünzeug dem genügsamen Wüstenwild zur Äsung reicht, und doch sieht man kaum je ein abgekommenes Stück.

Wir hatten nun Zeit, die Zebras zu beobachten, wurden uns jedoch nicht darüber klar, welches der Leithengst wäre. Die Gruppe hatte sich bald beruhigt und verzog sich langsam hinter eine Geländewelle. Sofort hasteten wir bei gutem Wind den Hang hoch zur Ozoroa und folgten dem Wild auf dem Wechsel. Bald hatten wir aufgeholt und lugten vorsichtig über einen Grat im Hang, hinter welchem die Streifenpferde auf hundert Meter zogen. Der halbe Trupp war schon über die nächste Geröllwelle verschwunden. Nun aber bekamen die zurückgebliebenen Stücke unseren Wind, der unstet mal hierhin, mal dorthin wehte, und trabten davon. Als wir über die nächsten Geländewellen hinweg waren, zogen die neun Stück schon auf dreihundert Schritt im steilen Gegenhang des nächsten Berges, aufgereiht wie schimmernde Perlen an einem Collier, sodaß sie sich nun mühelos ansprechen ließen: vier Stuten, ein Fohlen, ein Jährling und drei Junghengste. Nichts für uns also.

Wir ließen sie ziehen und wandten uns, während ein Pärchen Klippspringer über die Hänge davonstob und Kaffernadler über uns kreisten, einer Schlucht zu, deren schroffe, rostrote Felswände wir nun entlang einiger bedrohlicher Abgründe hinaufkletterten, um auf das Hochplateau zu gelangen, welches sich hinter der vordersten Bergkette befindet. Von dort bot sich ein atemberaubendes Panorama der tief unter uns liegenden Ebene, welche sich in ihrem dumpfen Violett endlos nach Osten erstreckte, während im Süden Kette um Kette der rostbraunen Tsarisberge aufragte. Drei Stunden waren wir nun schon unterwegs. Die neun Zebras hatten inzwischen den Nachbarberg umrundet und kreuzten erneut unseren Pfad. Auch auf dem nördlichen Bergnachbarn standen einige Stück. Unser Interesse galt jedoch dem geröllreichen Bergland, welches die Hochebene im Westen begrenzt und eine halbe Meile entfernt lag. Sorgfältig glasten wir die Hänge ab und entdeckten alsbald die Staturen einiger Zebras am Horizont. Weitere standen unmittelbar darunter im Hang, hintan ein dunkler, wuchtiger Hengst

Schwarzborkenbaum (Ozoroa crassinervia)

Ein Trupp von neun Bergzebras zieht im steilen Gegenhang

Von hier aus entdeckten wir knapp unter dem Horizont die Herde mit dem alten Hengst

Sigi glast während des Aufstiegs die Hänge ab

Oben am Grat stehen einige Stuten und sichern zu uns herab

Der alte Hengst in der fahlfarbigen Mittagsglut vor endlosen, kargen Weiten

Üppiges Grün im Köcherbaumtal mit seinem ganzjährig wasserführenden Flüßchen

mit langer Irokesenmähne und ausladender Kehlwamme, gedrungen und massig, ein alter Haudegen, wie wir ihn suchten.

Sigi überlegte, ob wir uns nun von Süden oder Norden anpirschen sollten. Der klassische morgendliche Ostwind kam mal aus Südost, mal aus Nordost, würde aber bald abflauen oder aber möglicherweise noch mehr küseln. Wir entschlossen uns für Norden, suchten in einer kleinen Schlucht Deckung und gelangten so ungesehen in den flachen Kessel der Hochebene, von dem sich der westliche Rücken erhob. Sigi stieg flott bergan, ich keuchend hinterher. Im wirren Geröll hieß es achtgeben, wohin man seine Füße setzte, wenngleich unzählige Zebrawechsel das Gehen stellenweise erleichterten. Ärgerlich war der ständige Wind in unserem Nacken, der immer noch fleißig zwischen Nord und Süd drehte. Der Berg war steil und wies zahlreiche Terrassen mit Felsabbrüchen auf, die uns Sichtschutz gewährten. Diese Stufen ließen offenbar auch unsere Witterung über die Zebras hinweggleiten. Zweimal verriet uns der Warnruf eines verdammten Pavians, doch die Wildpferde nahmen sein hysterisches Palaver offenbar nicht ernst.

Ausgepumpt lugte ich über die Kante der vorletzten Terrasse und erblickte am Horizont drei Zebras, deren Silhouetten sich scharf gegen den tiefblauen Himmel abhoben wie Statuen auf der Dachbalustrade eines fürstlichen Palastes. Sie schienen auch uns schon bemerkt zu haben, sicherten sie doch aufmerksam in unsere Richtung. Wir tauchten also nach unten weg und umschlugen die Herde großräumig im Norden. Als wir aufgeschlossen hatten, war der Hengst hundertachtzig Gänge entfernt. Ich wollte näher heran.

Abermals unternahmen wir eine große Detour nordwärts, die uns endgültig über den Bergrücken führte. Im Schutze des Westabhangs liefen wir eine gehörige Strecke südwärts, um dann vorsichtig über den Kamm zu glasen. Die Herde war schon weitergezogen. Nochmals mußten wir ausholen und nach Süden laufen. Wieder spähten wir über die Kante, aber das Glas war nun überflüssig, stand der Hengst doch auf bloße fünfzig Meter in einer kleinen Mulde, noch dazu breit. Jägerherz, was willst Du mehr? Zu unserem großen Vorteil hatten wir nun den Wind im Gesicht.

„Getraust Du Dich freihändig zu schießen?", frug mich Sigi. Ich bejahte, obwohl mich nun, worunter ich sonst wenig zu leiden habe, doch ein wenig Jagdfieber überkam, jene nicht gerade hilfreiche Mischung aus Unruhe, Hektik und der Angst, alles zu vermasseln.

„Der Hengst sichert zu uns hoch. Ich sage Dir, wenn er wegblickt, dann steh langsam auf und schieß".

Vor mir ragte ein niedriger Geröllhaufen auf, der mit etwas Vegetation bestanden war und mir, der ich tief gebückt dahinterstand, Deckung bot.

„Jetzt", flüsterte Sigi.

Ich richtete mich mit dem Gewehr im Anschlag vorsichtig auf, das Korn fuhr die Vorhand des alten Hengstes hoch und der Schuß brach, allerdings etwas überhastet, wie mir im selben Moment bewußt wurde. Augenblicklich sprang das Stück mit ein paar anderen Zebras ab.

„Bist etwas tief abgekommen, doch es hat ihn. Den kriegen wir gleich", bemerkte Sigi und lief schon los, ich repetierend und sichernd hinterdrein.

Die Zebras rannten unterhalb einer kleinen Kuppe, wir oberhalb, jenseits trafen wir aufeinander. Da wir schneller gewesen waren, schwenkte das Wild zurück, was mir eine günstige Gelegenheit bot, dem kranken Hengst eine Kugel aufs Blatt zu schicken, diesmal aus vielleicht noch geringerer Entfernung. Augenblicklich brach er verendend zusammen. Endlos weit glitt der Blick über die sterbliche Hülle hinaus in die Ferne, über Plateau und Berg in die Tiefen der Ebene, deren fahle, staubdurchtränkte Farben den Mittag verrieten. Die Sonne stand im Zenit. High Noon in der Naukluft.

Sigi machte sich mit den Waffen und Ferngläsern zum Wagen auf, während David und ich zurückblieben, um den Hengst aufzubrechen und die Decke abzuschärfen. Unten im Tal zogen weitere zwanzig Zebras den Feldweg hoch, der durch das Hochplateau führt. Es dauerte eineinhalb Stunden, bis Sigi mit dem Wagen zurück war und ihn auf dem Weg am Fuße unseres Berges abstellte. Er kam mit Machete und Jause, wir stärkten uns, dann wurde die Karkasse zerwirkt. Dreimal mußten wir hinunter zum Wagen und wieder hochsteigen, dreimal vollgepackt mit Keulen, Gerippe, Rücken, Fleisch und Fell. Alles bis aufs Gescheide kam mit. Gleich beim ersten Talmarsch verstieg sich David und rutschte in einem Felsabbruch aus. Klagend rieb er sich sein Knie, hatte sich aufgeschürft und die Bänder gezerrt. Bei mir rief das Erinnerungen wach an meine eigene Knieverletzung bei der Kudujagd im Erongo. Sieben Jahre waren seitdem vergangen. Zufällig hatte ich unmittelbar vor jener Kudujagd zwei Tage auf Büllsport zum Reiten verbracht. Es schien mir, als schlösse sich ein Kreis, ein Kreis in diesem Kosmos, wo alles mit allem auf geheimnisvolle Weise verwoben ist.

Rechtzeitig zum Sundowner waren wir zu Hause. Welch ein Tag, welch vollendete Pirsch, anstrengend, kunstvoll, glücklich, spannend! Mit einem Berufsjäger, dessen Passion, Können und Gespür ebenso wie seine Einstellung und Leistungsbereitschaft keinen Zweifel daran lassen, daß er das Wesen von *good sport & fair chase* im Innersten seiner Seele trägt. Und auf Ländereien, wo das Wild so vertraut ist, daß es hier kaum nennenswerten Jagddruck geben konnte. So und nicht anders soll Jagd sein.

Die meisten vernünftigen Menschen werden einer solchen Form der Jagd mit Wohlwollen begegnen. Leider aber gibt es heutzutage den perversen Hype um das *ius animalis*[18], der als verhängnisvolle Verquickung von Ideologie, Gutmenschentum, Massenhysterie und Lynchjustiz wie eine biblische Plage über die Welt hereingebrochen ist, vorangetrieben durch einschlägige Organisationen wie IFAW, HSI, PETA und viele andere mehr. Inzwischen widmet sich weltweit eine Unzahl von Universitätsabteilungen der wissenschaftlichen Untermauerung dieser Ideologie, ein Phänomen, das sehr an die einst allerorts anzutreffenden Institute für Marxismus-Leninismus ehemaliger kommunistischer Staaten erinnert. Die Medien, die großteils derselben ideologischen Richtung anhängen, lassen mit Vorliebe einschlägige Ethikprofessoren und Philosophiedozenten zu Wort kommen oder bedienen sich ihrer Publikationen. Zusammen mit den Entrüstungsstürmen im Netz hat dies dazu geführt, daß inzwischen ein globaler medialer Konsens zu bestehen scheint, die touristischen Formen der Jagd zu tabuisieren, und zwar ungeachtet der Empfehlungen von UNEP und IUCN sowie unter Inkaufnahme negativer Auswirkungen auf den Arten- und Habitatschutz sowie die Rechte und das Wohl der lokalen Bevölkerung. Als eines der wenigen Länder dieser Welt hat das offizielle Namibia große Standhaftigkeit bewiesen und sich gegen solche Tendenzen zur Wehr gesetzt. Dafür gebührt den zuständigen Vertretern der namibischen Politik mein tiefer Respekt.

[18] Das Recht des Tieres

An einem der letzten Tage durchwanderte ich die sagenhaft schöne Köcherbaumschlucht, ein langes, enges, von hohen Bergen mit senkrechten Felswänden begrenztes Tal, in welchem selbst nach drei Dürrejahren noch Wasser zutage tritt und als murmelnder Bach dahinfließt, um schließlich im Geröll zu versickern, und widmete mich der reichhaltigen Botanik. Dreierlei Arten wilder Feigen wachsen hier, große Köcherbäume, Moringa, Bergebenholz, Falschebenholz, Schneeballstrauch, Hufstrauch, zweierlei Euphorbien, blaugrüne Balsambäume, diverse Akazien, Büffeldorn, Ringholzbäume und allerhand mehr. Der intensive Duft wilder Minze, die am Rande der Tümpel üppig blüht, erfüllte das ganze Tal. Im glasklaren Wasser quakten Frösche, nachts schöpfen hier unzählige Zebras, allerorts leben Klippschliefer, und nicht selten stößt man auf die Spur eines Leoparden. Es war dies ein denkwürdiger Abschluß meines zehnten Besuchs im Lande der uralten Wüste Namib, die ich kreuz und quer durchstreift, vom Hochland bis zur Küste, vom Kunene bis zum Oranje, und deren herbe Grandiosität, deren einsame Weiten und karge Gebirge sich unauslöschlich in mein Herz gebrannt.

Post Scriptum

Infantizid beim Bergzebra: Infantizid beim Bergzebra wird zwar in der wissenschaftlichen Literatur diskutiert, wurde aber nur selten beobachtet. Offenbar kommt es beim Hengstwechsel nur zum Teil, vielleicht bei einem Viertel aller Fälle, tatsächlich zur Fohlentötung. Überhaupt würde sich Infantizid durch jagdliche Hengstentnahmen nur dann negativ auf eine Herde auswirken, wenn aus ein und demselben Trupp mehrmals hintereinander Leithengste entnommen würden und sämtliche Nachbesetzungen mit Infantizid verbunden wären. Nur dann nämlich wäre die Reproduktivität spürbar vermindert. Die hohen Bestände von Hartmann-Zebras auf allen Farm- und Hegegebieten weisen darauf hin, daß die jagdliche Entnahme von Hengsten keine nennenswerten Auswirkungen auf die Reproduktivität hat. Trotzdem sollten im Sinne einer ausgeglichenen, naturnahen, also prädatorenähnlichen Bejagung auch Stuten und Junghengste entnommen werden, vor allem, wenn es sich um Fleischjagd handelt.

Prinzipiell sollte die Bejagung welcher Wildart auch immer behutsam erfolgen, nämlich als Kombination von Intervall- und Schwerpunktbejagung unter strikter Einhaltung von räumlichen und zeitlichen Ruhezonen. Bei der Größenordnung namibischer Farmen und Hegegebiete verwirklichen sich diese Bedingungen in der Regel von selbst, es sei denn, kommerzielle Fleischjagd, Gummipirsch oder hochkommerzialisierter Jagdtourismus führen zu überhöhtem Jagddruck, was an den Fluchtdistanzen leicht zu erkennen ist.

Sir James Edward Alexander: Major-General Sir James Edward Alexander wurde 1803 in der alten Königsstadt Stirling geboren und zählte die Grafen von Stirling zu seinen entfernten Vorfahren. Die Familie war begütert und besaß zwei Herrenhäuser. Er besuchte die Militärakademie Sandhurst und diente anschließend vielerorts rund um den Globus. 1836 unternahm er als erster Europäer eine Expedition ins südliche Namibia. Schon 1838 wurde er in den Ritterstand erhoben, zog sich erst 1877 aus dem aktiven Militärdienst zurück und verstarb 1885. Nach ihm ist eine bekannte und weitverbreitete namibische Pflanze benannt, *Catophractes alexandri,* der Schwarzdorn-Silberbusch, auch Trompetendorn genannt.

Alexanders *Entdeckungsreise in das Innere Südwestafrikas* schildert die allererste Expedition durch die Südhälfte Namibias in den Jahren 1836/37. Der Autor reiste von Kapstadt zum Oranje, weiter nach Warmbad und Bethanien, geradewegs nordwärts nach Büllsport, von dort über den Kuiseb nach Walfishbay, dann ostwärts bis Rehoboth, schließlich südwärts zurück über den Oranje nach Kapstadt.

Der Text ist im Stil des frühen 19. Jahrhunderts geschrieben, welcher sich deutlich von der angenehmen Geradlinigkeit spätviktorianischer Autoren und erst recht von der geschmeidigen Eleganz der Zwischenkriegszeit unterscheidet. Dazu streut Alexander mit Vorliebe Verse ein, welche einen etwas holprigen Eindruck machen, ja selbst seine klassischen Zitate wirken bisweilen mühsam. Der zweite Band ist wesentlich interessanter als der erste und bietet durchaus spannende Episoden, so etwa die lebensbedrohliche Mühsal auf der Durststrecke durch die Namib. Die zahlreichen phantastischen Märchen, welche ihm von den Eingeborenen aufgetischt wurden und die er zwar ins Reich der Fabeln verweist, sie jedoch trotzdem detailgetreu wiedergibt, erinnern stark an die münchhausenhaften Darstellungen ferner Länder und Völker bei antiken Autoren. Als firmer Befürworter der christlichen Mission urteilt Alexander über die Sitten und Gebräuche der fremden Völker nach sehr viel strengeren moralischen Grundsätzen als seine spätviktorianischen und eduardianischen Nachfahren. Aus der Zeit heraus ist das jedoch durchaus nachvollziehbar. Für den Jäger und Naturkundler von Bedeutung ist an diesem Werk vor allem die Beschreibung des damaligen Wildvorkommens. Von den Big Five fand Alexander in den bereisten Landesteilen alle fünf Vertreter vor, praktisch flächendeckend den Löwen und – obwohl selten erwähnt – natürlich auch den Leoparden, sehr verbreitet das Spitzmaulnashorn, das Breitmaulnashorn nicht ganz so weit westwärts reichend wie sein kleinerer Verwandter, den Elefanten nur östlich der heutigen B1, den Kaffernbüffel vereinzelt (jedoch sogar bei Büllsport!). Vom übrigen Wild erwähnt er unter anderem Springbock, Oryx, Kudu, Streifengnu, Hartebeest, Giraffe, Zebra, Eland, Warzenschwein, Klippspringer, Hyäne und Schakal. In den folgenden drei Jahrzehnten sind viele dieser Wildarten stark zurückgedrängt worden, sodaß von den Big Five nur noch der Leopard übrigblieb. Auch Giraffe, Eland, Gnu und Hyäne wurden in großen Teilen des Landes ausgerottet und erst in neuerer Zeit wiederangesiedelt.

Naukluftlied: In der Naukluft auf dem Berge, da steht nach heißer Schlacht / In der letzten Abendstunde ein Reiter auf der Wacht / In der letzten Abendstunde ein Reiter auf der Wacht / Die Wolken zieh'n gen Osten am Himmel hell und klar / Sie erleuchten Berg und Hügel im heißen Afrika / Sie erleuchten Berg und Hügel in Südwestafrika (1. Strophe)

Cameron Highlanders (1793–1961): berühmtes schottisches Regiment, Museum in Fort George, Denkmal in Inverness, Regiments-Marsch: Pibroch of Donald Dhu. Der aus der Ferne rostrote Cameron-of-Erracht-Tartan besteht eigentlich aus einem komplexen Muster mit dunkelgrünem und dunkelblauem Grundkaro, das eng mit roten Streifen überlegt und weitrahmig gelb gekreuzt ist.

Flowers of the Forest: Schottische Trauerweise, welche die in der Schlacht von Flodden Field (1513) gefallenen Schotten (die Blumen des Forstes) beklagt: *I've heard the lilting, at the yowe-milking / Lasses a-lilting before dawn o' day; / But now they are moaning on ilka green loaning; / The Flowers of the Forest are a' wede away* (1. Strophe). Das Klagelied wird ebenso wie Last Post in der angelsächsischen Welt häufig bei Begräbnissen und Totengedenken gespielt.

Floreat Etona!: Bezugnahme auf ein Gemälde von Elizabeth Butler. Die ungeheure innere Spannung dieses Werks ergibt sich aus der Tragik des Geschehens: es ist eine Momentaufnahme blühenden Lebens und optimistischen Draufgängertums in der Sekunde vor dem Tod. In der Szene aus dem Transvaal-Krieg von 1881 ruft der Offizier Elwes während eines Angriffs seinem Kommilitonen, dessen Pferd soeben erschossen unter ihm zusammenbricht, zu: „Komm, Monck, *Floreat Etona,* wir müssen in der ersten Reihe sein!“, ehe er, was aus dem Bildnis nicht hervorgeht, selber in nächster Sekunde tödlich getroffen wird. Mit „Es blühe Eton/Lang lebe Eton“ ist die elitäre Internatsschule an der Themse gegenüber von Windsor gemeint, in welche die Knaben aristokratischer Familien geschickt wurden. Über die Nichtigkeit höherer Bildung auf dem Schlachtfeld schrieb übrigens Kipling das pointiert-sarkastische Gedicht Arithmetic of the Frontier: *„Two thousand pounds of education / Drops to a ten-rupee jezail“.*

Ritter der Wüste

Oryx gazella, der Spießbock oder Gemsbock, wie er auch genannt wird, gilt als eine der faszinierendsten Antilopen des südlichen Afrika. Der Name entstammt dem Griechischen *ὀρύσσω*, graben, davon *ὁ ὄρυξ, -υγος*, Spitzeisen/Eisenspieß zum Graben und Antilope mit spießförmigen Hörnern, daher auch Spießbock. Gemsbock kommt von der gamsähnlichen Zeichnung des Hauptes.

Der Oryx ist ein klassischer Wüstenbewohner. Mit Ausnahme des Dromedars und Kamels ist kein anderer Großsäuger so gut an das Leben in der Wüste angepaßt wie dieses stämmige Wild. Um Wasser einzusparen produziert der Oryx durch eine effektive Wasserrückresorption im Dickdarm eine besonders trockene Losung, auch vermag er den Harn sehr hoch aufzukonzentrieren, wozu seine Nieren ein breites Mark mit sehr langen Henle'schen Schleifen haben. Die Henle'schen Schleifen sind jene Abschnitte der Nierentubuli, in denen das Wasser rückresorbiert wird, und je länger sie sind, desto effektiver können sie arbeiten. Möglicherweise vermag der Oryx ähnlich dem Dromedar auch im Windfang einen Teil des Wassers aus der Ausatemluft rückzuresorbieren.

Ein besonderes Kühlsystem des Gehirns sorgt dafür, daß die Temperatur des empfindlichen Zentralnervensystems um zwei Grad unter jener des Körpers bleibt. Dies dient nicht nur dem Schutz des Gehirns, sondern auch der Täuschung des im Hypothalamus gelegenen Temperaturregulationssystems, sodaß dieses erst reagiert, wenn die Hirntemperatur selbst ansteigt, und nicht schon bei erhöhter Körpertemperatur. Das Kühlsystem nach Art eines Wärmetauschers besteht aus einem besonderen Arteriennetz, *Rete caroticum* genannt, in welches sich die Hirnschlagadern an der Schädelbasis auffasern und das vom kühlen Venenblut des *Sinus cavernosus* umspült wird. Der *Sinus cavernosus* seinerseits erhält das kühle Blut aus den Venen der Nasenschleimhaut, wo es durch die Verdunstungskälte beim Atmen abgekühlt wird.

Auch das Temperaturregulationssystem selbst ist an die besonderen Anforderungen in der Wüste angepaßt. So schaltet dieses nicht wie beim Menschen innerhalb enger Temperaturgrenzen (Set-Points), sondern erlaubt tagsüber einen Anstieg der Körpertemperatur auf bis zu 45 Grad – man nennt dies adaptive Hyperthermie – und nachts ein starkes Absinken derselben.

Selbst die Körperfärbung trägt zur Temperaturkontrolle bei. So reflektiert das weiße Bauchfell die vom Wüstenboden abgestrahlte Wärme.

All diese Mechanismen dienen dazu, in der großen Hitze der Wüste bestehen und auch ohne regelmäßige Trinkwasserzufuhr allein vom Wasser in der Nahrung überleben zu können, weshalb der Oryx gerne und ausdauernd nach wasserspeichernden Wurzeln und Knollen gräbt, melonenartige Feldfrüchte verzehrt und sehr weit zieht, um besagte Nahrung zu finden. Andererseits kann er auch von völlig vertrockneten Gräsern leben, wenn er beim Graben im Sand von Trockenrivieren auf etwas Wasser stößt.

Mit seiner gedrungenen – fast möchte ich sagen, knorrigen – Form, der tiefen Brust, dem kräftigen Träger und den langen, spitzen Schwertern macht der Oryx einen sehr widerstandsfähigen und wehrhaften Eindruck. Tatsächlich kann sich die große Antilope, obwohl sie im allgemeinen ihr Heil in der Flucht sucht, mit ihren Waffen hervorragend gegen Raubwild verteidigen und hat schon so manchen Jagdhund geforkelt. Sie gilt als äußerst schußhart, was ich nach mehreren Jagden auf dieses Wild nur bestätigen kann.

So entdeckten wir einmal auf Wilsonfontein eine abnorme Kuh, deren linkes Horn stark seitwärts gebogen war und die ich zu erlegen hoffte. Inzwischen kamen von allen Richtungen weitere Antilopen, die wir zuvor gar nicht gesehen hatten, und schlossen sich zu einem Zug von hundertfünfzig Stück zusammen. Immer näher kamen sie, doch schließlich waren es dennoch dreihundert Gänge, auf die sie uns im Gänsemarsch passierten, viel zu weit für einen Schuß mit der Offenen. Vorsichtshalber stellte ich nun das Visier auf zweihundert Meter. Da verhielt die Leitkuh plötzlich und schwenkte im rechten Winkel auf uns zu. Rasch suchten wir einen besseren Platz in den Felsen und warteten. Die ersten Stücke kamen südlich des Felsstocks vorbei, achtzig Meter waren es bloß. Dreißig, vierzig

Tiere waren schon vorüber, als Ingos Berufsjäger Simeon flüsterte: *„She's coming. Now she's behind that bush."* Als sie hervorzog, faßte das Korn ins Blatt, ich ging mit und zog durch. Klick. Moment mal, klick? Was war denn das? Keine Patrone im Lauf? Das gab's doch nicht. Nun konnte ich natürlich nicht dreißig Sekunden warten, um einen Nachbrenner abzuwarten. Kammer auf, Patrone war drin. Also Fehlzündung! Und das bei einem original Mauser 98! Durchrepetiert, die Kuh ist natürlich schon hundertdreißig Meter entfernt, mitgehen, Peng. Gott sei Dank. Und sie fällt. Simeon klopft mir auf die Schulter. „Weidmannsheil!" Ich drücke zwei Patronen ins Magazin, lade, sichere und will mich erheben, da steht auch die Kuh auf und flüchtet der Herde nach. Verdammt! Ich fasse sie spitz von hinten, peng, sie schwenkt zur Seite, nochmals drauf, sie bricht hinter einer Boscia zusammen. Mein Gott, das Visier steht ja noch auf zweihundert! Für den ersten Schuß ein bißchen hoch. Nachgeladen und hinübergegangen. Zwanzig Meter sind es noch, da wird sie, unfaßbar, erneut hoch, ich nehme sie abermals spitz von hinten, dann breit, sie fällt in eine Mulde und verendet nach einem letzten Schuß in die Kammer. Der Ersttreffer saß wie erwartet hochblatt. Dies war nun eine jener unschönen Geschichten, die man nicht gerne erzählt. Die meisten jagdlichen Berichte enden ja mit Wendungen wie „im Feuer gefallen", „hat den Knall nicht mehr gehört", „brach im Schuß zusammen", „blieb nach wenigen Fluchten verendet liegen". Leider geht jedoch gar manche Jagd trotz passablen Treffers nicht so publikumsgerecht zu Ende, leider stirbt es sich manchmal langsam. Weil die Wahrheit letzten Endes stärker ist, will ich solches nicht verschweigen, und gerade die Härte des Oryx führt immer wieder mal zu unschönen Szenen.

Auf Rooi Kuiseb hatte ich seinerzeit erlebt, wie Oryxantilopen reagieren, wenn sie des Fleisches wegen häufig vom Jagdwagen aus beschossen werden. Sobald sich unser Auto näherte, gingen sie schon auf große Entfernung hochflüchtig ab. Wie anders habe ich dagegen dieses wunderbare Wild auf dem benachbarten Wilsonfontein vorgefunden. Bei unseren ausgedehnten Pirschgängen ließen uns die kopfstarken Rudel auf gute hundert Gänge heran und wurden dann nicht wirklich flüchtig, sondern zogen sich geordnet ein Stück weit zurück, um uns in aller Ruhe zu beobachten. Dies sind die positiven Auswirkungen einer restriktiven Bejagung auf reiner Fußpirsch.

Der Oryx lebt üblicherweise in Rudelverbänden von zehn bis dreißig Stück, davon sind in der Regel zwei Drittel Kühe und ein Drittel Bullen. Die Kühe werden von einem Leittier geführt, während der dominante Herdenbulle meist das Schlußlicht bildet. Ihm sind alle anderen Herdenmitglieder untergeordnet. Solche Rudel können sich zu lockeren Herden mit zehnfacher Kopfstärke zusammenziehen. Andererseits leben Bullen zeitweise auch als Einzelgänger. Natürliche Feinde sind Löwe, Tüpfelhyäne und Leopard, wobei letzterer Kälber bevorzugt. Der männliche Oryx wiegt mehr als zweihundert Kilogramm und mißt am Widerrist fünfviertel Meter, Kühe sind etwas leichter und geringfügig kleiner. Die schwarzweiße Maske, der schwarze Aalstrich und Schweif sowie die ebenfalls schwarzen Flankenstreifen und Strumpfbänder verleihen dem mittelgrauen, zart bräunlich angehauchten Körper mit weißem Bauch eine charakteristische Zeichnung. Die Kälber sind in den ersten Monaten braun. Übliche Schwertlängen liegen zwischen 80 und 110 Zentimetern, der Rekord bei 125.

Wie bei allen Wildarten kommen auch beim Oryx in der Natur sehr selten gewisse Farbvarianten vor, etwa der schwarze (Melanismus), weiße (Albinismus) oder braune Oryx. Leider breiten sich in der hochkommerzialisierten Jagdindustrie ausgehend von Südafrika nun auch in Namibia jene unseligen Wildzuchtpraktiken aus, welche die Bezeichnung Wild völlig *ad absurdum* führen und auf Verhausschweinung hinauslaufen, gleichgültig, ob es sich um Zuchtlöwen, schwarze, weiße und goldene Springböcke oder um Rekordbüffel mit Stammbaum handelt. Inzwischen gibt es auch schwarze Impalas, Weißflankenimpalas, Kaffee-Springböcke, Sattel-Bleßböcke, Goldgnus und etliches mehr. Das alles erinnert eher an Rosenzucht denn an Safari. Wissen Sie übrigens, verehrter Leser, was ultimativer Snobismus ist? Wenn man für viel Geld einen goldenen Springbock schießt und dann sagt: „Ich nehme nur den Schädel!"

Wenn Jagd eine Form angewandten Naturschutzes sein will, dann sollten dabei ursprüngliche, unverdorbene Habitate durch behutsamnachhaltige Nutzung möglichst großräumig bewahrt oder wiederherstellt werden. Es geht hier nicht nur um das ursprüngliche Artenspektrum von Wild, sondern der gesamten Fauna und Flora. Deshalb ist es angebracht, erloschene Populationen wiederanzusiedeln und Fremdarten zu entfernen, alles jedoch, was darüber hinaus geht, zu unterlassen. Der Erongo, Wilsonfontein und einige kommunale Hegegebiete sind hier Vorreiter. Auf Abschußtierparks mit Zuchtmonstrositäten jedenfalls kann der wahre Jäger, um einen Ausdruck Arrians zu verwenden, gut verzichten. Der Reiz, der vom Abnormen ausgeht, liegt für ihn nämlich gerade in dessen Seltenheit, Zufälligkeit, Nicht-Käuflichkeit.

Wir leben in einer Zeit, in der unendlich viel machbar ist, das unseren Urgroßvätern nicht einmal in ihren kühnsten Träumen vorstellbar war. Doch erhebt sich die mehr als berechtigte Frage, ob alles, was machbar ist, auch gemacht werden soll. Und hier fehlt es uns eindeutig an Maß. Das Heute ist das Zeitalter der Maßlosigkeit, der Unverhältnismäßigkeit, der verlorenen Balance, die Dinge werden bis ins Extremste getrieben und bis zur Neige ausgekostet. Materiell, technisch, geistig, politisch, ideologisch. Wo ist sie nur geblieben, die *aurea mediocritas,* das rechte Maß, die Vernunft? Anstatt dessen der globale Machbarkeitswahn *ad nauseam*.

Da beim Oryx beide Geschlechter ein ansehnliches Gehörn tragen, gilt das weibliche Stück mit seinen etwas dünneren, jedoch längeren Hörnern ebenfalls als begehrte Trophäe. Ich habe bisweilen jüngere, schlecht veranlagte Stücke beiderlei Geschlechtes fürs Fleisch erlegt, konzentriere mich jedoch, wenn es um die Trophäe geht, seit geraumer Zeit auf alte oder abnorme Stücke. Abnorme Oryges, um den sprachlich korrekten Plural zu verwenden, kommen gar nicht so selten vor und stellen einen besonderen Reiz dar, besonders wenn man sie auf hundert Gänge anpirscht, um sie ohne Zieloptik zu strecken. Dabei kommt einem zugute, daß der Spießbock, wenn er den Jäger bemerkt, nach kurzer Flucht gerne verhofft und lange genug auf den Störenfried zurücksichert, um einen sauberen Schuß anbringen zu können. Solche Gelegenheiten bieten sich insbesondere im spärlich bebuschten Hügelland der Randstufenregion. Diese karge Gegend ist auch das ideale Einstandsgebiet für den Gemsbock, der jedoch im dichtesten Dornbusch des Landesinneren genauso vorkommt wie in den endlosen Kiesebenen der Wüste Namib.

Auf Rooi Kuiseb war der Oryx besonders zahlreich in den Badlands anzutreffen, ein über zwei Millionen Jahre durch die Erosionswirkung des Swakop-Flußsystems und seiner Nebenflüsse geschaffenes zerklüftetes Hügelland, das karg und vegetationsarm ist. Wir folgten einem Flußtal,

Mein erster Oryx und zugleich mein erstes Stück in Afrika vor knapp 30 Jahren

Simeon und die abnorme Oryx-Kuh von Wilsonfontein

Simeon hält Ausschau nach Gemsböcken, die wir schließlich am Fuße des langen Rückens entdeckten

Der Spitz rechts auf dem Rücken ist die Rückseite der sogenannten Hottentottenkirche

Auf Rooi Kuiseb: Blick nach Norden auf die Badlands des Swakop, der unten im Tal vorüberzieht

In den zu Füßen liegenden Tälern kam eine Oryxkuh zur Strecke. In der Ferne die Chuos-Berge

Abtransport des zerwirkten Gemsbocks aus den Hügeln der Badlands auf Rooi Kuiseb

Ursprüngliches Jagen wie in alter Zeit

Einsamer Oryx in der Wüste der Randstufe, vom Pferderücken aus aufgenommen

das sich schluchtartig durch die Berge wand, als wir eine halbe Stunde nach Sonnenaufgang einen starken Oryxbullen im Hang der Schlucht stehen sahen. Er zog sofort die Berge hinauf, und wir beschlossen, ihm zu folgen. Schwer atmend keuchten wir die steilen Hänge aus losem Geröll und glatten Schieferplatten empor, wo man kaum Halt fand und immer wieder zurückglitt, kamen auf ein Zwischenplateau, wo uns einige große Felsblöcke Deckung boten, äugten um diese herum und sahen den Bullen um eine Kuppe verschwinden. Wir stiegen hinterher, fanden ihn aber nicht wieder. So erklommen wir die höchste Erhebung, von welcher wir einen grandiosen Ausblick auf das weitläufige Hügel- und Grabensystem unter uns hatten. In der Ferne, wohl zwanzig Meilen gen Nordwesten, jenseits des Swakop, erhob sich der gestreckte Rücken der Chuos-Berge. Ich saß da oben im Wind und ließ die Weite der kargen Landschaft auf mich wirken. Unter uns, mehr als eine halbe Meile entfernt, standen zwei Spießböcke, und ein paar hundert Schritt weiter rechts davon nochmals drei. „Die Buren machen einen Plan, die Deutschen haben schon einen", sagte Hartwig und erläuterte ihn mir: Bippas und der Ovambo Johnny, Johnny Driver sollten wir ihn später taufen, weil er vorgab, Autofahren zu können und dann beim Anfahren die Handbremse vergaß, beim Lösen derselben den Wagen zurückrollen ließ, dann vorwärts die Windpumpe umgefahren hätte, wäre er nicht gestoppt worden, und schließlich gleich von der Ersten in die Vierte schaltete, bis der Motor abgewürgt war. Das war das Ende von Johnny Driver. Bippas und Johnny also würden hier oben bleiben und unsere Pirsch notfalls durch Armzeichen unterstützen: „das Wild zieht nach links, rechts, von uns weg, ist verschwunden etc.", während wir uns an die Gemsböcke heranarbeiten würden. Der Wind stand günstig, und wir stiegen im dunklen Schatten von Felswänden talwärts. Als wir näher an das linke Paar herankamen, gab es keine Deckung mehr, das Wild wurde unruhig und zog langsam in einen Graben, wobei der Bulle den Berghang gegenüber hinaufzog, die Kuh in das Tal rechts. Nahe der Stelle, wo sie ursprünglich gestanden hatten, warteten wir lange Zeit im Schatten einer riesigen Euphorbie. Wir konnten die rechte Dreiergruppe sehen, die zwischenzeitlich in einen Hang noch weiter rechts gezogen war. Dort sammelten sich im Laufe einer halben Stunde immer mehr Gemsböcke an, bis sechzehn Stück zusammengekommen waren, darunter ein paar rotbraune Kälber, die sich erst vier bis fünf Monate nach der Geburt grau verfärben würden, sowie ein paar hochkapitale Geißen.

Wir umschlugen den Hügel, auf dem wir uns befanden, und warteten im Schatten eines Balsambaumes, genannt *Commiphora glaucescens,* dessen altbronzene Rinde so überaus charakteristisch ist, obwohl sich diese Rinde aus nächster Nähe als blaugrün erweist und jenen Bonzeton nur durch großflächige, papierdünne Abschilferungen erhält. Hartwig beobachtete die Herde lange Zeit. Wenn sie nachmittags zu einer der Wasserstellen ziehen würde, um zu trinken, müßte sie an uns vorbeikommen, entweder links oder rechts des Hügels. Der Wind stand gut. Doch es kam ganz anders. Hartwig hatte seinen Beobachterposten aufgegeben und sich neben mich gelegt, um zu ruhen. Als er wieder aufblickte, war die gesamte Herde verschwunden. Wir pirschten auf den Hügel zu, an dem sie gestanden hatte, als plötzlich am Horizont eben dieses Hügels die Silhouetten zweier Kühe auftauchten. Sofort warfen wir uns zu Boden, doch sie hatten uns schon gesehen. Zwei weitere Tiere erschienen. Auf die Kuh ganz rechts außen solle ich zielen, sagte Hartwig. Es waren wohl dreihundert Meter. Völlig ruhig stand das Fadenkreuz auf dem rechten Stück, zunächst im Stich, dann breit. An der Rückenlinie solle ich anhalten, meinte Hartwig. Schon längst wäre der Schuß draußen gewesen, hätte ich nicht vergessen zu spannen. Da waren sie auch schon über dem Horizont verschwunden.

Wir liefen seitlich um den Hügel herum, auf dessen Horizont sie gestanden hatten, und sahen sie ganz überrascht auf einem kleinen Rücken unter uns stehen. Ein großer Balsambaum bot mir Deckung und Auflage zugleich. Die kapitale Kuh, die Hartwig ausgesucht hatte, stand spitz, und ich zielte unter ihr Kinn. Auf den Schuß rannte alles los, auch die Kuh verschwand. Als wir die Herde den fernen Gegenberg emporziehen sahen, hatten sie sich schon weitgehend beruhigt. Wir zählten und kamen auf fünfzehn Stück. Immer wieder zählten wir die Herde ab, doch die Kuh fehlte. Hartwig meinte auch, kein Stück da droben hätte das distinkte Gehörn der beschossenen Kuh. „Wie bist Du abgekommen?“ frug er mich. „Ich hatte ein gutes Gefühl. Direkt unter dem Kinn.“ Lange beobachteten wir die Herde, die oben auf dem Bergrücken zu warten schien, ob die alte Kuh doch noch käme. Fast eine Stunde hatten wir verstreichen lassen, ehe wir zum Anschuß gingen. Wir fanden das Stück dreißig Gänge davon entfernt am abgewandten Hang, den wir nicht hatten einsehen können. Die Kugel war genau mittig in den Stich eingedrungen, hatte das Herz zerrissen. 285 Meter maß später der Laser. Die Kuh war alt und kapital, mit knapp einem Meter Hornlänge. Ein unbeschreibliches Gefühl von Glück und Stolz durchwallte mein Inneres. Wie spannend war diese Pirsch doch gewesen, ganz nach der Art, wie man in Schottland den Hirsch jagt, bloß ohne Regen, und am Ende, nachdem ich die erste Chance vergeben hatte, war alle Mühe doch noch von Erfolg gekrönt. Nicht versagt zu haben in diesen Sekunden der Entscheidung, hier in dieser archaischen Landschaft, wo Leben und Tod sich so nah sind: das war es, was mich zutiefst ergriffen machte. Es gibt für einen rechten Jäger nichts Schöneres, als sich seine Beute hart zu erarbeiten, geplant und mit List und Geschick. Was einem der Zufall zukommen läßt, ist nichts weiter als ein Geschenk. Erst die Mühe macht die Jagd zu einem vollendeten Erlebnis, und wenn man dann noch in einer unberührten Wildnis jagt, ist das Glück vollkommen.

Es war zwei Uhr. Hartwig brach das Stück auf, ich befestigte mein Unterhemd am nächsten Balsambaum als Fahne, und dann begaben wir uns nach Süden, um aus dem Bergland auf die Ebene zu gelangen, welche uns zu einer fernen Wasserstelle führen würde, falls wir nicht auf den Wagen stoßen sollten. Wir hatten nämlich kein Wasser bei uns. Auf der Ebene fanden wir frische Reifenspuren, über die kein Wild gewechselt war, und dachten, Bippas wäre mit dem Wagen auf der Suche nach einem Weg ins Hügelland. Wir begaben uns also wieder zurück in die Berge, und ich wartete auf einer Anhöhe, von der ich beide Seiten einsehen konnte: die Ebene wie das Tal, das zu unserem Stück führte. Indes ging Hartwig zu jenem Tal hinab. Doch hier wie dort kam kein Wagen. So kehrten wir zur Ebene zurück und folgten den Reifenspuren. Es war schon spät am Nachmittag, als wir den Cruiser hörten. Bippas hatte vergeblich versucht, einen Zugang zum Hügelland zu finden. Wir fuhren nun an jene Stelle, wo Bippas hatte umkehren müssen, und fanden steile Felsklippen vor, die man gerade noch *per pedes,* aber niemals mit einem Wagen hätte überwinden können. Es war nun zu spät, um die Kuh zu Fuß zu bergen, wir wären nicht mehr vor Einbruch der Nacht zur ihr vorgedrungen.

Am nächsten Morgen hatten wir noch einen weiteren Helfer rekrutiert und trugen unsere Beute zu fünft aus den Bergen. Als Jäger hatte ich die

Ehre und zugleich das Vergnügen – schließlich war das Gewicht meinem Körperbau angemessen –, die Trophäe samt Haupt auf meinen Schultern zu tragen. Die anderen waren weniger privilegiert.

Der Oryx kommt wie schon erwähnt in sämtlichen semiariden und ariden Gebieten des südlichen Afrika vor, auch seine ostafrikanische und arabische Verwandtschaft, die Beisa-Antilope *(Oryx beisa beisa* und *Oryx beisa callotis),* die Säbelantilope (*Oryx dammah,* engl. *scimitar oryx)* und der Arabische Oryx (*Oryx leucoryx),* deren Präparate man im berühmten Museum Major Powell-Cottons in der Grafschaft Kent bewundern kann, sind Wüstenbewohner. Selbst in der reinen Dünenlandschaft, diesem lebensfeindlichsten aller Biotope, ist der Gemsbock zu finden, und es gibt wohl keinen kontrastreicheren Anblick als einen alten, einsamen Oryxbullen, gewissermaßen der fleischgewordene Überlebenswille, vor dem satten Ocker einer mächtigen Düne, wenn die tiefe Sonne ihre sanften Strahlen über die Wüste legt; gleichsam ein gerüsteter Ritter mit Lanze und Schwert, der auf dem Streitroß vor seiner erhabenen Festung patrouilliert. In der Tat, die Wüste, sie lebt!

Wilsonfontein

Der späte Sommer zog über das Land. Schwarzblaue Gewitterwolken türmten sich hoch in den Himmel und brachten kurze, heftige Regengüsse. Es war die Jahrhundertregenzeit von 2011. Damals besuchte ich Ingo Gladis auf seiner Farm Wilsonfontein in den Witwatersbergen zum ersten Mal und verliebte mich sofort in dieses wunderbare Stück Land, ist es doch eine der schönsten und ursprünglichsten Farmen, welche ich in Südwest kennengelernt habe. An der Randstufe liegen jedoch mehrere für den auf ursprüngliches Erleben ausgerichteten Jäger und Naturfreund interessante Ländereien. Rooi Kuiseb, die nördliche Nachbarfarm von Wilsonfontein, die ich Jahre zuvor bejagt hatte, wird inzwischen leider nicht mehr touristisch genutzt, doch unweit davon erstreckt sich der ausgedehnte Farmenkomplex Sphinxblick von Günther Kleemann, welcher zwischen dem Swakop und den Chuosbergen liegt und dessen zusätzliche Besonderheit darin besteht, auch für Reiter interessant zu sein. All diesen und weiteren Farmen an der Randstufe ist gemein, daß sie in einer äußerst spektakulären Landschaft liegen, wo sich Berge und Ebenen im Grenzgebiet zur Wüste Namib ineinanderschieben. Sie sind landwirtschaftlich kaum nutzbar und deshalb in erster Linie dem Ökotourismus vorbehalten – und dazu zählt natürlich auch eine sensible jagdliche Nutzung, denn verantwortungsvoller Jagdtourismus ist Ökotourismus *par excellence,* wie dies Christoph Schüle in seiner Dissertation schon vor fünfzehn Jahren aufgezeigt hat.

Wilsonfontein befindet sich seit 1938 im Eigentum der Familie Gladis. Die Farm ist nach jener Quelle benannt, welche in den Fünfzigerjahren des 19. Jahrhunderts von einem britischen Händler namens J. H. Wilson südlich des Swakop entdeckt wurde. In unmittelbarer Nähe der Quelle steht heute eine Windpumpe. Wilson tauschte im Betschuanaland

Brown-Bess-Musketen[19] gegen Elfenbein. Sein üblicher Handelsweg führte ihn mit dem Ochsenwagen von Kapstadt über Kuruman bis in die Gegend des Ngami-Sees, den er 1849 zusammen mit Livingstone und Oswell entdeckte. Von dort wandte er sich westwärts nach Walfischbucht, wo er den Ochsenwagen veräußerte und sich nach Kapstadt einschiffte, um dort das Elfenbein zu verkaufen, sich mit neuer Ware einzudecken und zur nächsten Runde aufzubrechen. Auf einer dieser Reisen stieß er auf die Quelle Wilsonfontein, wo er dann getauschte Rinder hielt, bevor sie zum Markt nach Kapstadt getrieben wurden.

Die Farm hat knappe 29.000 Hektar und umfaßt einen Großteil der Witwatersberge samt vorgelagertem Tiefland. Berthold Gladis (1912–2000) und sein älterer Sohn Udo (1949–1999) farmten hier über Jahrzehnte Rinder und Schafe, eine Nutzungsform, die gerade in der Randzone der Namib wegen häufiger Dürre wenig ertragreich und oft mit existenzbedrohenden Rückschlägen verbunden war. Als der jüngere Sohn Ingo die Farm erbte, traf er deshalb die vom ökologischen wie ökonomischen Standpunkt sinnvolle Entscheidung, die Farm auf Jagdbetrieb umzustellen. Heute sind alle inneren Zäune entfernt, und das Wild hat auch freien Bewegungsspielraum hinaus in die Wüste, den es entlang der mehr als 20 Kilometer langen Grenze zum Namib-Naukluft-Park insbesondere während der Regenzeit intensiv nutzt. Dann wandern die Springböcke beinahe bis Swakopmund, während sie sich in der Trockenzeit wieder zu den Quellen und Wasserlöchern der Berge zurückziehen. Da Wilsonfontein sämtliche Kriterien des Erongo-Verzeichnisses für Afrikanisches Jagdwild erfüllt, wurde die Farm inzwischen auch mit dessen Urkunde ausgezeichnet.

Ich verbrachte damals eine knappe Woche bei Ingo, wo ich mich hauptsächlich den Pflanzen und Vögeln widmete – das Wild hatte sich ja wie gesagt großteils in die Namib verabschiedet oder war in der üppigen Vegetation versteckt, und Jagen stand diesmal ohnehin nicht auf dem Programm. Aufgrund der ausgiebigen Regenfälle kamen zahlreiche Riviere ab, und in den Bergen stürzten herrliche Wasserfälle über die Klippen. So hatte ich Südwest noch nie erlebt, nicht nur deshalb, weil nun in der

[19] Die damalige militärische Standardwaffe der Briten, Kal. .75, glattläufig, Perkussion *(pattern 1839 musket)*.

Giraffen auf Wilsonfomtein während der Jahrhundert-Regenzeit von 2011 ...

... und im November eines Dürrejahres

Phantastische Stimmung während der Regenzeit von 2011

Grandiose Pirschlandschaft mit reich kupiertem Gelände und stetem Wechsel von Bergen und Ebenen

Überall Geländewellen, Granitfelsen, Aussichtshügel. Auch hier während der 2011er Regenzeit

Nochmals das reichhaltige Gelände, in dem das Pirschen allerhöchste Freude bereitet

Tosende Wassermassen nach einem Wolkenbruch über den Witwatersbergen

„Felsenturbine“ unweit des obigen Wasserfalls

Regenzeit alles so atypisch grünte und wucherte, sondern weil Wilsonfontein mit seiner außerordentlich reichen Strukturiertheit und beeindruckenden Größe ein Paradies gerade für den Pirschjäger darstellt. Überall sind in der Ebene kleine Granitkuppen, Hügel, Felstürme verstreut, die Dekkung bieten oder von denen aus man die Gegend abglasen kann. Riviere brechen durch enge Schluchten mit abenteuerlichen Fels- und bizarren Gesteinsformationen, die wohl jedem Geologen das Herz aufgehen lassen. Und hohe Berge bieten Herausforderungen zum Klettern und Wandern und belohnen mit phantastischen Ausblicken. Eines Morgens stieg ich ein Plateau hoch und hätte prompt zweimal einen Klippspringer mit der offenen Visierung erlegen können; nach dem sportlich-akrobatischen Aufstieg wäre das eine wohlverdiente Trophäe gewesen. Aber auch bloß mit zwei Büchern ein Rivier entlangzugehen und die Büsche, Bäume und Vögel zu bestimmen, hatte seinen Reiz. Botanisch und zoologisch Interessierte kommen jedenfalls auf ihre Rechnung. Aber gerade der Jäger, der sich nach dem Ursprünglichen sehnt, fernab bestockter und wilddicht gezäunter Farmen, fernab luxuriöser Unterkünfte, der das Alte Südwest sucht mit seiner Einfachheit und Natürlichkeit, der ausschließlich autochthones Wild in seiner natürlichen Umgebung erwartet, der Pirschjäger, der diese wie zum Pirschen geschaffene Landschaft zu schätzen weiß, wird hier ein Paradies vorfinden, wie man es heute lange suchen muß. Wilsonfontein und so manch andere Farm entlang der Randstufe bieten wohl für solche Jäger eine preisgünstige Alternative zu einer Zeltsafari in einem der kommunalen Hegegebiete.

Zweieinhalb Jahre später besuchte ich Ingo erneut. Ich beabsichtigte nun ein paar Tage zu jagen. Neben einer abnormen Oryxantilope wollte ich wieder einmal einen alten Bergzebrahengst strecken. Mein erstes Streifenpferd, ein Flächenzebra *(Equus quagga chapmani),* hatte ich in den frühen Neunzigerjahren in Zimbabwe erlegt, das erste Bergzebra *(E. zebra hartmannae)* ein dutzend Jahre später auf Rooi Kuiseb. Manche Jäger können der Bejagung dieses Wildes nichts abgewinnen, sei es doch, als schösse man ein Pferd, doch obwohl ich begeisterter Reiter bin, hatte ich nie Vorbehalte solcher Art. Denn gerade das vorsichtige Bergzebra in seinem oft schwer begehbaren Habitat bietet immer wieder besondere jagdliche

Herausforderungen. Die herrliche, fein gestreifte und kontrastreiche Decke, welche frei ist von den braunen Schattenstreifen des Flächenzebras, wertet jedes afrikanische Dekor als schmucker Vorleger oder Wandbehang auf, und das Wildpret – besonders das Filet – mundet köstlich, wenn einen die leichte, kaum merkliche Süße nicht stört.

Die Landschaft auf Wilsonfontein war im Vergleich zur großen Regenzeit nicht wiederzuerkennen. Es hatte in den beiden vergangenen Sommern kaum Niederschlag gegeben, und das Land präsentierte sich nun in seinem typischen Wüstenrandcharakter. Vom einstigen Grün war nichts mehr verblieben. Wo hüfthohe, saftige und blütenübersäte Grasdschungel gewuchert hatten, dehnten sich nun weite Geröllebenen mit jenem dürftigen, bleichgelben Grasbestand aus, wie man ihn in der Grenznamib eigentlich auch erwartet. Dennoch lockerten immergrüne Büsche wie Boscia und Tiefwurzler wie der Kameldorn die Einförmigkeit der fahlen Farben auf, während das reichstrukturierte Gelände ohnehin keine Eintönigkeit aufkommen ließ.

Will man die Geographie Wilsonfonteins beschreiben, so orientiert man sich am besten an den Bergen: Im nordöstlichen Eck der Farm steht als markante Begrenzung der Stuhlberg. Nach Westen hin folgen als weitere Inselberge der Stephansberg, der längliche Elefantenberg, die Hottentottenkirche und als äußerste Nordwestmarke der XY-Berg. Noch weiter im Westen, schon im Park, ragt der Onanisberg auf. Der Stahlhelm stellt eine gut erkennbare Landmarke im Inneren der Farm, und nach Süden bildet die Bergkette der Witwatersberge (Weißwasserberge) mit dem Zuckerhut, Zackenberg, Giselaberg, Bischofshut und Backenzahn eine langgezogene Kulisse von West nach Ost. Blickt man von den Witwatersbergen nach Norden, so kann man in der Ferne den Horibisberg und Potberg, dahinter die Chuos- und Otjipateraberge und bei klarer Sicht selbst den Erongo erkennen. Zwischen den Witwatersbergen im Süden und dem Stuhlberg im Nordosten erstreckt sich flaches, ebenes Land, während dieses nach Nordwesten hin, insbesondere Richtung Elefantenberg und Stephansberg durch unzählige Granitkuppen reich gegliedert ist. Im Süden der Witwatersberge liegen ausgedehnte Hochplateaus, eine kleinere Hochebene existiert auch innerhalb der Bergkette.

Riesige Korngrillen (Acanthoplus discoidalis oder A. longipes) zur Regenzeit

Flügelfrucht-Strauch (Phaeoptilum spinosum) in voller Blüte

Eine große Herde von Spießböcken vor der eindrucksvollen Kulisse der Hottentottenkirche

Regenzeit 2011

Die Hottentottenkirche im November eines Trockenjahres

Klippschliefer (Dassies) auf Wollsackformation riesiger Granitfelsen

Bergzebrahengst auf Wilsonfontein

Eines Morgens fuhren wir, nachdem wir noch bei Dunkelheit das Frühstück zu uns genommen hatten, zu jener Wasserstelle westlich des Stahlhelms, welche nie wirklich austrocknet. Von dort brachen wir zu einem mehrstündigen Pirschgang auf. Zunächst stiegen wir den Südausläufer des Stahlhelms empor, eine mächtige Granitkuppe, von welcher wir weit über das Land spähen konnten. Auf der Ostseite lag ein größeres Sandplateau, auf dem erst vor kurzem, über zwei Jahre nach der großen Regenzeit, das im Sand versickerte Wasser zu Tage trat und einen kleinen Tümpel bildete. Es war dies das erste Mal seit sechzig Jahren, daß sich hier Wasser zeigte. Wir querten das Sandfeld, an dessen Nordgrenze ein großer Flügelfruchtstrauch, *Phaeoptilum spinosum,* voll zyklamfarbener Früchte stand, die auffällig über die spärlich bewachsene Fläche leuchteten. Mehrere Zebras, Giraffen, Spießböcke, Kudus und Steinböckchen bekamen wir im Laufe dieser abwechslungsreichen Pirsch durch die heiße Halbwüste in Anblick, doch es war nichts Schußbares darunter. Über etliche Felsabbrüche kletterten wir schließlich zur großen Ebene hinab, aus der wir aufgestiegen waren. Auf der Heimfahrt kamen wir noch an einem Prachtexemplar der Kerzenakazie, *Acacia hebeclada,* vorbei, von der ich ein Ästchen für meine Akaziensammlung mitnahm.

Mittags auf dem Farmhof umschwärmten uns während des Essens unzählige Vogelarten, darunter Maskenbülbüls, Namaqua-Täubchen, Bergschmätzer, Rotkopffinken, Elfenastrilden und Kalahari-Zistensänger. Eine längere Mittagsruhe ist zu dieser sommerlichen Jahreszeit unumgänglich, und so brachen wir erst um vier Uhr zur Abendpirsch auf. An all diesen Tagen hatte ich die langen Mittagspausen genossen und unbekleidet auf dem Bett gelegen, bei knappen 30 Grad, während das Thermometer draußen im Schatten gar auf 35 Grad stieg, eine Ganzkörperwärmetherapie, welche meinem schmerzgeplagten und geschundenen Gerippe außerordentlich zugute kam.

Nachmittags also fuhren wir bei strahlend blauem Himmel am Stahlhelm vorbei bis zum Beginn der südwestlichen Ebenen, wo eine Windpumpe mit Wasserbassin steht und wo wir auf Springböcke, Giraffen und Gemsböcke stießen. Von dort unternahmen wir einen Pirschgang durch die verschachtelten Geröllhügel am Fuße der Witwatersberge, dabei im groben Gelände den Wildwechseln folgend, bis wir auf eine halbe Meile einen kleinen Trupp

Bergzebras entdeckten: mehrere Stuten, ein paar Jährlinge und etwas abseits der Hengst. Der Wind war gut. Im Schutze der zahlreichen Fels- und Geröllformationen arbeiteten wir uns auf zweihundert Meter heran und schlichen gedeckt durch Granitblöcke zu einem Ausguck. Im Tal unter uns standen die Stuten und Jungtiere, während sich der Hengst, auf den wir es abgesehen hatten, wohl hundert Schritt abseits am Fuße des Gegenhangs befand. Diese Abseitsposition, meist am hinteren Ende der Herde, ist typisch für den Leithengst, den man gut anhand seines massigen Körpers, seines kräftigen Trägers und besonders seiner ausgeprägten Kehlwamme ansprechen kann. Üblicherweise gibt es in jeder gemischten Herde nur einen reifen Hengst. Im Vergleich zum Flächenzebra sind die Herden klein und umfassen weniger als zehn Stück. Es kommen auch kleine Gruppen von reinen Junggesellenverbänden vor, denn die Junghengste werden im 2. Lebensjahr aus der Mutterherde gedrängt.

Unser Leithengst stand also im Gegenhang, doch konnte ich ihn durch die Lücke in den Felsen nicht gut anvisieren. Also kroch ich auf allen vieren entlang der Geröllformation, welche wie eine irische Steinmauer den Grat unseres Hügels begrenzte, zu einem geeigneteren Durchlaß. Möglichst leise mühte ich mich über spitze Kiesel, scharfrandiges Gestein und mit dem Gewehr in der Hand vorwärts, die Zähne zusammengebissen, während mir die Novemberhitze den Schweiß aus allen Poren trieb. Endlich in einer besseren Position angelangt nahm ich den Hengst ins Visier meines alten Perser-Mausers. Dieses Gewehr, ein militärisches G98 im Kaliber 8x57 IS und mit offener Visierung, war mir sehr ans Herz gewachsen. Mit seinem 74-Zentimeter-Lauf ließ es sich höchst angenehm und zielsicher schießen. Ich konnte mich optimal zwischen den Felsen verkeilen, auch die Distanz war ideal. Langsam fuhr die Kimme an der Vorhand hoch und blieb in der unteren Blatthälfte haften, während der lange Weg des neunpfündigen Abzugs es mir nochmals erlaubte, den Sitz des Korns in der Kimme zu prüfen. Im Schuß kam der starke Hengst zu Sturz, erhob sich nochmals, bäumte sich auf und brach fast hintenüber endgültig zusammen. Es war ein sauberer Blattschuß auf 160 Gänge gewesen. Die übrige Herde jedoch war längst zwischen den Hügeln verschwunden.

Während der herangeorderte Wagen sich langsam den Weg durch das unwegsame Gelände bahnte, saß ich beim Stück, strich ihm sanft über die weichen Nüstern und Lauscher und gedachte im Angesicht des Todes unser aller Vergänglichkeit. Es ist ein ehernes Gesetz der Natur: *mors ianua vitae* – der Tod ist die Pforte zum Leben –, und dennoch schwingt in solchen Augenblicken immer ein klein wenig Wehmut mit, und ein gehöriges Maß an Demut. Es ist diese Vielschichtigkeit der Gefühle, welche von der großen Komplexität der *conditio humana* zeugt. Unsere Gegner aber können und wollen das nicht begreifen. Ihr Ziel, das Ziel aller modernen Sophisten, ist denn auch die Dekonstruktion und Leugnung jeglicher spezifisch menschlichen Eigenschaften, um Tier und Mensch absolut gleichzustellen. Traurig, wenn man die Früchte der Aufklärung so überreif werden läßt, daß sie verfaulen. Denn ohne das rechte Maß wird die Welt grotesk und absurd. Hier aber, in der Einsamkeit der Wüste mit ihren elementaren Gesetzen, kann man sie noch erspüren, die große, die wahre Ordnung der Dinge.

Auf Kur in Südwest

Erongo

Es war im November. Das Land lag trocken da, hatte es doch schon seit zwanzig Monaten kaum geregnet. Durch das helle Blau des Himmels, an dem sich keine Wolke zeigte, stach erbarmungslos die Mittagssonne und ließ das braune Dornengewirr im Veldt vor Hitze flimmern. Nur die dunklen Boscia-Büsche bescherten den Weiten einen Hauch von Grün, und so mancher Kameldorn. Am Straßenrand vor Wilhelmstal ästen ein paar Warzenschweine, die bis auf die Knochen abgemagert waren; ich fuhr zu Kai-Uwe nach Ameib.

Am Vorabend hatte ich in der Heinitzburg ein recht anständiges Dinner genossen. Von Mal zu Mal, so konnte ich feststellen, gab es bei *Leo's at the Castle* eine Steigerung. Das mit Basilikum verfeinerte Mousse aus sonnengetrockneten Tomaten mit Cranberry-Vinaigrette, Avocado-Carpaccio und Rucola zu gegrillten Garnelen bot höchst erlesene Geschmacksvariationen, die wunderbar zarte, kurzgebratene Springbocklende in Merlot-Sauce mit Rosmarin und Basilikum glitt jedoch durch ein Kakao-Risotto und Kompottkirschen zu sehr ins Süßliche ab. Dazu passend ein De Toren Fusion V des Jahrganges 2006, ein komplexer Cuvée aus Stellenbosch mit 55 % CS, die restlichen 45 % verteilt auf M, CF, Malbec und PV. Dementsprechend bei intensiver Nase dann am Gaumen eine Fruchtexplosion von dunklen Beeren mit Anklängen an Kaffee, Zedernholz und Gewürze, bei reichlich Körper und gut eingebundenen, doch immer noch kräftigen Tanninen. Enttäuschend fiel dagegen der bescheidene Abgang aus. Nun, man kann nicht alles haben. Als Nachtisch wählte ich eine Schokoladenüberraschung, deren Passionsfruchttörtchen exquisit, deren Schokoladekomponenten jedoch sehr zartbesaitet daherkamen. Wie immer waren Service und Tischkultur von hohem Niveau, eine geradezu anachronistische Wohltat in diesen Zeiten der allgemeinen Verflachung.

Dies alles über der abendlichen Geruhsamkeit einer Stadt, die trotz aller Modernismen und Irrlichter immer noch ruhig und beschaulich wirkt und die ihren historischen Charme noch nicht gänzlich eingebüßt hat. Die Heinitzburg ist jedesmal wieder eine wundervolle Einstimmung auf dieses faszinierende Land.

Diesmal war ich nicht so sehr zum Jagen gekommen, sondern um meine südwester Freunde zu besuchen und mich körperlich wie geistig zu erholen. Ich hatte infolge meiner berufsbedingten Schmerzzustände dringend einen Kuraufenthalt nötig und in jenem Jahr auch zahlreiche Hundert-Stunden-Wochen hinter mir, welche sich durch mein Buchprojekt ergeben hatten. Wenigstens war das Reisen nicht zu kurz gekommen, zuerst England, dann Mecklenburg, schließlich Kasachstan. Und nun Südwest.

Von Ameib brach ich mit Kai-Uwe und seiner jüngsten Tochter in den Erongo auf, dessen rotbraune Kargheit in scharfem Gegensatz zu jenem üppigen Grün stand, in dem ich dieses wilde Bergland vor viereinhalb Jahren vorgefunden hatte. Am späten Nachmittag stiegen wir die Granitformationen südlich des Hauses hoch und hatten von dort einen guten Rundblick. In der letzten Abendstunde erglühte der Löwenkopf, an dessen Fuß ich seinerzeit den Kudu erlegt hatte, in jenem tiefen Rot dunkler Ziegel, das sich mit dem Descensus der Sonne immer mehr intensiviert, bis es sich im Grau der aufsteigenden Nacht verliert. Es war schon beinahe dunkel, als wir zum Farmhaus zurückkamen und der volle Mond aufging. Somit genossen wir auf der Terrasse anstatt des üblichen Sundowners eben einen „Moonriser".

Auch am folgenden Tag unternahmen wir zwei Pirschgänge, sahen Bergzebras, Giraffen, Spießböcke, Schwarznasenimpalas, Kudus und Dik-Diks. Die zahlreichen Klippdachse, welche man hier noch vor ein paar Jahren antraf, waren inzwischen zu tausenden an einer Seuche verendet, und noch jetzt sah man allenthalben deren Skelette zwischen den Felsen herumliegen. Beim späten Frühstück nach der Morgenpirsch kamen Senegal-, Kap- und Felsentauben zur Terrasse, oder auch mal ein Rotschnabelfrankolin. Ich genoß die unbeschreibliche Ruhe hier in dieser Wildnis über alle Maßen und war Kai-Uwe sehr dankbar, daß er mir zwei Tage seiner kostbaren Zeit zur Verfügung stellte und mir abschließend noch Ameib mit seinen imposanten Granitformationen und dem weiten, flachen Vorland zeigte, durch welches das Ameib-Rivier, der Dawib und der Khan verlaufen und das sich südlich bis zum Gipfel des Groot Rooiberg hinaufzieht.

Den Erongo im Westen umschlagend fuhr ich nach Schönfeld, um noch am selben Nachmittag einem der angestellten Berufsjäger beim Ausbringen von Futter und der Erfüllung eines Hegeabschusses zu helfen und später von einem Bunkeransitz aus eines von Hartwigs Spitzmaulnashörnern zu beobachten. Das Wild muß in dieser strengen Trockenzeit wegen der Äsungsknappheit mit Heu, Luzerne und Kraftfutter versorgt werden, insbesondere die nichtheimischen Rappenantilopen, Wasserböcke, Gnus und Nyalas. Doch auch das heimische Wild nimmt das Futter eifrig an, insbesondere Warzenschweine und Kudus, selbst der genügsame Oryx und das Nashorn.

Das ist eben der Unterschied zwischen einer Wildfarm, auf der gewissermaßen Wildzucht betrieben wird und wo auch Arten aus vegetationsreicheren Zonen ausgewildert wurden, die in Notzeiten nur durch Fütterung überleben können, und einem Naturschutzgebiet wie dem Erongo Trust, wo ausschließlich autochthones Wild vorkommt und dort den natürlichen Einflüssen wie Klimaschwankungen, Seuchen und Prädatorendruck weitgehend unbeeinflußt unterliegt. Deshalb auch findet sich dort weitaus weniger Wild, und dieses wird wesentlich restriktiver entnommen als auf Wildfarmen. Die Natur soll in ihrer Gesamtheit bewahrt werden, inklusive ihrer klimatischen Zyklen und deren Auswirkungen und inklusive aller natürlichen Prozesse, die im Laufe der Zeit ein Ökosystem verändern. Eine Wildfarm dagegen ist ein auf Gewinnoptimierung ausgerichtetes Farmunternehmen, das wie jede andere Form von Landwirtschaft in erster Linie der Produktion dient und einiges mit Viehzucht gemein hat, während es bei Naturschutzkonzepten auf die großräumige Erhaltung eines möglichst naturnahen Zustandes der gesamten Fauna und Flora inklusive aller Zyklen und Prozesse ankommt.

In meinen Augen sind beides legitime Landnutzungsformen, solange bei ersterer Variante keine gröberen Schäden am Ökosystem resultieren oder unethische Praktiken Einzug halten, während bei der zweiten Variante die Grenzen der Selbstfinanzierbarkeit nicht unterschritten werden dürfen, wie das bei ideologischen Vollschutz- und Käseglockenkonzepten gerne der Fall ist. Deshalb auch stellen Schutzkonzepte, welche auf den

Prinzipien der nachhaltigen Nutzung beruhen, unbestreitbar die optimale Form von Naturschutz dar.

Am folgenden Morgen fuhr ich mit Hartwig zu seinem gerade in Bau befindlichen Alterssitz, der sich, soweit man dies jetzt schon beurteilen kann, durch Gediegenheit, Geschmack und Ästhetik bei gleichzeitig optimaler Funktionalität auszeichnet, wie man dies ja schon bei Schönfeld gewohnt ist. Ende des neuen Jahres hätte eigentlich der Umzug erfolgen und Schönfeld endgültig an Sohn Stephan übergeben werden sollen, doch hat sich dieses Vorhaben inzwischen verschoben. Schönfeld hieß übrigens das erste Gut, welches in Schlesien 1325 in den Besitz der Familie von Seydlitz gelangte und dem die älteste Linie des Geschlechtes zugeordnet wird, obwohl dieses schon im 13. Jahrhundert burggesessen war und einzelne Hinweise bis auf das 7. Jahrhundert zurückgehen. Die Familie zählt jedenfalls zum schlesischen Uradel. Als Hartwigs Großvater 1913 in Südwest Land von der damaligen Verwaltung kaufte, beschloß er, die afrikanische Neugründung nach jenem ersten Familiengut in Schlesien zu benennen. Mit Stephan übernimmt die 4. Generation (und wohl in etwa die 30. Seydlitzgeneration) das Gut, welches soeben sein hundertjähriges Bestehen beging. Ich habe meine Aufenthalte auf Schönfeld immer sehr genossen, weil man dort eine zu tiefst herzliche Form der Gastfreundschaft vorfindet, wie sie selbst für Südwest außergewöhnlich ist.

Von Schönfeld erreicht man in einer knappen Stunde die Erongo Wilderness Lodge westlich von Omaruru, wo man in gediegenen Zelt-Chalets wohnt, welche sehr geschmackvoll in den Hang einer Kuppe Erongo-Granits hineingebaut sind. Wilde Feigenbäume, Blutfruchtbäume, Farbkätzchen und Weißrindenakazien bewachsen den Hügel, wo man zahlreich die buntgefärbte Namibische Felsenagame, *Agama planiceps,* zu sehen bekommt. Der Kopf des Weibchens ist gelb-schwarz gemustert, der Körper gefleckt grau mit einzelnen orangen Arealen, während beim Männchen Kopf und Schwanz orange, der Körper jedoch tiefblau bis schwarz schillert. Außerhalb der Paarungszeit verblaßt diese intensive Färbung. Große Schwärme von Rosenköpfchen leben hier neben vielen anderen Vogelarten. Man kann morgens vor dem Frühstück an dreistündigen geführten Nature-Trails teilnehmen, bei denen man viel Wissenswertes über die Tier- und Pflanzenwelt der Umgebung erfährt. Abends speist man auf der kerzenbeleuchteten Terrasse unter freiem Sternenhimmel, und man sollte eigentlich bei all dieser stimmungsvollen Romantik frisch verliebt sein.

Die Erongo Wilderness Lodge hat zwar einen beeindruckenden Namen, aber echte Wildnis ist dort weit und breit keine, und auch der Erongo ist ein ganzes Stück davon entfernt. Dennoch ist dies eine gute Gelegenheit, den Erongo näher vorzustellen. Was man übrigens dazu in der Lodge erzählt bekommt, ist einigermaßen dürftig. Der Erongo ist ein vulkanischer Ringkomplex von 40 Kilometern Durchmesser, der sich mehr als tausend Meter über die Ebene der Vor-Namib erhebt.

Die Ebene selbst besteht aus den 500 Millionen Jahre alten, metamorphen Gesteinen des Damara-Grundgebirges, eines einst mehrere Kilometer hohen Massivs, das durch Erosion im Laufe der langen Zeit völlig eingeebnet wurde[20]. Als vor 130 Millionen Jahren der Superkontinent Gondwanaland zerbrach und Südamerika sich von Afrika abtrennte, wurde dies eingeleitet durch starke plutonische und vulkanische Aktivitäten[21] im Bereich des heutigen Damaralandes[22]. Diese Plutonit- und Vulkanit-Ruinen bilden heute die sogenannten Damaraland-Komplexe, deren größter Vertreter der Erongo ist.

Die Entstehung des Erongo begann mit einem explosiven basaltischen Vulkanismus. Diese basaltische Deckschicht wurde später von einer granitähnlichen (sog. rhyodazitischen) Schmelze durchbrochen, welche mächtige Schichten von mehreren hundert Metern aufwarf. Basalt findet sich daher heute nur mehr an den Außenrändern des Gebirgsstocks.

---

[20] Das Damara-Grundgebirge selbst wurde im Rahmen der Kollision des Kongokratons mit dem Kalahari-Kraton während der Bildung von Gondwana aufgefaltet, und zwar aus den mächtigen Sedimenten des Damarameeres, das einst die beiden Kratone trennte.

[21] Vulkanite sind magmatische Gesteine, die an der Erdoberfläche erstarrt, Plutonite solche, die noch vor Erreichen der Erdoberfläche in größerer Tiefe erstarrt sind. Gesteine, die nahe der Oberfläche erstarrten, nennt man Subvulkanite.

[22] Ursache für diese Aktivitäten und das folgende Auseinanderbrechen des Superkontinents war das Aufsteigen einer Wärmeblase, eines sogenannten Hot-Spots, aus ca. 2.900 Kilometer Tiefe, also aus der Mantel-Kern-Grenze der Erde. Dieser Hot-Spot wird als Tristan-da-Cunha-Hot-Spot bezeichnet, da er heute nahe der gleichnamigen Insel im Südatlantik liegt.

Kai-Uwe Denker mit Tochter Katrin im kargen Erongo

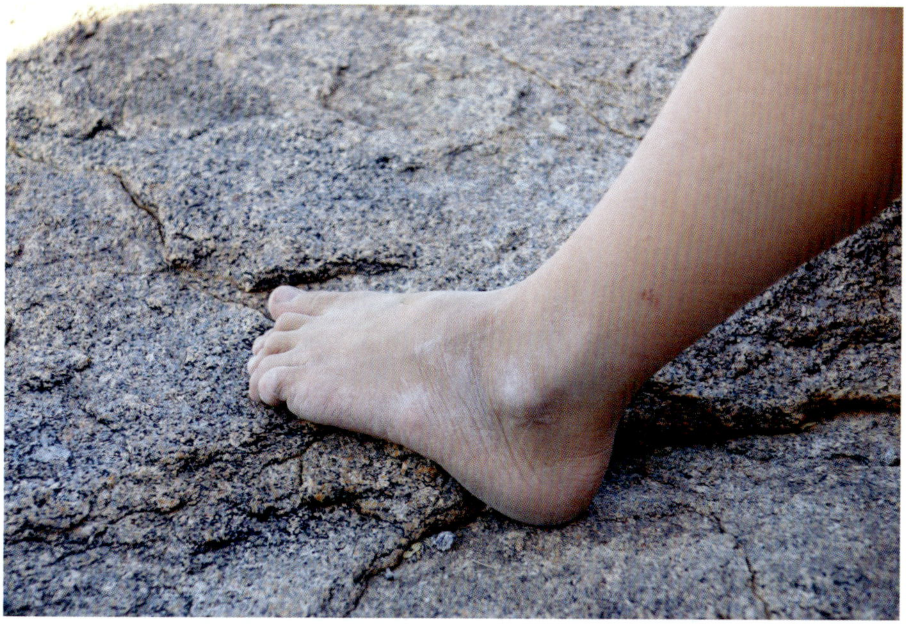

Katrin: stundenlang barfuß auf gröbstem Granit und dornengespickten Pfaden

Der Erongo in einem Dürrejahr. Die hohe Kette im Hintergrund ist die Kalderenwand

Das Tal ist das große Südwest-Tal zwischen dem Vulkan und dem Erongo-Granit

Ein kleines, feines und romantisches Paradies: Erongo Wilderness Lodge

Haupthaus und Zeltbungalows: harmonisch in die gigantischen Formationen der Granitlandschaft integriert

Typische Kernsprengung eines Granitrundlings

Namibische Felsenagame (Agama planiceps): links Weibchen, rechts Männchen

Über 20 Millionen Jahre dauerte die eruptive Phase des Erongo, wodurch es in der Tiefe schließlich zu einem Massedefizit kam und das Zentrum unter dem Gewicht der aufgetürmten Gesteinsmassen zusammenbrach. Die Außenwände der so entstandenen Caldera kippten in der Folge nach innen. Dadurch entstanden im umgebenden Grundgestein ringförmige Bruchsysteme, in denen granitische Schmelzen aufstiegen und tief unter der Oberfläche zum hellen, grobkörnigen Erongo-Granit auskristallisierten, welcher den zentralen Gebirgsstock ringförmig umgibt. Erst im Laufe der Jahrmillionen kam dieser Granit durch Erosion an die Oberfläche und wurde der Verwitterung zugänglich gemacht.

So kann man den Erongo als Ringkomplex charakterisieren, dessen Hauptstock eine rhyodiazitische Caldera mit zentralem Becken und nach innen geneigten Wänden darstellt. Basalt bildet einen schmalen Außenring. Dieser Hauptstock ist umgeben von den großen und ausgedehnten Granitformationen des Erongo-Granits, welche jedoch nicht als geschlossener Ring, sondern als mehrere größere Gebirgsstöcke in einigem Abstand zum Hauptstock angeordnet sind. Das Altgestein des Grundgebirges bildet die zwischenliegenden Talböden.

Im Gegensatz zur komplexen Entstehung des Erongo mit seinen vulkanischen und plutonischen Phasen ist die etwa 50 Kilometer westlich gelegene Spitzkoppe und das 100 Kilometer nordwestlich aufragende Brandbergmassiv zwar gleich alt, jedoch rein plutonischen Ursprungs: Gewaltige Magmamassen stiegen in den seinerzeit noch mehrere Kilometer höheren Rumpf des Damara-Grundgebirges auf und erstarrten unterirdisch. Sie wurden durch die Erosion der weichen, metamorphen Gesteinsmassen dieses Grundgebirges über einen Zeitraum von 130 Millionen Jahren freigelegt.

Die heutige Erscheinungsform des Erongo-Granits mit seinen imposanten und bizarren Formationen, wie man sie etwa auf Ameib vorfindet, ist das Ergebnis einer über Jahrmillionen andauernden Kombination von Erosion und Verwitterung. Besonders durch die hohen Temperaturunterschiede zwischen Tag und Nacht sowie zwischen Gesteinsoberfläche und dessen Innerem mit Temperaturgradienten bis zu 60 Grad bauen sich Drücke um 500 bar auf, es kommt zum schichtförmigen Abplatzen (Exfoliation) oder feinen Abschuppen (Desquamation), und – besonders bei rascher

Abkühlung durch Regen – zu Kernsprüngen, wobei selbst riesige Felsblöcke unter lautem Knall in zwei Hälften springen können. Das Endergebnis im Verein mit Wind- und Wassererosion ist die typische Wollsackverwitterung: mächtige, aufeinandergetürmte Rundfelsformationen. Auch Lösungsvorgänge, Salzsprengung und Oxidation tragen zur Verwitterung bei, wobei es durch gleichzeitige Erosion zur Bildung flacher Granitwannen kommt, zu Polygonstrukturen und zur Herausbildung pilzförmiger Granitzapfen auf ansonsten abgerundeten Felsblöcken. Frostsprengung spielt in der Wüste keine Rolle, da es in der kalten Jahreszeit trocken ist. Auch die biologische Verwitterung ist eher von marginaler Bedeutung.

Über das gesamte Gebiet des Erongo und seiner Randgebiete sind etwas mehr als 20 Farmen verteilt, von denen die meisten im von Kai-Uwe Denker gegründeten *Erongo Mountain Rhino Sanctuary Trust* (EMRST) zusammengeschlossen sind, dessen Bemühungen auf eine Wiederherstellung der ursprünglichen Wildnis mit dem gesamten Spektrum der einstigen Fauna sowie auf eine sensible und puristische jagdliche Nutzung ausgerichtet sind. Große Unterstützung widerfährt dem Trust vor allem durch die Familie Herzog. Einige wenige Farmen jedoch, die im ebenen und fruchtbaren Kraterplateau angesiedelt sind oder sich auf den Vorebenen des Vulkans befinden, setzen auch weiterhin auf reine Viehbewirtschaftung und stehen dem Konzept des Trusts reserviert gegenüber, mehr aber noch eine Farm, die sich dem non-konsumptiven Ökotourismus verschrieben hat und mit Jagd nichts anfangen kann. Leider wird das Areal des Trusts, das immerhin 180.000 Hektar umfaßt, dadurch in zwei nicht zusammenhängende Gebiete geteilt und deshalb die ökologischen Bemühungen stark beeinträchtigt. Wie bei unterschiedlichen Naturschutzauffassungen üblich, gibt es auch keine gemeinsame Gesprächsbasis. In letzter Zeit haben sich die Auseinandersetzungen durch eine vom Umweltministerium durchgeführte Umsiedlung von Löwen in den Erongo dermaßen zugespitzt, daß man die Großräuber wieder zu eliminieren beabsichtigte. Die Diskussion erinnert dabei stark an jene, welche über die Wiedereinbürgerung von Großprädatoren in Mitteleuropa geführt wird, mit dem Unterschied, daß die Restnatur Mitteleuropas in großen Teilen bis zur Unkenntlichkeit verstümmelt ist und auch von den besser erhaltenen Gebieten jeder einzelne Hektar kulturlandschaftlich geprägt und intensiv genutzt wird, sodaß Großprädatoren mit den Interessen von Millionen Naturnutzern, Landwirten und Tierhaltern in Konflikt geraten, während in Namibia noch die Chance bestünde, etliche großräumige Wildnisgebiete in ihrer ursprünglichen Vielfalt zuzulassen, anstatt auch dieses Land völlig dem Kommerz, dem Bevölkerungsdruck und dem „Fortschritt" preiszugeben.

Im Garten Eden

Nach zwei Tagen verließ ich die Lodge und begab mich über Karibib auf die Anschlußpad Richtung Süden nach Wilsonfontein, auf jene große Farm der Familie Gladis, welche am Rande der Wüste Namib gelegen und durch ihren Randstufencharakter von einzigartiger Schönheit ist Dort wollte ich ein wenig jagen und nach einem abnormen Oryx suchen.

Schon um halb fünf Uhr morgens waren wir unterwegs. Die Pirsch starteten wir an der „Fensterklippe" westlich des Stahlhelms, wo wir zwei Spießböcke entdeckt hatten. Wir waren auf der Suche nach einem Abnormen, doch man hat ja zwei Stücke frei. Da ich aber nur die abnorme Trophäe mitnehmen wollte, beschlossen wir, die zweite Lizenz für einen Hegeabschuß zu nutzen. Die beiden Gemsböcke bekamen uns bald spitz und gingen flüchtig ab. Wir pirschten hinüber zu den Vorhügeln des Elefantenberges und durchstreiften diese Richtung Süden. Plötzlich stand ein einzelner, schwächerer Oryxbulle auf bloße hundert Gänge vor uns. Auch er hatte uns schon entdeckt und sicherte herüber, es mußte nun schnell gehen. Auf einem Felsblock aufgelegt ließ ich fliegen. Der Bulle zeichnete nicht, wirbelte herum und ging hochflüchtig ab. Ehe er über eine Kuppe verschwinden konnte, schickte ich ihm noch eine Kugel nach, die jedoch fehlging. Wir fanden am Anschuß reichlich Schweiß und konnten der Fährte mühelos folgen, ohne jedoch auf das Stück zu stoßen. Mir schwante Übles. Ingo fiel zurück, während sein schwarzer Jagdführer Simeon und ich der Schweißfährte flott ins Tal folgten, von wo sie sich wieder dem Bergland zuwandte und über einen Sattel führte. Genau dort sah ich zwei Hornspitzen aufragen. Rasch stiegen wir den Geröllhang rechts vom Sattel hoch, um das kranke Stück von oben anzugehen, doch als wir über ihm waren, kam ich nicht rasch genug zu Schuß. Ich hätte einfach stehend freihändig den Hang hinabschießen sollen, waren es doch keine siebzig Gänge, anstatt zu ein paar Felsen zu kriechen und liegend zu zielen. Das ging einfach viel zu langsam und der Bulle, der uns inzwischen bemerkt hatte, setzte seine Flucht fort. Durch die Unbeweglichkeit im Liegen konnte ich ihm nicht einmal nachschießen, solange er noch in Schußentfernung war. Mein erster Schuß, das hatte ich nun jedenfalls sehen können, lag weidwund drei Handbreit hinter dem Blatt. In der Eile hatte ich wohl einfach nicht sorgfältig genug gezielt. Das hätte mir wahrlich nicht passieren dürfen, und ich schämte mich sehr.

Der Bulle folgte einem Rivier, wir weit abgeschlagen hinterher, jedoch schlossen wir rasch auf und hatten ihn bald auf dreihundert Gänge vor uns. Nach einer halben Meile traf Ingo mit dem Wagen zu uns, wir folgten nun für ein paar Minuten per Auto, bis Ingo von der Ladefläche aus den Fangschuß anbringen konnte.

Nachmittags fuhren wir im Norden die Grenze zu Rooi Kuiseb ab, erneut auf der Suche nach einem Abnormen, und hatten reichlich Anblick: neben zahlreichen Gemsböcken sahen wir Zebras, Giraffen, Keiler, Schakale und diverse Trappen.

Nach dem Abendessen besah ich mir im Farmhof eine soeben getötete Zebraschlange, die zu den Speikobras zählt und die sich trotz abgetrennten Kopfes noch lange wand als wäre sie lebendig. Als ich kurz darauf ums Haus zur Küche ging, flüchtete eine hellgelbe Kapkobra von der Terrasse in den Garten. Die vier verbreitetsten Giftschlangen Namibias sind die Kapkobra *(Naja nivea),* Zebraschlange (*Naja nigricincta),* Schwarze Mamba *(Dendroaspis polyleps)* und Puffotter *(Bitis arietans).*

Da Ingo am nächsten Morgen zur NAPHA-Hauptversammlung nach Windhoek fuhr, übernahm sein lizenzierter Jäger Simeon meine Führung, während der im Jahr zuvor von einem amerikanischen Gast angeschossene Rebeus als Zweitfahrer des uralten, gelben Land Cruiser J45 – neben dem Land Rover der Serien I und II wohl der Archetypus des afrikanischen Jagdwagens – fungierte. Wir fuhren die Nordgrenze der Farm entlang nach Westen, bis die Hottentottenkirche mit ihrer W-förmigen Felsenkrone in Anblick kam. Um sieben begannen wir die Fußpirsch, umschlugen einen Oryxbullen, der uns in den rollenden Ausläufern von „Klein-Exmoor“ entgegen zog, während uns zahlreiche Klippdachse von ihren Granittürmen aus fixierten, und gelangten gegen neun auf die große Ebene vor dem Berg. Dort trafen wir auf etliche Giraffen, Springböcke und zwei Dutzend Oryxantilopen. Vorsichtig nutzten wir die flache Undulation des Geländes, um auf Büchsenschuß heranzupirschen. Unter den Gemsböcken war jedoch kein Abnormer. Plötzlich entdeckte Simeon das Haupt eines guten Springbocks und frug mich, ob ich ihn erlegen wolle. Nun war dies eine gute Gelegenheit, meinen Schlumpschuß vom Vortag wettzumachen und mein erschüttertes Selbstvertrauen zu stärken. Kurzerhand pirschten wir näher heran, und ich streckte den Bock auf die für das Eisenvisier ideale Distanz von 125 Metern. Mit gezirkeltem Blattschuß fiel er im Knall.

Ehe wir zur Nachmittagspirsch aufbrachen, regnete es für eine Stunde. Schon vor ein paar Wochen war mehr als 20 Millimeter Regen gefallen, sodaß das Land keineswegs so trocken aussah, wie man dies nach der langen Dürre erwarten würde. Viertel fünf brachen wir auf, doch nach zehn Kilometern war die Fahrt zu Ende. Ein sich ständig steigerndes Knattern machte sich am linken Hinterrad bemerkbar. Schon bei der sehr rasanten Heimfahrt am Vormittag war mir aufgefallen, daß da gelegentlich irgend etwas knackste. Als wir Nachschau hielten, entdeckten wir, daß drei der sechs Radmuttern fehlten, die restlichen fast schon abfielen und die Bolzenlöcher der Felge völlig ausgeleiert waren. Mit den drei Muttern wurde nun ein Reserverad befestigt und wir kehrten um. Auf dem Rückweg fanden wir dann zwei der Muttern auf der Pad. Zwar durchkämmten wir noch erfolglos das Nordosteck der Farm, doch für eine Pirsch war es schon zu spät.

Die Oryx-Kuh, die nicht sterben wollte

Es war der Tag meiner Abreise, schon mittags würde ich zur nächsten und abschließenden Etappe meiner Reise aufbrechen. Und da wir bis dato keinen abnormen Oryx gesehen hatten, wollte Simeon einen letzten Versuch starten. Auf der morgendlichen Fahrt zu den Südwest-Ebenen hatte Simeon wieder vollstes Vertrauen in sein Fahrzeug gewonnen und stieg kräftig aufs Gas. Schon kurz nach sechs waren wir an Ort und Stelle, unweit der Gegend, wo ich seinerzeit das Zebra erlegt hatte. Ein Pärchen

Löffelhunde war ebenfalls gerade auf Morgenpirsch. Wir stiegen ein paar Felsklippen hoch, um die große Namib-Vorebene abzuglasen, welche sich zu Füßen des Onanisberges bis zur Hottentottenkirche erstreckt. Diese Ebene ist äußerst spärlich bewachsen und geht dann nach Süden und Westen direkt in die weitgehend vegetationslose Wüste über. Vor Jahren war ich ja dort draußen bei sengender Hitze in vielleicht 50 Kilometer Entfernung vorbeigeritten, als ich die Namib zum ersten Mal zu Pferde gequert. Bei den Hakos-Bergen am Gamsberg war ich damals gestartet und in 8 Tagen 400 Kilometer über den Kuiseb nach Aruvlei und Ganab, dann über die Tinkas-Ebene zur Mondlandschaft des Swakop und diesem folgend bis Swakopmund geritten.

Tatsächlich entdeckten wir bald ein Rudel Springböcke und vereinzelte Oryges, die fern in der Ebene standen. Dort hinüber mußten wir also. Zunächst jedoch galt es einen Trupp Bergzebras zu umgehen, die hier zwischen den Gerölltürmen zogen. Dann kletterten wir den Abbruch zur Ebene hinunter und begannen diese zu queren, während rechts eine größere Herde Springböcke wegzog und links ein paar Spießböcke. Hinter jeder Ecke quasi fand sich zu dieser frühen Stunde Wild. Der Garten Eden muß wohl in der Namib liegen!

Wir pirschten hinaus auf die Ebene und geradewegs auf jene breite Pforte zu, welche zwischen den Ausläufern der Hottentottenkirche und des Onanisberges hindurchführt. Auf halbem Weg erhob sich das Terrain fast unmerklich zu sandigen Hügeln. Ringsum wuchs kaum mehr ein Halm. Noch stand die Sonne nicht hoch, die Hitze war erträglich. An den untersten Hängen des Kirchenausläufers äste ein Trupp von vierzig Gemsböcken. Von den Sandhügeln pirschten wir weiter zu ein paar Granitblöcken, die in der Ebene lagen und wo wir erstmals Einblick nach Norden erhielten. Dort begannen auf eine halbe Meile entfernt etliche weit auseinanderliegende Bäume und Sträucher zu wachsen, zwischen denen ein weiterer Trupp von vierzig Stück Antilopen äste. Gebückt querten wir die Ebene weiter bis zu einem großen Granitstock, welcher sich mehrere Meter über das Terrain erhob und uns ausgezeichnete Deckung bot. Hier postierten wir uns. Lange glasten wir nun die beiden Herden ab, und Simeon entdeckte tatsächlich zwei oder drei abnorme Kühe. Da wir jedoch von unserem Posten nicht unbemerkt anschleichen konnten, beauftragte mein Führer

Springbock auf Wilsonfontein

Der unverwüstliche J45, vielleicht der charaktervollste Jagdwagen aller Zeiten

Namib pur: Querung der Tinkas-Ebene in der Mittagsglut. Strecke jenes Tages: 75 km

Im Hintergrund in 50 km Entfernung die Witwatersberge und Wilsonfontein

Die Namib bei Aruvlei kurz vor Sonnenuntergang. Die niedrigen Wolken, die langen Schatten und die

ringsum liegenden, fernen Bergketten verleihen der kargen Landschaft eine ungeheure räumliche Tiefe

Stilleben in der Morgendämmerung: Feldbett, Doppelwand-Stahlbecher, Korkhelm

per Funk unseren Zweitfahrer, der beim Wagen verblieben war, sich der Herde vorsichtig und im Schrittempo von Norden zu nähern und, sobald die ersten Stücke zu ziehen begännen, stehen zu bleiben.

Tatsächlich gelang das Manöver, und die Herde bewegte sich langsam auf uns zu. Die zweite Herde sah dies, verließ die Hügel und beabsichtigte, sich ersterer anzuschließen. Dabei entdeckten wir eine Kuh, deren linkes Horn stark seitwärts gebogen war, weit stärker als das der anderen Abnormen. Auf diese Kuh galt es sich zu konzentrieren. Inzwischen kamen von allen Richtungen immer mehr Antilopen, die wir zuvor gar nicht gesehen hatten, und schlossen sich dem Zug an. Auf 150 Stück schätzten wir nun die Zahl. Immer näher kamen sie, doch schließlich waren es dennoch dreihundert Gänge, auf die sie uns im Gänsemarsch passierten, viel zu weit für einen Schuß mit der Offenen. Vorsichtshalber stellte ich nun das Visier auf 200 Meter. Da verhielt die Leitkuh plötzlich und schwenkte im rechten Winkel auf uns zu. Rasch suchten wir einen besseren Platz in den Felsen und warteten. Die ersten Stücke kamen südlich des Felsstocks vorbei, und was dann passierte, habe ich ja schon erzählt. Es war dies jene traurige Geschichte von der Oryx-Kuh, die nicht sterben wollte.

Als sie endlich lag, war es zehn Uhr, und in einem Höllentempo fuhr Simeon den Toyota nach Hause, als wäre seine eigentliche Berufung Rennfahrer. Zwanzig Minuten, wofür man normalerweise eine knappe Stunde braucht. Daß da schon mal die Bolzen fliegen, ist wahrlich nicht verwunderlich.

Mistral

Noch am selben Tag fuhr ich mittags von Wilsonfontein über Otjimbingwe zur Farm Okomitundu. Zwar wird auch dort gejagt, jedoch kam ich vor allem der Pferde wegen. Man konnte hier sowohl ausreiten als auch im Viereck arbeiten. Das Farmhaus besitzt eine gediegene, weiße Säulenterrasse, die auf einen üppig begrünten Rasen im Schatten hoher Prosopis-Bäume blickt, und wo man bei kleinerer Gästezahl auch die Mahlzeiten einnimmt. Vielfältig ist die Vogelschar, die sich in den Bäumen und auf dem Rasen tummelt: Widehopf, Rotschulterglanzstar, Maskenweber, Schwarzkuckuck,

Häherkuckuck, Schwarzzügeldrossling, Drossellärche, Graulärmvogel, Bindennektarvogel, Maskenbülbül, um nur die auffälligsten zu nennen. Mit unermüdlichem Fleiß bauen die Männchen des Maskenwebers aberdutzende kunstvoll arrangierte Nester in Bäume, Palmen und Sträucher, die von den wählerischen Weibchen immer wieder begutachtet und bei Mißfallen zerstört werden. Bis zu zehn Nester muß ein Männchen bauen, bis eines dem holden Geschlecht zusagt.

Okomitundu war damals erst kürzlich mit einer neuen Verwaltung betraut worden, dem deutschen Ehepaar Kerstin und Stefan, das der engeren Umgebung des kurz zuvor verstorbenen bundesdeutschen Besitzers angehörte und sichtlich bemüht war, die Farm auf Vordermann zu bringen und im Sinne des Verstorbenen und seiner Erben weiterzuführen. Etliche dringliche Renovierungsarbeiten waren schon erledigt und zahlreiche Altlasten bereinigt worden. Leider ist die Farm nicht lange nach meinem Besuch veräußert und der Gästebetrieb eingestellt worden.

Auf der Farm erhebt sich der sogenannte Kuduberg vierhundert Meter über das Land, von wo man einen phantastischen Rundblick auf die zahllosen Bergketten hat, welche sich rings in der Ferne zeigen, vom Khomas-Hochland im Süden über die Randstufenberge des Westens bis hinauf zum Erongo. Besonders bei Sonnenuntergang bietet sich von hier aus ein atemberaubendes Panorama, das man sich nicht entgehen lassen darf.

Ich war jedoch vor allem zum Reiten und Entspannen gekommen, und es widerfuhr mir das besondere Glück, ein Pferd arbeiten zu dürfen, das schon die namibianischen Dressurmeisterschaften für sich hatte entscheiden können. Mistral reagierte sensibel auf Schenkelhilfen, ging in federleichter Anlehnung am Zügel, ritt sich auf beiden Seiten gleich gut und war in allen Gangarten freudig und sicher, ein wahrer Genuß und einer der Höhepunkte dieses allzu kurzen Kuraufenthalts im Lande meiner unstillbaren Sehnsucht.

An Armed Perambulation

Es ätte ein Tanqueray No.10 sein sollen, nach tausend Kilometern und zwei Tagen Fahrt, wobei wir für die letzten zweihundert über Stock und Stein allein schon sechs Stunden benötigten. Und ich hätte mein Gewehr ausgepackt und in die Ecke gestellt, ehe mir Anton das Tonic über die Eiswürfel auf den Gin gießen würde. Hätte. Wenn nicht der vorbestellte Tanqueray und auch der Single Malt im Flugzeug geblieben wären, weil man sie auszuhändigen vergessen hatte, und wenn nicht die Waffe im Flughafen-Tresor gelandet wäre, weil man mir das Waffenpermit nicht bis zum Abreisetag ausstellen wollte. Bloß bis zum 30. November, weil das der letzte Jagdtag der Saison ist.

Von Anfang an schien diese Safari also unter einem schlechten Stern zu stehen. Trotzdem genoß ich an jenem Abend den G&T, auch wenn es keine Number Ten war, und blickte über den flachen Talkessel mit seinen grünen Mopanebäumen auf die Berge im Westen, hinter denen alsbald die Sonne versinken würde. Ich hatte ein paar sehr intensive und nervenaufreibende Arbeitswochen hinter mir und benötigte dringend eine Auszeit, die mit zwei Wochen ohnehin reichlich kurz bemessen war. Zeit auch zum Aufwärmen, ehe mich der unselige alpine Winter überrollen würde.

Anton hatte mich am Flughafen in Windhoek abgeholt und fuhr mich nach Otjiwarongo, wo eine Übernachtung eingeplant war. Die Wärme tat mir wohl, und die Sonne hellte alsbald meine düsteren Gedanken auf. Am folgenden Tag reisten wir über Outjo, Kamanjab und Opuwo ins Kaokoveld. Bei Kaoko-Otavi schwenkten wir auf die D3707 ab, querten den Hoarusib, wo südlich die bunten Giraffenberge aufragen, und gelangten schließlich nach vielen Stunden mühsamer Fahrt zum Dorf Onyuva, westlich dessen das Jagdcamp an einem Hügel aus Marmorstein steht. Man nennt es *House on the Hill,* bestehend aus einem Haupthaus und zwei Chalets. Auf dem Gipfel des Nachbarberges befindet sich das Touristencamp Etaambura, welches einen atemberaubenden Rundblick auf die Berge und Ebenen der Region bietet. Leider hat dieses Camp keine Küche, und das Wasser muß in 1000-Liter-Tanks hinaufgekarrt werden. Es wird jedoch aufgrund seiner spektakulären Lage von Selbstversorger-Touristen gut angenommen. Da mittlerweile die Jagd infolge geradezu apokalyptischer Verirrungen des Zeitgeistes für den Großteil der Touristen als *peccatum moriferum,* als absolutes No-Go gilt, ist es ein Gebot der Vernunft, getrennte Camps zu nutzen.

Die Konzession umfaßt die Conservancy Orupembe sowie die beiden südlich davon gelegenen Hegegemeinschaften Sanitatas und Okonjombe, welche allerdings wegen professioneller Fleischjagdkontrakte jagdtouristisch wenig interessant sind, weil das Wild mit hohen Fluchtdistanzen reagiert. Orupembe bietet mit 356.000 Hektar und sehr abwechslungsreichen Habitaten ohnehin alles, was das Jägerherz höher schlagen läßt. Hier ziehen unter anderem Hartmann-Zebra, Oryx, Springbock, Kudu, Steinböckchen, Klippspringer, Giraffe, Schakal, Leopard, Gepard, Tüpfelhyäne, Braune Hyäne und Pavian ihre Fährten. Zahlreich sind auch Strauße. Die Fläche bildet annähernd ein Quadrat von 60 Kilometer Seitenlänge und umfaßt großräumige Landschaftsstrukturen, welche einerseits von den schroffen Gebirgszügen der Randstufe und andererseits von den ausladenden Ebenen der Namib dominiert werden. Im Westen grenzt die Hegegemeinschaft mit einem letzten, niedrigen Hügelzug an den Skelettküstenpark und befindet sich damit nur 40 Kilometer vom Atlantik entfernt. Der Küstennebel dringt deshalb gelegentlich über die großen Ebenen bis zur Randstufe vor. Im Norden umfaßt Orupembe den südlichen Kessel des Marienflußtales. Die Randstufengebirge des Hegegebietes stellen gewissermaßen die südliche Verlängerung der Hartmann-Berge dar, während die Berge östlich der Onyuva-Ebene als letzte Ausläufer des gigantischen und großteils unbewohnten Otjihipa-Bergmassivs gelten können. Am Westrand dieser Ebene aus ockerfarbenem Sand liegt das erwähnte Dorf gleichen Namens. Die dahinterliegende Hügelkette besteht aus Marmor, der auch einige Jahre lang abgebaut wurde. Das *House on the Hill* wurde unweit der ehemaligen Mine am Westhang eines der kleineren Marmorhügel errichtet. Der Blick von der Terrasse geht über einen grünenden Talkessel hinweg zu den Basaltbergen der Randstufe im Westen. Das Tal wird vom Omungunda, einem Zufluß des Khumib entwässert, welcher in guten Regenjahren nach langer Reise

Sundowner an der Feuerstelle im Jagdcamp; links Dickfuß, rechts Mopanebaum

Rüppellpapagei (Poicephalus rueppellii) an der Wasserschale im Camp-Baum

Das schmetterlingsförmige Blatt des Mopanebaumes (Colophospermum mopane)

Butterbaum (Cyphostemma uter) und Weißstamm-Myrrhe (Commiphora tenuipetiolata)

Federblatt-Myrrhe (Commiphora kraeuseliana)

vorne Petalidium sp. und hinten Grauer Binsenstrauch (Calicorema capitata)

als nördlichstes aller Namibriviere zum Atlantik durchbricht. Im Kessel leben einige Himba-Familien, deren Hütten weit verstreut voneinander liegen und die hier ihre Ziegen weiden. Auch betreuen sie den kleinen öffentlichen Campingplatz, der sich unterhalb des Camps befindet.

Völlig im Gegensatz zu den übrigen Landesteilen Namibias wird die Vegetation im gesamten Kaokoveld dominiert von *Colophospermum mopane,* der weit über die Hälfte aller dort wachsenden Bäume und Sträucher stellt. Typisch für den Mopane sind seine giftgrünen Schmetterlingsblätter, während die Wuchsform von kümmerlichen Sträuchern über schlanke Bäumchen bis zu kleinen, knorrigen Altbäumen oder zu hochgewachsenen Riesen variieren kann. Wo immer seine tiefen Wurzeln auf Wasser stoßen, zeigt er üppiges Blattwerk, weiter oben an den trockenen Berghängen jedoch sieht man in der Dürrezeit viele kahle Exemplare. Neben dem Mopane finden sich in den Schwemmebenen vor allem der Kaoko-Schäferbaum *Boscia microphylla* und der Ringholzbaum *Maerua schinzii*[23], beides tiefwurzelnde Arten, die auch nach langen Trockenperioden noch begrünt sind. Die rotästige *Acacia reficiens* ist der verbreitetste Dornbusch dieser Region. An kleineren Büschen gedeihen häufig der Trompetendorn *Catophractes alexandri* und der Flügelfruchtstrauch *Phaeoptilum spinosum.*

In den Bergen ist die Flora sehr viel variantenreicher. Hier stehen vielfältige Arten von Commiphoren, vor allem die Weißstamm-Myrrhe *C. tenuipetiolata,* die Rutenmyrrhe *C. virgata,* die Rotstamm-Myrrhre *C. giessii,* die graustämmige Damara-Myrrhe *C. crenato-serrata,* ja auch die Sandmyrrhe *C. angolensis* oder die Großblatt-Myrrhe *C. anacardiifolia,* während draußen in der Wüste die Felsenmyrrhe *C. saxicola,* die Federblatt-Myrrhe *C. kraeuseliana* und die Eichenblatt-Myrrhe *C. wildii* dominieren. Das Harz der letzteren Art wird wegen seines würzigen Duftes für die Hygieneindustrie gewonnen. In den Bergen ubiquitär sind natürlich die Sternkastanie *Sterculia africana* und der Blutfruchtbaum *Terminalia prunioides,* als endemisch gilt der Sesambusch *Sesamothamnus guerichii*[24], speziell in den südlichen Ausläuferbergen des Marienflußtales steht die

---

[23] Ringholzbaum

[24] Herero-Sesambusch

strahlend weißstämmige *Boscia tomentosa,* als typische Stammsukkulenten wachsen der hochstämmige Dickfuß *Pachypodium lealii* und die kleine, gedrungene Butterbaumart *Cyphostemma uter,* an Euphorbien weitverbreitet ist *E. virosa,* dort und da auch die palmenstämmige *E. eduardoi* sowie recht häufig an den flachen Ausläuferhügeln zur Namib die buschartige und auffallend hellgrüne *E. damarana.* Auch Sukkulenten der Aloe-Gruppe wie *Aloe hereroensis* und *A. littoralis* kommen stellenweise vor.

Große Flußtäler wie etwa die Tributarii des Marienflusses beherbergen neben Mopaneriesen den typischen Bestand an gigantischen Anabäumen *(Faidherbia alba),* Kameldorn *(Acacia erioloba),* Süßdorn *(Acacia karoo),* Combretum-Arten, Makalani-Palmen und wiederum beschränkt auf den Nordwesten den Gründorn *Balanites angolensis.* An Stellen mit oberflächlichem Wasser kommen weitere Klassiker wie *Euclea pseudebenus, Salvadora persica* und *Tamarix usneoides* vor, also Falsches Ebenholz, Löwenbusch und Tamariske.

Die großen Nambibebenen sind in Dürreperioden weitgehend vegetationsfrei, ansonsten jedoch grasbestanden. Als typischen Wüstenzwergstrauch sieht man oft *Calicorema capitata,* den grauen Binsenstrauch, sowie diverse *Petalidium*-Arten.

An dem Mopanebaum, welcher unmittelbar vor dem Haupthaus des Camps wuchs, war eine kleine Wasserschale für Vögel angebracht, die auch gut besucht wurde. Rüppellpapageien, Glanzstare, Maskenbülbüls, Mahali-Weber, Trauer-Drongos, Turteltauben, Bergstare, Nacktohrdroßlinge, Louries und Rosenwängchen gaben sich hier ein Stelldichein. In den Ebenen leben Nama-Flughühner, Doppelband-Flughühner, Rüppel-Trappen, Riesentrappen und diverse Raubvögel. Auch Rotschnabel-Tokos, Bergschmätzer und natürlich verschiedenste unscheinbare Kleinvögel der Lärchen- und Zistensängergruppe kommen hier vor.

Im Camp war außer den Vögeln nicht viel Leben. Ein einsamer Gecko huschte mal durchs Bad, und eines Nachmittags kroch eine gute alte Bekannte über die Veranda, der ich schon am Brandberg begegnet war: *Pythonodipsas carinata,* die hübsche Westliche Kielschlange. Hübsch war übrigens auch jene schlanke Fata Morgana, die ich eines frühen Morgens, als ich noch schlaftrunken an der Feuerstelle saß und Tee mit Milch trank, zu den Chalets hinüberhuschen sah. Zunächst bemerkte ich überhaupt

Nacktohrdrosslinge (Turdoides gymnogenys, Bare-cheeked Babbler)

Westliche Kielschlange (Pythonodipsas carinata)

Blick vom Camp Etaambura auf die Onyuva-Ebene; der Baum eine Maerua schintzii

Himba-Kinder (links Mädchen, rechts Jungs) in traditioneller Aufmachung beim Ziegenhüten

Traditionelle Wohnhütte der Himbas

Lokaler Supermarkt

Vorratsspeicher auf Stelzen

nur den kleinen Hund, der über die Einfriedung guckte, dann die zarte Gestalt, die helle Haut, den dunklen, hüftlangen Zopf. Das kann doch keine Himba sein! War es auch nicht. Es war die junge, attraktive Zoologin Elbie, welche mutterseelenalleine im ganzen Kaokoveld herumfährt, um – etwas abseits ihres Fachgebietes – die Verbreitung und Dichte von *Commiphora wildii* zu ermitteln. Nett war sie auch noch, soweit man das nach kurzer Konversation beurteilen konnte. Und garantiert ein Mädel für jedes große Abenteuer in den entlegensten Winkeln der Welt. Leider machte mir Anton einen Strich durch die Rechnung. Er wollte lieber zur Jagd aufbrechen. Anscheinend herrschte zwischen uns eine gewisse fundamentale Diskrepanz, was die Prioritäten anlangt.

Im Hegegebiet Orupembe leben in weit verstreuten Kleinstdörfern einige hundert Himbas weitgehend traditionell von Ziegen, Schafen und Rindern, ihr Hauptnahrungsmittel besteht aus vergorener Milch. Esel dienen als Reittiere, kommen aber sehr zahlreich in verwilderter Form vor und schädigen durch das Schälen der Bäume die empfindliche Vegetation. Überweidung durch Nutzvieh bei steigender menschlicher Populationsdichte ist in diesem extrem ariden Habitat überhaupt eines der Hauptprobleme. Historisch haben die Himbas selbst nach Wasser gegraben und zum Teil sogar relativ tiefe Brunnen angelegt. Da solche Grabungen nur an wenigen Stellen erfolgreich sind, stellte sich ein gewisses Gleichgewicht zwischen Bevölkerung, Nutzvieh und Natur ein. Seit jedoch in jüngerer Zeit etliche moderne Tiefenbohrungen die Wasserknappheit vermindert haben, wird von immer mehr Menschen immer mehr Vieh gehalten, das jedoch in schweren Dürrejahren die sensible Vegetation schädigt, das Wild verdrängt, ja letztlich verhungert. Wie in allen Wüstenländern kommt hier das biblische Gleichnis aus der Genesis von den sieben fetten und mageren Jahren anschaulich zum Tragen: man kann in guten Regenjahren nicht so wirtschaften und leben, als würde nie mehr eine Dürre kommen, wobei es hier weniger um Vorratsdenken als um das Vermeiden von Übernutzung geht.

Eine solche Dürre herrschte gerade, und zwar schon das dritte Jahr. Das Land, das wir nun vorfanden, war extrem ausgetrocknet, alles Gras verschwunden und auch ein Großteil der Vegetation blattlos. Kein Käfer, keine Spinne, keine Schlange, höchstens mal eine kleine Eidechse, die über die nackten Steine huschte. Die wenigen Wasserstellen, die 15 oder 20 Kilometer und mehr auseinander liegen, schienen aber dennoch das grundsätzliche Überleben von Mensch, Nutztier und Wild zu sichern. Das Wild ist jedoch extrem ausgedünnt, und obwohl man das gesamte natürliche Artenspektrum antrifft, liegt die Wilddichte wohl nur bei eins pro tausend Hektar. Immer wieder stießen wir auf verendetes Wild oder tote Rinder. Vor allem die Rinder machten einen extrem abgemagerten Eindruck, während Ziegen mit der Dürre besser zurechtkamen. Auch der eine oder andere Oryx sah aus wie ein wandelndes Skelett, die Mehrzahl jedoch stand gut im Futter, wie man das von einer derart perfekt an die Wüste adaptierten Art auch erwarten würde. Da in guten Regenjahren oft tausende Wildtiere in den endlosen Ebenen der Namib grasen und auch sehr viel Wild in den Bergen steht, darf man annehmen, daß sich ein Großteil des Wildes während extremer Trockenperioden nach Osten ins Landesinnere zurückzieht.

Giraffa camelopardalis

Eigentlich war ich hierhergekommen, weil ich die nördliche Namib noch nie besucht und mich die einsamen Gefilde des wilden Nordwestens schon lange in ihren Bann gezogen hatten. Die Lektüre des Kapitels *Abenteurerparadiese* in Kai-Uwe Denkers großartigem Werk *Vom Wesen der Afrikanischen Wildnis*, welches ich im Jahr zuvor verschlungen hatte, bestärkten mich in meinem Verlangen, eines Tages am Marienfluß oder in den Hartmann-Bergen zu jagen. Dann gab es da Anton Esterhuizen. Er war in Namibias Norden über lange Jahre als Naturschutzbeamter und später als Mitarbeiter der von Garth Owen-Smith gegründeten IRDNC *(Integrated Rural Development and Nature Conservation)* tätig gewesen. Anton ist nicht nur Berufsjäger mit Großwildlizenz, sondern auch in der Berufsjägerausbildung aktiv. Nach seiner Naturschutztätigkeit hatte er sich als Safari-Operator selbständig gemacht und bietet Jagden in kommunalen Hegegebieten nach strikten Fair-Chase-Bedingungen an. Auch ist Nachhaltigkeit bei ihm keine leere Worthülse. Er leitet sein Unternehmen gemeinsam mit seiner Frau Wanda und führt alle Jagdgäste selbst. Durch seine langjährige Berufstätigkeit im Kaokoveld hat er ein ausgesprochen gutes Verhältnis zu den dort lebenden Himbas. Aus ihnen rekrutiert er seine Jagdhelfer, bildet Jagdführer heran, organisiert Management- und Hegebesprechungen, liefert das Fleisch des erlegten Wildes. Wilderei ist seit Garth Owen-Smiths Erfolgsrezept selbst im Kaokoveld, wo in den Siebziger- und Achtzigerjahren fast alles Wild an den Rand der Ausrottung gebracht worden war, kein ernsthaftes Problem mehr. Dennoch wurden im Südwinter 2015 die einzigen zwei schwarzen Nashörner der Konzession getötet, allerdings nicht von Einheimischen der Region.

Mit Anton also wollte ich dieses Gebiet erkunden, das bis 1972 zu den letzten Wildnis-Paradiesen Afrikas gezählt hatte. Alle Big Five bis auf den Büffel kamen hier in starken Beständen vor. 1972 hob man den seit der deutschen Kolonialzeit geltenden Status als Naturreservat auf, und das große Schlachten begann. Zur Zeit des sogenannten Unabhängigkeitskrieges bedienten sich hier Südafrikanische Militärs und Politiker ebenso wie später die mit Feuerwaffen überfluteten Schwarzen. Am Ende konnte man die übriggebliebenen Springböcke quasi an den Fingern einer Hand abzählen, vom Großwild gar nicht zu reden. Es ist das Verdienst Garth Owen-Smiths, diese traurige Geschichte nicht nur dokumentiert, sondern durch seine vielfältigen Initiativen zur nachhaltigen Nutzung teilweise rückgängig gemacht zu haben. Heute ziehen hier wieder 150.000 Springböcke ihre Fährte, der Elefant bildet kleine, langsam wachsende Populationen, der Löwe kehrt zaghaft zurück. Das Nashorn aber scheint endgültig der Gelben Gefahr zum Opfer zu fallen.

Nun wollte ich mir aber nicht nur das Land ansehen, sondern mir dort auch einen speziellen Wunsch erfüllen, der seit einiger Zeit auf meiner Liste stand, für den jedoch nie die rechten Rahmenbedingungen geherrscht hatten. Mein Wunsch hieß *Giraffa camelopardalis,* aber es sollte ein wirklich alter Bulle sein, auf nächste Nähe angepirscht und mit der Offenen erlegt. Ein solch alter Bulle wird bis zu sechs Meter hoch und wiegt durchschnittlich 1600 kg. Bei Stefan von Seydlitz auf Okapunja waren mir die wuchtigen Schädel, welche im Bar-Bereich an den hölzernen Dachstützen hingen, aufgefallen. Bis dahin hatte ich eigentlich noch nie das Verlangen verspürt, auf diese sanften Wesen zu jagen, doch plötzlich war mein Interesse erwacht. Sollte sich außerdem noch die Gelegenheit auf einen außergewöhnlichen Oryx oder Springbock ergeben, wäre dies eine würdige Draufgabe.

Im Frühjahr hatte ich für einen einschlägigen Vortrag zur Geschichte der Jagdwaffen recherchiert, studierte dabei auch nochmals Cumberland, der ja wie Littledale und viele andere aus jener Zeit mit einer .500 BPE Hahndoppelbüchse gejagt hatte. Diese Büchse war neben der .450 zwischen 1880 und 1895 gewissermaßen die Standardwaffe der Oberschicht, und zwar nicht nur im Empire, sondern auch auf dem Kontinent. Kurz darauf schaute ich zufällig bei meinem Büchsenmacher Gerhard Fuchs vorbei, und wir kamen beiläufig auf die 500 BPE zu sprechen. Prompt zog er eine edle Hahndoppelbüchse just in jenem Kaliber aus einem feinen Lederfutteral, eine Waffe aus der Werkstatt des Wiener k. u. k. Hoflieferanten Lezky, welche den Zweiten Weltkrieg verborgen in einem Kaminschacht überstanden hatte, wo sie später zufällig wiederentdeckt wurde. Der erstklassige Erhaltungszustand fiel mir sogleich auf, und ich kam spontan auf die Idee, den alten Giraffenbullen mit dieser Waffe zu bejagen. Leider stellte sich dann heraus, daß sie mit einem Streukreis von 15 Zentimeter auf 50 Meter nicht in Frage kam. Es war ein Jammer. Weitaus schlimmer jedoch war die Sache mit dem Waffenpermit in Windhoek. Nun hatte ich nicht mal meine eigene Waffe und mußte mit Leihwaffen schießen. Beim Einschießen schoß die .375 viel zu hoch, die 8x57 viel zu tief. Wir korrigierten das zwar, aber so richtig wollte mein Vertrauen in diese Waffen nicht aufkommen, zumal mir weder die Schäftung noch der Abzug lagen, und außerdem waren sie mit einem Glas bestückt. Das mit der Offenen konnte ich mir also abschminken. Natürlich hätte man das Glas abnehmen und die Waffe auf die Offene einschießen können, aber ich wußte nur zu gut, wie aufwendig das sein kann. Die Höhenkorrektur ist oft überhaupt nur von einem Büchsenmacher zu bewerkstelligen. Und dann muß man mit einer ungewohnten Offenen lange üben, ehe man sie beherrscht. Also aus der Traum. *Et incipit tragoedia.*

Die Himbas hatten schon seit längerer Zeit zwei alte Bullen in der Umgebung gesehen, von denen bei unserer Ankunft jedoch nur mehr einer vor Ort war. Er hatte seinen momentanen Einstand in dem großen, flachen Talkessel von grob 5000 Hektar zwischen dem Camp und den

Giraffa camelopardalis

„Out in the midday sun" – Stundenlange Pirschgänge in der Novemberglut der Namib

Herero-Sesambusch (Sesamothamnus guerichii)

Randstufenbergen. Rasch entdeckten wir den hoch aufragenden Bullen, wie er an einigen größeren Mopanebäumen äste. Es mochten wohl zwei Kilometer sein bis dorthin. Wohl sah die Vegetation aus der Ferne dicht aus, doch standen sämtliche Büsche und Bäume auf dieser Ebene sorgsam voneinander getrennt durch vegetationslosen Boden groben Gerölls. Manchmal zehn, meist zwanzig oder dreißig, bisweilen auch fünfzig Meter mochten die Abstände betragen. Hier gab es also wenig Deckung. Trotzdem kamen wir zunächst ganz gut auf 150 Meter heran. Der Game Scout Wakavisa war zugleich unser Tracker und führte uns an, da ihn Anton zum Jagdführer ausbilden wollte. Er nutzte jeden kleinsten Zweig als Deckung und stellte sich äußerst geschickt an, doch hinderte uns ein Trupp Springböcke am weiteren Vordringen. Immer wieder warf ein Stück beim Äsen auf, um uns zu fixieren, doch ließen sie sich, obwohl nur achtzig Gänge entfernt, nicht weiter beunruhigen. Im gesamten Kessel herrscht üblicherweise Burgfrieden, allein schon deshalb, weil hier verstreut ein paar dutzend Himbas leben und man deshalb nicht gefahrlos schießen kann.

Nach längerem Warten zog der Giraffenbulle ins Freie, entdeckte uns und setzte sich mit ein paar Galoppsprüngen ab, um sich jedoch gleich wieder zu beruhigen. Wir umschlugen ihn, um unter Wind zu kommen, und pirschten erneut auf dieselbe Entfernung heran. Nun aber sicherte der Bulle fortwährend aufmerksam in unsere Richtung, der Wind blieb unstet, sodaß wir uns in einem günstigen Moment zurückzogen, um weit auszuholen und uns direkt gegen den Wind vorzuschieben. Der Bulle äste an einem hohen Mopanebaum und sicherte immer noch fleißig in die Richtung, wo wir uns zuvor befunden hatten, während wir ihm uns nun von schräg hinten näherten. Nochmals robbten wir einen Busch näher, waren auf 60 bis 70 Meter heran. Leider war es unmöglich, auf 30 Gänge herangekommen, wie es mein Wunsch gewesen. Lange blieb das Wild im Schatten des Baumes, bis es endlich ein paar Schritte zurücksetzte, sodaß der Träger frei wurde. Im Sitzen versuchte ich, die Waffe gut zu verkeilen, was mir üblicherweise zu gelingen pflegt, doch diesmal blieb das Fadenkreuz der .375 nicht wirklich fest im Ziel. Als der Schuß brach, schwang der Bulle herum und galoppierte davon. Sofort war ich auf den Beinen und setzte ihm eine Kugel auf den Wedelansatz. Nun schwenkte er herum und ich konnte noch zwei Blattschüsse anbringen, die den Bullen zu Fall brachten. Herangetreten erlöste ich ihn mit einem Fangschuß in die Kammer.

Den hohen Trägerschuß hatte ich vermasselt. Erstens hätte ich viel näher am Haupt antragen sollen, und zweitens war das Geschoß knapp unter den Halswirbeln durchgepfiffen. Ich befand mich also nicht unbedingt in Hochstimmung, war aber froh, trotzdem ein rasches Ende herbeigeführt zu haben.

Anton fuhr ins Dorf, um zehn Männer zu holen, sie sollten die Giraffe an Ort und Stelle zerwirken. Bei den vielen Messern, die dabei blitzen, hält man sich am besten etwas abseits. Nur allzu schnell kommen nämlich die Finger des Nachbarn in die Quere. Nach drei Stunden blieb nichts zurück außer etwas Schweiß und dem Inhalt der Eingeweide. Alles wird verwertet, angefangen von der Haut, aus der man Schuhe fertigt, bis hin zu Magen, Darm und Organen, die allesamt verspeist werden.

Im Marienflußtal

Wieder brach ein strahlend wolkenloser Tag an. Nachdem ich für ein paar Dorfbewohner, die nach Opuwo fuhren und Fleisch brauchten, einen jungen Springbock erlegt hatte – er lag zwar, aber der Schuß saß eine gute Handbreit abseits vom anvisierten Ort –, fuhren wir den Osten und Süden der Conservancy ab, teils Berg-, teils Hügelland mit weiten Ebenen um das Dorf Orupembe, das der Hegegemeinschaft seinen Namen gibt. Dort befindet sich auch eine Polizeistation, die, da etwas erhöht gelegen, weithin sichtbar ist. Auf der gesamten Fahrt gab es kaum Wild zu entdecken, vielleicht alle paar Kilometer mal einen Springbock, Oryx, Strauß oder ein Zebra. Am häufigsten waren noch die verwilderten Esel. Das Land lag knochentrocken da, kein Halm Gras, die meisten Büsche und Bäume verdorrt, nur entlang der versandeten Bäche begrünter Mopane. Doch einmal trafen wir auf einen einsamen Oryxbullen, den wir uns näher ansehen wollten und auf 20 Schritt anpirschten, ehe er absprang. Er war zu jung. Nachmittags setzten wir unseren Ausflug fort und kehrten durch die Randstufenberge zurück zum Camp.

Derselbe Randstufendurchbruch brachte uns tags darauf zu den unvorstellbar weiten, kahlen und einsamen Namibebenen im Westen, wo wir die Berge entlang nordwärts fuhren bis zur Wasserstelle am Omuatjinguma. Auch auf dem Weg dorthin nur der eine oder andere Oryx oder Strauß. Erst in der Umgebung der Wasserstelle trafen wir ein paar Zebras, Strauße, Oryxantilopen und Springböcke an. Als wir jedoch auf der Hinfahrt ein etwas breiteres Rivier ansteuerten, entdeckten wir zwei Schakale, denen wir zu Fuß folgten, ohne sie einholen zu können. Später, in einem weiteren Rivier, stießen wir auf drei Spießböcke, von denen ein Bulle ziemlich lange Schwerter aufwies. Also robbten wir zum Uferhang. Es war ein weiter Schuß, der Bulle zeichnete gut und verendete nach kurzer Flucht. Trotzdem lag der Treffer wieder zwei Handbreit abseits. Als wir herantraten, bemerkte Anton sofort, daß wir uns bei der Ansprache ziemlich verschätzt hatten: die Stangen waren nicht nur kürzer als erwartet, sondern auch sehr dünn an der Basis, selbst die Form glich eher der einer Kuh. Anton meinte, wir sollten diesen Oryx als Hegeabschuß dem Dorf überlassen. Die Himbas wollen übrigens nicht, daß man das Wild aufbricht. Also wurde das Stück so, wie es war, auf den Wagen geladen. Bis wir den Bock etliche Stunden später ablieferten, war er in der prallen Sonne reichlich aufgedunsen, doch das kümmert die Menschen dort keineswegs. Lieber „gut gereift" als Innereien und Gedärme vergeudet!

Ein weiterer Tag führte uns von der roten Onyuva-Ebene über ein zerklüftetes Bergland nach Norden zum Marienfluß. Die rumplige Bergstrecke wurde über zwanzig Kilometer gänzlich von Hand angelegt und wird nur von Himbas benutzt; Touristen wissen bislang nichts davon. Oben in den Bergen quert man einen der längeren Tributarii des Marienflusses und kommt an einem felsbewehrten Wasserfall vorbei, dessen Gestein über die Jahrmillionen zu wundersamen Formen ausgewaschen wurde. Ähnliche Formationen, jedoch noch vielfältiger und bunter, sah ich in jenem Rivier, welches von der Quelle Wilsonfontein auf gleichnamiger Farm zum Swakop fließt. Besonders reichhaltig ist auf diesem Bergland zwischen Onyuva und Marienfluß die Flora, welche ich eingangs schon beschrieben. Atemberaubend ist dann der Blick von den Höhen ins Marienflußtal: in der Mitte erheben sich zwei Vorberge aus dem ockerfarbenen Sand des Talgrundes, hinter denen sich die 15 Kilometer breite und 80 Kilometer lange Schwemmebene des Marienflusses bis zum Kunene erstreckt, auf der gesamten Länge ostwärts begrenzt durch das an das zwanzig Kilometer breite, wild zerklüftete Massiv der Otjihipa-Berge, westlich durch die bedeutend schmälere Kette der Hartmann-Berge. Das ockerrote Tal verwandelt sich in Regenjahren in ein grünes Grasmeer, doch auch nach langen Dürreperioden ist es über große Flächen parkartig übersäht mit laubtragenden Mopanebäumen. Die Galeriewälder des Flusses selbst jedoch sind üppig bestanden mit uralten Baumriesen – vor allem Mopane, Kameldorn, Süßdorn und Anabaum –, deren Stämme bis sechs Fuß durchmessen und wo das ganze Artenspektrum der riparianen Vegetation vertreten ist. In diesen Galeriewäldern, dort, wo der Haupttributar des Marienflusses sich im südöstlichen Eck des Tales, noch südlich des Dorfes Ombawe, zwischen den Bergen hindurchzwängt, unternahmen wir bei unermeßlicher Hitze, die jedoch durch eine ständige Brise abgemildert wurde, einen mehrstündigen Pirschgang und inspizierten mehrere Dutzend Spring- und Gemsböcke, stießen aber auch auf Kudus, Klippspringer, Steinböckchen, Zebras, Dassies und Paviane. Allein, es war nichts dabei, das einen Schuß wert gewesen wäre, zumindest unter der Vorgabe, nur Außergewöhnliches strecken zu wollen. Alles Wild war ausgesprochen vertraut und ließ uns auf nächste Entfernung heran, nur um sich dann gemächlich hinter den nächstliegenden Busch zurückzuziehen. Selbst die Paviane hielten auf hundert Gänge aus. Einige Tage später kamen wir nochmals hierher, fanden mehr oder weniger die gleichen Stücke vor und kehrten unverrichteter Dinge zurück. Außerhalb der Galeriewälder jedoch und auch auf der gesamten Bergstrecke hatten wir kaum je Anblick. Zu trocken und ausgedörrt war das Land.

Anderntags pirschten wir vier Stunden in der westlichen Randzone der großen Namibebenen, durchstreiften ein größeres Rivier, kletterten eine flache Anhöhe hoch, trafen jedoch bloß auf sechs oder sieben Spießböcke. Auch einen einsamen Springbock entdeckten wir, sahen ihn uns näher an und schätzten ihn auf gute 16 Zoll. Ich ließ ihn laufen, denn er würde, sollte er noch zwei oder drei Jahre leben, ein wirklich außergewöhnlicher Bock werden. Als die Sonne im Zenit stand, wandten wir uns dem Heimweg zu und schleppten uns bei sengender Hitze über endlose Geländewellen zurück zum Wagen. Ein heißer Wind fegte in Sturmböen über die Einöde

Die strahlend weißstämmige Boscia tomentosa, der Haarige Schäferbaum

Blick ins Marienfluß-Tal mit Vorbergen, im Hintergrund die Otjihipa-Berge

Grüne Mopanebäume und rostbraune Rotrindenakazien, kurz Rotdorn (Acacia reficiens)

Das legendäre Marienflußtal, rechts von den Otjihipa-Bergen und links von den Hartmann-Bergen gesäumt

links und mittig Afrikanische Sternkastanien, rechts ein Mopanebaum (wie auch die Bäume in der Ebene)

Falsches Ebenholz (Eucleia pseudebenus) findet sich ausschließlich in oder an Flußbetten

Die giftige Damara-Wolfsmilsch (Euphorbia damarana)

und drohte mir wiederholt den Hut vom Kopf zu reißen. Man konnte diesen Wind förmlich sehen, als er die glutflimmernde Luft über das Land peitschte, während in der Ferne Trugbilder von baumbestandenen Seen gaukelten. Das Wasser in der Feldflasche war aufgeheizt und schmeckte fast wie jener grauenhaft dünne Tee, den ich von den Hochgebirgen Asiens kannte. Die Wüste: nur wer sie durchwandert oder durchreitet, kann ihre schattenlose Unbarmherzigkeit, ihre gnadenlose Brutalität hautnah erleben, ihre Weite, ihre Stille, und ihre kosmische Grandiosität, wenn Du nachts in dieses myriadenfache Funkeln im schwarzen Gewölbe des Himmels blickst.

Endzeitgedanken

Anton hatte jeden Abend reichlich Streß, während ich den Sundowner und anschließend die Dusche genoß, in Pflanzen- und Vogelbüchern stöberte und mein Tagebuch schrieb. Üblicherweise kocht im Camp seine reizende und zierliche Gattin Wanda, doch wegen des jüngsten Familienzuwachses war sie an Haus und Hof gebunden. Also blieb Anton nichts anderes übrig, als den Kochlöffel selbst zu schwingen und für Frühstück, Lunch-Brötchen und Abendessen zu sorgen. Wenigstens Abwasch, Wäsche und Hausputz wurden von jenem Himba-Ehepaar erledigt, welches auch das Camp Etaambura betreut. Nach dem Essen kehrte allerdings Ruhe ein, wenn wir uns ans Feuer setzten und andächtig der nächtlichen Stille lauschten. Anton bemühte sich zwar öfter verzweifelt, eine Konversation zu starten, scheiterte jedoch kläglich an meiner Einsilbigkeit. Irgendwie tat er mir leid. Aber wie will man die großartige Einsamkeit der Wildnis genießen oder sich in der Betrachtung des Sternenhimmels verlieren, wie will man den geradezu mystischen Ruf der Scops-Owl hören, den Schakal, die Hyäne, wenn man andauernd quasselt?

Die Nächte waren nicht gut. Ich konnte immer nur bis zwei Uhr morgens schlafen und wälzte mich dann bis zum Reveille ruhelos im Bett. Tagsüber übermannte mich dafür ständig eine schwere Müdigkeit, besonders in den Nachmittagsstunden. Irgend etwas lief nicht so, wie es sollte, wohl Nachwirkung all jener Wochen und Monate beruflicher Überlastung.

Nebenbei versuchte ich, wenn mal etwas mehr Zeit war, Steinhardts *Ehombo* zu lesen. Ich kam nicht weit und mühte mich erst zu Hause durch das Buch, denn noch nie in meinem Leben hatte ich etwas derart Schwülstiges und Hypertrophes in Händen gehalten. Stellenweise stößt man natürlich auch auf interessante Details, und in manch vernichtendem Urteil steckt ein wahrer Kern, aber großteils kann man sich bezüglich Stil und Inhalt nur an den Kopf greifen.

Es ist keineswegs so, daß ich besondere Sprachgewalt nicht zu schätzen wüßte, doch bei Erlebnisberichten besteht die große Gefahr, ins Lächerliche abzugleiten. Eine solche Sprache hat ihre volle Berechtigung auf den Gebieten der Epik und Lyrik, im Drama oder in religiösen Texten. Es blieb dem einzigartigen sprachlichen Genie Nietzsches vorbehalten, den religiösen Grundton auf philosophisch-aphoristische Texte auszuweiten. Abseits dieser Genres jedoch wirkt überbordende Sprachgewalt meist gekünstelt und aufgeblasen. Wohl mag man den erzählerischen Duktus durchaus mal kurz mit einer gelungenen Metapher oder einem hehren Sprachgemälde beleben, bei Steinhardt aber artet dies zu seitenlangem Geschwafel aus, das nur mehr grotesk wirkt.

Die zweite Hälfte des Buches schien mir deutlich besser lesbar als die erste – vielleicht hatte ich mich zwischenzeitlich an Steinhardts bombastischen Stil gewöhnt, der über weite Strecken mühsam-gedankenschwangeres Gefasel bietet, stellenweise mit stark überhöhter, allzu hehrer Erzählkunst aufwartet, immer wieder im höchsten Grade pathetisch-theatralische Einwürfe bringt, gelegentlich jedoch auch zu durchaus unterhaltsamen, satirisch-humorvollen Übertreibungen mit selbstironischen Anklängen findet. Dabei ergeht er sich wiederholt in nationalistischen Eskapaden übelster Sorte. Besonders verhaßt ist ihm der Engländer, „von dem alles Böse auf Erden kommt".

Bei aller gebotenen Distanz sollte man jedoch bedenken, daß dieses Buch kurz nach dem Untergang des Deutschen Kaiserreiches von einem vaterlandsliebenden Offizier im Angesicht des schweren Unrechts des Versailler Vertrages geschrieben wurde. Nicht nur hatte er beiderlei Heimat verloren – das den Deutschen aberkannte Südwest und das soziokulturell völlig dem Erdboden gleichgemachte Reich –, sondern er mußte auch miterleben, wie man Deutschland wider alle historische Fakten die alleinige

Kriegsschuld unterschob, ihm unerhörte Reparationszahlungen[25] auferlegte, seine Territorien drastisch beschnitt, es der Wehrfähigkeit beraubte und das Land in eine wirtschaftliche Katastrophe trieb, während die Entente andererseits trotz Wissens um die millionenfachen Greueltaten nicht einmal halbherzig gegen die Russische Revolution vorging, deren Zerstörungswerk bis heute nachwirkt. Man kann also durchaus verstehen, daß Steinhardts Haß auf die Siegermächte grenzenlos gewesen sein muß, zumal er auch erhebliche persönliche Verluste an seinen Sammlungen und Manuskripten erlitten hatte. Trotz aller verständlichen Ressentiments, welche Steinhardt gegen die Briten gehabt haben mußte, klingen seine Tiraden dennoch reichlich kakophon.

Beide Seiten haben im übrigen damals dieselbe Propaganda betrieben, nämlich im eigenen Volk alle guten Eigenschaften vereint zu sehen, und im Gegner alle schlechten. Man lese nur „Andy“ Anderson, der sich in seinem Buch ähnlich abwertend über die Deutschen ausläßt wie Steinhardt über die Briten. Zum Glück aber gab es seinerzeit genügend Autoren, welche über solche Animositäten erhaben waren, ja die sich über die jeweils andere Seite durchaus mit Respekt und Anerkennung zu äußern wußten.

Für mich ist es immer wieder erschütternd festzustellen, was der Erste Weltkrieg aus diesem grandiosen Europa des 19. Jahrhunderts gemacht hat, wie sehr doch die ganze Welt in der Folge irreversibel traumatisiert und vergiftet worden ist. *Ehombo* mag dafür ein literarisches Beispiel sein, und das einzig wirklich Positive an diesem Buch sind die zahlreichen, ansprechenden Strichzeichnungen des begabten Tiermalers Hans Anton Aschenborn.

Wie anders, wie erfrischend dagegen die beiden Bücher Wilhelm Mattenklodts. In *Verlorene Heimat* berichtet Mattenklodt über seine Anfänge in Südwest, über den Dienst bei der Schutztruppe im Großen Krieg und über seine zweijährige Flucht, um der Internierung zu entgehen. Sein zweites Buch *Afrikanische Jagden* konnte er nicht mehr selbst veröffentlichen. Hauptmann Steinhardt hat es aus den Aufzeichnungen Mattenklodts kompiliert. Es berichtet über seine drei Jagdexpeditionen nach Angola in

[25] Die Höhe der Summe erreichte schließlich 67 Mrd. Goldmark oder größenordnungsmäßig etwa eine Billion Euro, deren letzte Rate erst 2010 beglichen wurde.

den Jahren 1911, 1914 sowie in den Zwanziger Jahren. Von seiner vierten Expedition um 1930 ist er nicht mehr zurückgekehrt. 1931 erlag er, nachdem er noch Swakopmund erreichen konnte, der Schlafkrankheit. Er liegt auf dem Swakopmunder Friedhof begraben. Mattenklodt beschreibt die geradezu unmenschlichen Strapazen solcher Expeditionen,, die noch unter ähnlichen Bedingungen durchgeführt wurden wie im 19. Jahrhundert. Es grenzt an ein Wunder, daß er nicht schon weit eher den zahllosen Gefahren und Krankheiten zum Opfer gefallen ist.

Ganz im Gegensatz zur scheußlichen Theatralik Steinhardts schreibt Mattenklodt selbst eine gut lesbare, flüssige Prosa. Zwar erreicht er nicht die wunderbar trockene Abgeklärtheit, welche die besseren der angelsächsischen Autoren kennzeichnet, Patterson etwa, oder Sutherland, besitzt auch nicht die metaphernreiche Wortgewalt der Blixens; dennoch sind die beiden Werke in höchstem Maße lesenswert. Mattenklodt äußert darin auch zahlreiche modern anmutende Gedanken, die belegen, daß die geistige Welt der Zeit vor '14 doch nicht so rückständig war, wie man heute oft glauben machen will.

Ein kühler Morgen, gefolgt von einem um so heißeren Tag. Erneut fuhren wir entlang der großen Ebenen zur Wasserstelle am Omuatjinguma. Auch diesmal dasselbe, spärliche Wild, auch diesmal wenige Kilometer vor dem Fluß vier Gemsböcke, darunter ein Bulle mit vermeintlich besonders langen Spießen. Um ihn näher begutachten zu können, umschlugen wir zunächst zwei Bergrücken und arbeiteten uns auf Schußentfernung heran. Allein, der Oryx entpuppte sich als guter Durchschnitt, und wir zogen uns zurück. Etwas weiter westlich nochmals drei Stück, wieder schlichen wir uns nahe heran, und lange beobachteten wir eine Kuh mit eindrucksvollem Gehörn. Anton kam schließlich zum Schluß, sie wäre einen Schuß wert, und da die Dörfer ohnehin Fleisch bräuchten, könne man sie immer noch zu einem Hegeabschuß herabstufen. Aufgelegt auf einem großen Felsblock sandte ich ihr die Kugel halbspitz in die Brust. Die Kuh, welche am Gegenhang im Schatten einer Tomentosa und gleichzeitig fast am Horizont stand, zeichnete gut, wirbelte um die eigene Achse und verschwand hinter dem Bergrücken. Als wir diesen erreicht hatten, erblickten wir sie auf kurze Entfernung niedergetan. Der erste

Anton beim Abglasen der endlosen Weiten

Wüstenoryx

Farbenpracht der Wüste: undulierendes Gelände mit Damara-Wolfsmilch vor fernen Bergketten

Was ist Unendlichkeit?

Links der immergrüne Kaoko-Schäferbaum (Boscia microphylla)

Fleisch für die Himbas: jüngerer Springbock in der kargen Weite der Wüste

Letztes Lebenszeichen

Variationen der Unendlichkeit und des Nichts in einer Vielfalt, die alle Vorstellung sprengt

Verendeter Kudu

Die ganzjährige Wasserstelle mit Salvadora, Eucleia und einem Maerua-Baum

Treffer lag abermals zu weit rechts, und ich trug ihr den Fangschuß an. Es blieb beim Hegeabschuß.

Nach dem Verladen querten wir die trostlosen Ebenen westwärts fast bis zur Parkgrenze, stießen weit nach Norden vor und wandten uns dann entlang dem Rivier Ondonduiengo zurück nach Osten bis kurz vor dem Abbruch ins Mariental, um das erlegte Stück dem Dorfvorsteher von Rooidrom zu übergeben. Dieser hieß Karangonga, ein schlanker, sehniger, großgewachsener Alter, der noch die traditionelle Himba-Tracht trug und an einen wilden Krieger aus längst vergangenen Zeiten erinnerte. Er bedankte sich bei mir für das Fleisch, und sogleich begannen fünf Mann mit dem Zerwirken. Über eine enge, romantische Schlucht mit zahlreichen Basalt-Kopjes und einen kleinen Paß mit schwerem Geläuf gelangten wir südwärts zurück ins Camp.

Ein weiterer, wunderschöner Pirschgang, eine klassische *perambulatio armata*[26] führte uns um einen kleinen Inselberg in den Namibebenen, welcher wenige Meilen südwestlich der Station Orupembe mitten aus dem flachen Land emporragt. Hier wuchs nur mehr ausgesprochene Wüstenvegetation wie *Commiphora saxicola, C. kraeuseliana, Calicorema capitata* und natürlich die ubiquitäre *Boscia microphylla*. In drei Stunden umrundeten wir den Felsenthron auf den Anhöhen seiner Vorhügel, stießen auf acht Gemsböcke und zwei Giraffen und genossen den phantastischen Rundblick auf die Wüste und ihre Randgebirge. Nach Norden hin dehnte sich die große Ebene grenzenlos aus, sodaß sich der Blick in der Unendlichkeit verlor. Als wir auf dem Rückweg durch die Randstufenberge kamen, erlegte ich für die Dörfer noch zwei mittelalte Springböcke aus einem Fünferrudel von Junggesellen. Auch sie lagen sofort, doch nur der Schuß auf den zweiten Bock saß genau dort, wo ich hingezielt hatte. *Straight shooting* konnte man das wahrlich nicht nennen, und ich mußte mich damit trösten, daß alles Wild, welches ich in diesen späten Novembertagen erlegt, nach kurzer Flucht gelegen hatte und rasch verendet war. Gewohnt war ich anderes; im vorausgegangenen Halbjahr hatte ich vierzehn Stück Wild punktgenau gestreckt, und selbst mit der Offenen pflege ich besser zu schießen als auf dieser Safari mit Glas.

[26] Bewaffneter Spaziergang

Jeden Tag hatten wir 100 bis 120 Kilometer zurückgelegt und täglich vielleicht 30 Stück Wild gesehen. Ein letztes Mal versuchten wir unser Glück in einem Tal, das für Anton üblicherweise absolut tabu ist und wo er nie schießen läßt, weil dort in einem Flußlauf die einzige natürliche, ganzjährige Wasserstelle liegt, welche auch bei mehrjähriger Dürre nicht versiegt. Das Bett des Flusses, das durch eine Schlucht mit rotfelsigen Wänden läuft, wird an einer Biegung von einer niedrigen Felsbarriere durchschnitten, und dort staut sich das Untergrundwasser so weit auf, daß es ständig an die Oberfläche tritt. Die Quelle heißt Otjinavi und liegt im Tal Otjomihana. Die Wasserweiser Salvadora, Eucleia und Tamarix begrünen üppig die Ufer, zahlreiche Zebras bevölkern diese Gegend, auch Springböcke, Kudus und Gemsböcke laben sich hier. Über den Felsenburgen schwebte ein Paar Kaffernadler, andernorts strich der bunte Augur-Bussard über das Gestein, oder der Dunkle Singhabicht. Allein, auch dort kein Stück, das es gerechtfertigt hätte, den tiefen Frieden dieses heiligen Tales zu stören.

Dies nun war gewissermaßen das Ende einer etwas merkwürdigen Safari, welche die ganze Zeit über – nicht nur wegen der schlechten Straßen – etwas holprig ablief und die einzig durch die Großartigkeit der Wüste, die wundervoll heißen Tage, die Gin-getränkten Sonnenuntergänge, das unablässige Bemühen Antons und durch etwas Botanik und Zoologie einigermaßen auf Bahn gehalten wurde. Ich war wohl an die Grenzen meiner Existenz gestoßen und harrte der großen Erlösung, von der ich hoffte, daß sie in einer entscheidenden Wende läge, und nicht in meinen Untergang.

Zum Abschluß noch ein Bekenntnis für die Zartbesaiteten: ja, ich gehöre zu diesen „erbärmlichen Typen mit zuviel Geld und fehlendem moralischem Kompaß", wie über uns Auslandsjäger kürzlich in den Zeitungen geschrieben stand. Damit bedient man sich gleich zweier Grundprinzipien der Feindbildpflege: Erstens des egalitaristischen Ressentiments, welches zum Schluß kommt, daß jeder, der über dem Volksdurchschnitt verdient, schon zu viel habe. Und zweitens der moralischen Wertung: „nur ich bin der Gute und moralisch Überlegene, jeder Andersdenkende ist böse, verkommen, minderwertig". Wertminderungen aufgrund von Rasse, Volkszugehörigkeit, Geschlecht, Religion, politischer oder sexueller

Orientierung sind (mit Ausnahme der Hohen Geburt) heutzutage verboten und verpönt, deshalb sind moralische Abwertungen beliebter denn je. Der Jäger ist also ein Mensch, der zu viel Geld und Zeit hat. Geld und Zeit stellt ja ein „guter Mensch" ausschließlich in den Dienst der Gesellschaft, sie dürfen niemals dem eigenen Vergnügen dienen. Und dann fehlt dem Jäger auch noch die moralische Orientierung, er schrammt knapp vorbei am Kinderschänder, Mörder, Kannibalen oder spielt gar in derselben Liga. Manche sehen in uns auch verkappte Faschisten. Das ist nun das Bild, welches in der Öffentlichkeit kultiviert und von den Medien – nicht nur den Neuen, sondern vom gesamten medialen Mainstream inklusive der sogenannten Qualitätsblätter – als neue Norm etabliert wird; eine traurige Farce. Nun, man kann unsereins mit noch so vielen Haßtiraden überschütten, kann uns bedrohen, wirtschaftlich vernichten, gesellschaftlich ächten: nach dem unsterblichen Motto Hemingways *„A man can be destroyed but not defeated"* wird uns niemals je irgendwer „bekehren". Amen.

Burggesessen

Die 1914 von Wilhelm Sanders in Windhoek erbaute Heynitzburg, so die ursprüngliche Schreibweise, wurde 1994 von der Familie Raith zu einem Luxushotel umgebaut, wobei leider von der wunderbaren Originalsubstanz nur sehr wenig übriggeblieben ist. Lediglich in den Frühstücksräumlichkeiten ist diese mit ihrem dichten, atmosphärischen Charme noch unverändert erhalten geblieben, während die Zimmertrakte moderne Anbauten sind, deren Innenausstattung teilweise jene Form geschmacklicher Verirrungen aufweisen, welche heute zahlreiche „Schloßhotels" in Europa „auszeichnen" und die davon inspiriert sind, wie sich Neuweltler und andere kunsthistorisch Unbedarfte, deren Gusto irgendwo zwischen Walt Disney, Avantgarde und Möbelmarkt logiert, ein Schloßambiente vorstellen: Pseudoeleganz hoch drei, manchmal opulent, manchmal nüchtern, manchmal barocklastig, manchmal modern, oft am Rande des Kitsch und insgesamt einfach daneben. Seit den ersten Hochkulturen wissen wir, was guter Geschmack ist, aber heute muß man ja alles neu erfinden. Gar so schlimm ist es in der Heinitzburg nicht, etliche Zimmer sind halbwegs gut gelungen, doch einige andere sind hart an der Grenze des Erträglichen. Man vergleiche dieses Ambiente mit Schönfeld: Wie schlicht, edel und stilecht sind dort doch die großen Gästezimmer, wie reich an historischen Mobilien das Haupthaus! Es ist anscheinend eine kaum bewältigbare Herausforderung für Innenarchitekten und den handwerklichen Sektor, die hohe Funktionalität moderner Erfindungen, zum Beispiel das Innenleben von Kästen oder die Ausstattung von Bädern, mit der unübertrefflichen Ästhetik vormoderner Stilepochen zu verbinden.

Im Vergleich mit dem einen oder anderen Zimmer fällt die zurückhaltende Eleganz des Restaurants *Leo's at the Castle* positiv ins Gewicht. Dezente Kristalluster, hochlehnige Samtstühle, edle Brokatdecken mit

Historische Aufnahme: die originale Heinitzburg 1990, vor dem Umbau zum Hotel

Fish River Canyon, der zweitgrößte Canyon der Welt, 500 Meter tief, bis 27 km breit, 160 km lang

Man beachte die Zweistufigkeit der Schlucht, die sich im Sommer auf bis zu 60 Grad aufheizen kann.

Wüstenlandschaft bei Klein-Aus Vista

Felsenkirche in Lüderitz mit Blick auf die Lüderitzer Bucht

Buntglasfenster in der Felsenkirche mit dem Wappen der Herzöge zu Mecklenburg

weißem, grob-floralem Muster auf sanftem Beige, dazu der atemberaubende Ausblick auf die Stadt, wenn zum Amuse die afrikanische Sonne eben versinkt, die Hauptgänge unter Silberkuppeln serviert, erstklassige Weine und ambitionierte, jedoch leider nicht unbedingt haubenverdächtige Speisen (dafür sollte man eher ins JoJo's gehen, dort wird wirklich auf Haubenniveau gekocht), der Service sehr bemüht und freundlich: das ist insgesamt ein für afrikanische Verhältnisse doch recht erstaunliches Niveau. Die Vorspeisen möchte ich lobenswert hervorheben, diesmal etwa Jakobsmuschel, Avocado, Tomate und Garnele mit Curry-Kefir-Sauerrahm-Sauce.

Jedenfalls bin ich über die Jahre immer wieder gerne dort abgestiegen, um mich von den Unannehmlichkeiten des langen Fluges zu erholen, bevor ich tiefer ins Land vordrang. Zwei weitere Lokale kann man in Windhoek ruhigen Gewissens empfehlen: Joe's Beer House mit seinem ungewöhnlichen und sehenswerten Ambiente und das traditionsreiche Gathemann's.

Für Swakopmund würde ich das Hansa und die Jetty besonders hervorheben. Das Hansa hat Stil und Historie, die Jetty besticht besonders mittags durch ihre einzigartige Örtlichkeit.

Road to Heaven

Fährt man von Windhoek nach Süden, wird das Land nach Rehoboth völlig flach, mit schnurgeraden Straßen, die sich oft in der Ferne im Himmel zu verlieren scheinen, und man meint, jeden Augenblick müßte ein Schild auftauchen mit dem Schriftzug „*Road to Heaven*". Und in den Himmel sollte es auch wieder mal gehen auf dieser Reise, in den Himmel auf Erden.

Beim einsamen Ort Seeheim, der nur aus einem einzigen Haus, dem alten, gleichnamigen Hotel besteht, zweigt die Sandpad zum Fish River Canyon ab. Unweit der Schlucht liegt die Canyon Lodge malerisch eingebettet in rostrote Granitfelsen, die wie von Riesenhand aufgetürmt am Rande eines endlosen Grasmeeres liegen. Es ist schon später Nachmittag, das Licht warm und weich. In langen Galoppaden fliegt der kleine Schimmel Sunrise mit mir durch das weite Land, vorbei an Straußen, Springböcken und jungen Kudus.

Das Haupthaus der Lodge wurde als Farmhaus von den bayrischen Gebrüdern Schanderl erbaut, ehe sie nach dem Großen Krieg auf Betreiben eines korrupten Beamten der südafrikanischen Mandatsmacht vertrieben wurden. Zahlreiche selbstgebaute Gerätschaften des gelernten Kunstschlossers Alfons, welcher 1904 als Schutztruppler nach Südwest kam und dieses karge Land lieben lernte, sind heute noch zu bestaunen.

Wer den Canyon besichtigen will, nützt am besten die ersten Morgenstunden, um das Spiel von Licht und Schatten zu erleben, ehe die Sonne senkrecht vom Himmel glüht. Die Schlucht des Fish River ist nach dem Grand Canyon die zweitgrößte der Welt, über 500 Meter tief, bis zu 27 Kilometer breit und 160 Kilometer lang. In den Sommermonaten ist er wegen Temperaturen um 60 Grad nicht begehbar, doch auch während der kühleren Jahreszeit stellt seine Durchwanderung eine beachtliche Herausforderung dar. Die Geologie des Canyon ist äußerst komplex und geht über 1,8 Milliarden Jahre zurück. Er hat zwei Stufen: das Canyonhochtal entstand vor 500 Jahrmillionen als Grabenbruch, der während der Gondwana-Eiszeit vor 300 Jahrmillionen von Gletschern weiter ausmodelliert wurde. Erst vor 50 Jahrmillionen begann der Fish River die zweite Stufe einzuschneiden. Im Vergleich dazu darf der Grand Canyon in den USA als Jüngling gelten: erst vor 5 Millionen Jahren begann der Colorado sein erosives Werk.[27]

Es geht nach Lüderitz. Kurz nach Seeheim quert man den Fish River, der 200 Kilometer nördlich bei Mariental zum Hardap-Damm aufgestaut ist und zuvor die Region Hardap, also das Land zwischen Maltahöhe und Rehoboth westlich der B1, entwässert. Bevor man nach Aus kommt, durchquert der Reisende unendliche, von fernen Bergen umrahmte Grassteppen, ein endloses, gelbes Meer im Winde wogender Halme. Von den Bergen um Klein-Aus geht der Blick über ein Becken von mehr als 40 Meilen zu

---

[27] Das entspricht bei 1.500 Meter Tiefe einer jährlichen Erosionsleistung des Colorado von lediglich 0,3 mm, während der Fish River sich im Jahr gar nur 10–20 µm in die Tiefe arbeitet! (In 50 Millionen Jahren fand auch eine beträchtliche Oberflächenerosion statt, sodaß das ursprüngliche Flußbett zu Beginn nicht an der Oberkante des heutigen Innencanyons, sondern wohl ein paar hundert Meter höher gelegen war. Somit hat sich der Fish-River nicht bloß 300 Meter, sondern zwei- bis dreimal so tief eingegraben.

den Vorbergen von Lüderitz, hinter denen die reine Sandwüste beginnt. Im Becken trifft man auf die wilden Pferde der Namib, auch auf Spießböcke und Strauße, während das Land Meile für Meile karger wird.

Nach dem Besuch des Lüderitzer Museums mit seinen unzähligen völkerkundlichen, historischen und naturkundlichen Exponaten, darunter ein abnormes Springbockgehörn von atemberaubender Stärke, besichtigte ich das Goerke-Haus, welches stark übertrieben als „Diamantenpalast" bezeichnet wird, obwohl es sich um nicht mehr als ein gutbürgerliches Haus im Stil der Epoche handelt, etwa so, wie in Europa zu jener Zeit ein Arzt zu wohnen pflegte, keinesfalls aber vergleichbar mit der palastartigen Architektur des Großbürgertums auf der Wiener Ringstraße. Anschließend stieg ich hinauf zur Felsenkirche, um die kunstvollen Buntglasfenster zu bewundern, die Seine Majestät der Kaiser sowie der Herzog zu Mecklenburg[28], der ja seinerzeit Präsident der Deutschen Kolonialgesellschaft gewesen war, gespendet hatten, und meine Gedanken schweiften weit in die Ferne, zur alten herzoglichen Residenz in Güstrow, in deren Obergeschoß bis vor einigen Jahren ein herrliches allegorisches Gemälde hing, das der kolonialen Idee huldigte. Heute wird ja diese Epoche im Geiste der Kulturrevolution und der von ihr diktierten Political Correctness nur noch negativ interpretiert, und so verschwand dieses Bild in der Versenkung. Mir aber kam Kiplings *Recessional* in den Sinn, und das Motto des Hochedlen Ordens vom Hosenbande[29], und *the blame of those ye better*[30], und in stiller Andacht habe ich dann des Allmächtigen Segen erbeten.

Ja, Mecklenburg ... Über die Jahre war ich des öfteren dort gewesen, in der Gegend von Teterow, der engeren Heimat eines Jagdkollegen, zunächst im Spätherbst auf Sauen, in späteren Jahren nur noch im Hochsommer zur Rehbrunft.

---

28 Johann Albrecht Herzog zu Mecklenburg-Schwerin (1857–1920)

29 *Honi soit qui mal y pense:* Verabscheut sei, wer schlechtes dabei denkt. Der Hosenbandorden, *The Most Noble Order of the Garter,* höchster Orden des Vereinigten Königreichs, geht zurück auf Edward III., welcher ihn 1348 begründete.

30 Kipling, *White Man's Burden,* eines der geächtetsten Gedichte unserer politisch korrekten Zeit

Unter Barbaren

Da man auf Sauen nachts ansitzt, hatte ich tagsüber genügend Zeit, mir das weitläufige, flachhügelige Land zu besehen, wo ausgedehnte Felder mit kleinen Wäldern wechseln, spazierte im Seebad Kühlungsborn den Sandstrand der Ostsee entlang, oder in Warnemünde die Mole hinaus bis zum wellenumtosten Leuchtturm. Der Wind blies stürmisch, und ich zog meinen Bowler fest auf den Kopf. Nicht gerade Bali, dachte ich, und das, was man hier „Hohe Düne" nennt, hatte ich mir, der ich die Düne von Arcachon gesehen hatte, oder die Sandberge des Sossusvlei, auch anders vorgestellt. Hier heißt nämlich der Jachthafen so.

Die tausendjährigen Eichen von Ivenack dagegen sind, obwohl es in Deutschland noch mehrere andere tausendjährige Eichen gibt, wahrhaft eindrucksvoll. Gerade einem Land, das mit seiner Geschichte gleich mehrmals gebrochen hat, mit der Revolution von '18, der Machtergreifung '33 und der proletarischen Diktatur ab '49, gerade einem solchen Land zeigen diese Eichen auf, wie kurzlebig doch die wechselnden politischen Systeme der Moderne sind. Diese Bäume stehen mit ihren tausend Jahren da wie ein lebendiger Hohn auf das Tausendjährige Reich oder die Weltherrschaft des Proletariats, oder auch auf alles, was heute modern und morgen schon wieder passé ist.

Die Herzöge von Mecklenburg dagegen waren mit ihrem Geschlecht, das zurückgeht auf Niklot (1090–1160), dessen monumentales Reiterstandbild unter der Kuppel des Schlosses zu Schwerin thront, den Ivenacker Eichen ebenbürtig. Drei prachtvolle Anlagen zeugen von ihrer Macht und Größe: Das Renaissance-Schloß von Güstrow, das spätbarocke Ludwigslust und das wahrhaft fürstliche Schweriner Schloß, das im Stile des romantischen Historismus erbaut wurde und an Chambord erinnert. Heute tagt dort, wie profan, der Landtag.

Die ehemalige DDR: Viel, sehr viel ist erreicht worden in den Jahren nach der Wende. Moderne Autobahnen, große Windparks, belebte Ortskerne mit zahllosen kleinen Geschäften und eine allgemeine Betriebsamkeit, welche erfrischend wirkt, wenn man sie mit der bedrückenden Stimmung zuvor vergleicht. Und doch hat sich das Land nicht wirklich erholt: immer noch sieht man desolate und dem Verfall preisgegebene Bauten, schlechte Straßen, sozialistische Plattenarchitektur und eine allgemeine Einfachheit, die an die Zustände der westdeutschen Nachkriegszeit erinnern. Der Boom der Wende ist längst vorbei, die Wirtschaft stagniert und es gibt wenig Arbeit. Auch die großflächige, maschinelle Landwirtschaft ist vom ökologischen Standpunkt aus höchst problematisch.

Doch die Rückständigkeit des Ostens hat durchaus ihren Charme. Noch bleibt dem Land die lückenlose Vermarktung jeden Quadratmeters an Boden erspart, noch gibt es weiträumige ländliche Gebiete. Auch in Burma hat die international geächtete Junta das Land in seiner Ursprünglichkeit bewahrt – fünfzig Jahre Stillstand, welch Wohltat in dieser vorwärts stürmenden Welt –, und mir bot sich dadurch in den Achtzigerjahren noch ein allerletzter Blick auf die magische Exotik des Alten Orients, das allerletzte Flackern aus der Kipling'schen Ära. Und genau das ist der Verdienst, der einzige allerdings, der kommunistischen Vergangenheit Osteuropas oder der GUS-Staaten: sie hat diese Länder für ein paar Jahrzehnte vor den erschreckenden Folgen der totalen Urbanisation, der Technokratie, des Konsumismus, der gnadenlosen Kommerzialisierung und des sich überschlagenden Fortschritts bewahrt. An sich ist das Urbane nichts Negatives, auch nicht die Technik oder der Konsum. Und an der Wirtschaft hängt ohnedies alle Existenz. Doch wenn diese Entwicklungen eine unaufhaltbare Eigendynamik entwickeln, wenn sie das Rurale, das Ursprüngliche und Natürliche verdrängen, ja wenn sie Kulturgut und Wertsysteme, in denen die Weisheit von Jahrhunderten steckt, bedrohen, wird deutlich, daß auch dieser Weg trotz seiner offenbaren Unvermeidlichkeit ein Irrweg sein muß. Ist es denn so schwer, Maß zu halten?

Darüber jedoch, daß wir im Osten noch dort und da ein wenig der alten Beschaulichkeit erleben können, dürfen wir uns nicht darüber hinwegtäuschen, welch haarsträubende Dinge dort passiert sind. Ich erzähle hier nicht von den Millionen Vertriebenen, Enteigneten, Inhaftierten, Gefolterten, Ermordeten, ich erzähle hier vom Frevel an uraltem Kulturgut.

Fährt man auf der alten Alleenstraße unter den geschlossenen, schattigen Kronendächern zigtausender alter Laubbäume durch den Süden der Ostseeinsel Rügen, so gelangt man alsbald nach Putbus, der einstigen Residenzstadt der Insel.

Rügen stand seit Ende des 12. Jahrhunderts unter der Herrschaft des Hauses Putbus, welches 1727 durch Kaiser Karl VI. in den Reichsgrafenstand erhoben und 1807 gefürstet worden war. Seit 1371 hatte die Familie in Putbus ihren Wohnsitz, welcher im 16. Jahrhundert wesentlich erweitert, im 18. Jahrhundert zu einem Barockschloß und 1827 zu einem klassizistischen Bau im Schinkel-Stil umgebaut wurde. Nach dem Brand von 1865 wurde das Schloß noch prächtiger und größer im Stil des historistischen Neoklassizismus wiedererrichtet und galt als das schönste Schloß Vorpommerns. Noch bei Kriegsende 1945 war es völlig intakt, vollständig eingerichtet und auch von der fürstlichen Familie bewohnt.

Wer jedoch heute nach Putbus kommt, findet im großen Schloßpark mit seinen uralten Baumriesen, welche den romantischen Weiher umstehen, nur noch ein paar Wirtschaftsgebäude und die etwas abseits gelegene Schloßkirche vor. Wie konnte ein Schloß dieser Größenordnung und kunsthistorischen Bedeutung einfach verschwinden, sich in Nichts auflösen?

Unter der gottlosen Unrechtsparole „Junkerland in Bauernhand" wurde schon im Mai 1945 sämtlicher Adelsbesitz entschädigungslos enteignet. Der Befehl Nr.209 der SMAD (Sowjetische Militäradministration in Deutschland, wie die sowjetischen Besatzer politisch korrekt genannt wurden) verfügte im selben Jahr, Baumaterial aus abgebrochenen Gutshäusern zu gewinnen und für die Errichtung von Neubauernhöfen zu verwenden. Nur 19 Objekte in ganz Mecklenburg-Vorpommern wurden als aus kulturhistorischen Gründen schützenswert eingestuft. Die anderen befand man in künstlerischer Hinsicht von „an sich niedrigem Durchschnitt". „Es unterliegt keinem Zweifel", konstatierte der damalige Landeskonservator Walter Ohle, „daß das Gutshaus seine Existenzberechtigung verloren hat mit dem Verschwinden der Klasse, deren Bedürfnisse es gedient hat." „Verschwinden" ist jedenfalls ein sehr euphemistischer Begriff für vollständige Enteignung, Vertreibung und gelegentliche Ermordung. Was damals geschah, war restlose Ausrottung, nicht ein nebulöses Verschwinden! In allen anderen osteuropäischen Ländern, von Polen bis Jugoslawien, von der Tschechoslowakei bis Bulgarien kam es noch schlimmer. Unzählige Angehörige herrschaftlicher Familien, denen die Flucht nicht gelang, verloren ihr Leben.

Das Schloß zu Putbus, das Sowjets wie Einheimische im Mai/Juni 1945 vollständig ausgeplündert hatten, war eines jener Herrenhäuser, von denen man von Amts wegen befand, sie seien „von niedrigem Durchschnitt", und Ohle bezifferte seinen kunsthistorischen Wert mit 2 % (sic!). Als es 1954 schon halb verfallen und durch mißbräuchliche Verwendung stark beschädigt war, entschied Ohle, es zum Schinkelstil rückbauen zu lassen, um den „hohlen Prunk" „des pomphaften Umbaus der Gründerzeit", der „lediglich den Zweck hatte, das Geltungsbedürfnis eines Duodezfürsten[31] zur Schau zu stellen", zu beseitigen. Im Rahmen der langsamen und unsachgemäßen Arbeiten verschlechterte sich der Zustand des Baus so sehr, daß man sich 1957 entschloß, ihn abzureißen. Der Abriß begann 1959, wurde mit gewaltigem Aufwand betrieben und dauerte fünf Jahre, genauso lange wie der Aufbau nach dem Brand 90 Jahre zuvor. Große Teile mußten infolge der massiven Bauweise gesprengt werden. 1964 wurde aller Bauschutt unter kostenlosem Einsatz der Bevölkerung im Rahmen des „Nationalen Aufbauwerks" entfernt. Die Arbeiter mußten dazu sogar die eigenen Werkzeuge mitbringen! Zu deutsch: Zerstörungswerk durch Sklavenarbeit mit Fremdkapital!

Die Kosten dieser „Bemühungen" zwischen 1947 und 1964 beliefen sich samt Renovierungsversuch auf 1,2 Millionen Mark, heute mindestens 3 Millionen Euro. Es ist also durchaus wahr, wenn der Ostseebote schrieb „Im Gegensatz zur Politik der Bonner Marionettenregierung stellt die Regierung der Arbeiter und Bauern in unserer Republik für den Auf- und Ausbau von Kulturstätten, Denkmälern und Kirchen bedeutende Geldmittel zur Verfügung." (Ostsee-Zeitung vom 13. 7. 1954). Immerhin ist eine ebene Rasenfläche anstelle eines pompösen Schlosses eine besonders eindrucksvolle Form von sozialistischem Auf- und Ausbau, für den man gerne Millionen ausgibt! In derselben Zeitung wurde 1959 die Bevölkerung aufgerufen, sich am Abriß des „Schandflecks" zu beteiligen, um „gute Taten" für den 10. Jahrestag der DDR zu sammeln. Ein Schloß als Schandfleck, seine Beseitigung eine gute Tat!

Dabei wäre es sehr einfach gewesen, das Schloß kostengünstig im Zustand von 1945 zu erhalten, wenn man es einfach versperrt und nötige Dachreparaturen durchgeführt hätte. Geradezu klassisch für die Vorgänge rund um die Zerstörung des Schlosses ist jedoch die Tatsache, daß die

[31] Kleinstfürsten

Verantwortung dafür nicht einzelnen Personen oder Entscheidungsträgern aufgebürdet werden kann, sondern nur dem System des Sozialismus in seiner Gesamtheit: Schuld war das systemimmanente Versagen verwaltungstechnischer Strukturen, die Insuffizienz und Langsamkeit bürokratischer Abläufe, die Starrheit der Planwirtschaft, das Desinteresse und die Lahmheit kleinkarierten Beamtentums und die latente psychologische Verdrängung, welche durch das ideologische Klima des Sozialismus bewirkt wurde, durch die Ansicht nämlich, daß die Wurzel aller Übel im 19. Jahrhundert und seinen kapitalistischen und aristokratischen Repräsentanten lägen, deren Epoche es endgültig zu überwinden gelte.

Putbus ist kein Einzelfall. Zahllose Herrenhäuser sind im Osten dem Erdboden gleichgemacht worden, allein auf Rügen das großartige Schloß Dwasieden bei Sassnitz oder Schloß Pansevitz an der Ginster Heide sowie zahlreiche kleinere Gutshäuser. Welch Frevel an Kunst und Kultur durch die sowjetische Besatzung und von der Bevölkerung im Rahmen der Nachkriegswirren begangen wurde, ersieht man auch an der völligen Ausschlachtung erhalten gebliebener Objekte, etwa des Jagdschlosses Granitz der Fürsten zu Putbus. Obwohl das Gebäude selbst sich heute in einem leidlich guten Zustand präsentiert, wurde sämtliches Inventar – Gemälde, Skulpturen, Statuen, Vasen, Möbel, alte Waffen und Rüstungen, Vorhänge, Teppiche, Geschirr und Hausrat – von den sowjetischen Besatzern geplündert (oder „mit unbekanntem Ziel ausgelagert", wie die offizielle Bezeichnung lautete), aber auch von Eindringlingen und einquartierten Flüchtlingen entwendet oder gar verheizt.

Man darf jedoch darüber nicht vergessen, daß auch im Westen unendlich viel zerstört worden ist, selbst in Großbritannien, dessen Geschichtsbezogenheit und aristokratische Konzeption noch bis in jüngste Zeit keinem Zweifel zu unterliegen schien. Trotzdem geschah auch dort unter den Rahmenbedingungen sozialistischer Steuer- und Sozialpolitik das Unfaßbare: fast 2000 historische Bauten gingen verloren. Darüber hinaus hat man in völliger Verkennung der hochstehenden künstlerischen Leistungen des Historismus und Eklektizismus, verschiedenartige Stilelemente zu einem harmonischen Ganzen zu verbinden, in der Nachkriegszeit bis Mitte der Siebziger Jahre eine ideologisch geprägte Abwertung der Kunst des 19. Jahrhunderts – auch auf dem Gebiet der Malerei und Plastik – betrieben. Erst in den vergangenen beiden Jahrzehnten wurde diese letzte große Epoche traditioneller abendländischer Kunst zaghaft rehabilitiert.

Der Begründer der Stadt Putbus, Fürst Wilhelm Malte Graf und Herr zu Putbus, blickt heute vom Sockel seiner Statue hinaus auf den Schwanenteich, hinweg über den leeren Platz, auf dem einst sein Schloß stand, in 600 Jahren erbaut, in 19 vernichtet, und nicht nur er und all seine Ahnen und Nachfolger, sondern auch der Architekt J. Pavelt müssen sich im Grabe umdrehen, angesichts der talibanesken Barbarei, derer die Menschheit fähig ist.

Das Jagen in Mecklenburg beschränkte sich für mich eher auf die Ernte des köstlichen Wildprets. Einmal jedoch kam mir ein abnormer Bock vor die Büchse, dessen kurze, eigenwillig geformte Stangen fast ein wenig an einen stark zurückgesetzten Miniatur-Damhirsch erinnern, sodaß mich besonders diese Trophäe der ruhigen, heißen Sommertage gedenken läßt, die ich dort oben verbracht, und auch der tragischen Geschichte des Großherzogtums und angrenzender Herrschaften, die exemplarisch für das Schicksal sowjetisch okkupierter Teile Europas stehen, im weiteren Sinne aber für den Niedergang des Abendlandes im 20. Jahrhundert.

Alles Glück dieser Erde

Daran also dachte ich, als ich in der Lüderitzer Felsenkirche stand. Inzwischen aber hatte ich Hunger bekommen. Da ich auf meinen Reisen immer kräftig und ausgiebig zu frühstücken pflege, jedoch tagsüber bloß mit einem Apfel oder einer Orange das Auslangen finde, außer es bietet sich die Gelegenheit zum Nachmittags-Tee mit Kuchen – *to deal with that sinking feeling*[32] –, so entwickle ich gegen Abend verständlicherweise einen kräftigen Appetit. Außerdem freute ich mich schon seit Wochen auf die frischen Austern und die Meeresfrüchte-Platte mit köstlichem Hummer

[32] Anna Maria, 7th Duchess of Bedford, 1783-1857. Sie erfand den *afternoon tea, which usually starts between three and four pm and is called five o'clock tea, because it is expected to end by five o'clock! Afterwards one would write up one's diary, or a letter, take a bath and dress for dinner.*

und Garnelen, welche es hier am Meer zu genießen gibt. Ich wurde nicht enttäuscht.

Zurück von der Küste führte mich der Weg von Aus über Helmeringhausen durch die nun Ende der Regenzeit herrlich grünen Tirasberge auf die Farm Sinclair, wo mich Hermine Hoffmann, die nichts von meiner Buchung wußte, trotzdem herzlich aufnahm und köstlich bewirtete: die kurzgebratenen Medaillons vom Oryx waren butterweich und zart, was in Südwest keinesfalls alltäglich ist. Oft wird das Fleisch durch- und damit kaputtgebraten, oder es neigt bisweilen zur Zäheit. Südwest hat eine hervorragende, grundsolide Küche, aber die höheren Weihen der Kochkunst sind dennoch spärlich gesät. Frau Hoffmann jedenfalls hatte sie empfangen, wie sie auch mit den zahlreichen, selbstgemachten Frühstückszutaten bewies. „Die Qualität von Wildfleisch beginnt mit dem Schuß", wußte sie bestens Bescheid, „wenn das Wild noch weit läuft, oder das Fleisch nicht schnell ins Kühlhaus kommt, mindert das die Fleischqualität sehr". Professor Winkelmayer, der bekannte Wildprethygieniker, hätte das nicht treffender ausdrücken können. Leider weilt die nette, alte Dame heute auch nicht mehr unter den Lebenden.

Natürlich krähten wieder mal die Hähne pünktlich um drei Uhr dreißig und verdarben mir den Schlaf im einfachen, jedoch sauberen Zimmerchen, das mich nicht nur der Hähne wegen stark erinnerte an jene erste Reise nach Südwest im Jahre der Unabhängigkeit, an das kleine, weiße Zimmer auf Ombuerendende mit seinen klappernden Fenstern, nur daß ich damals nachts nicht auch noch von meinen berufsgeschädigten Hals- und Brustwirbeln und der senilen Bettflucht geplagt wurde.

Über Duwisib, östlich dessen die grandiose Landschaft der südlichen Randstufenberge ihr Ende findet, gelangte ich nach Büllsport zu Familie Sauber. Auf der Strecke kam ich an einem einachsigen Eselkarren mit Reifenpanne vorbei. „Das kommt davon, wenn man mit 120 über die Sandpad rast!" Kurz dahinter ein original afrikanisches Wohnmobil samt Freiluft-Schlafkabine und Dachträger, gezogen von einem Fünfergespann. Geduldig standen die Esel am Straßenrand in der prallen Sonne, während die Fahrer im Schatten eines größeren Busches Mittagsrast hielten.

Über die Farm Büllsport habe ich ja schon erzählt. Dort stoppte ich damals für zwei Tage, als ich mich auf dem Weg Richtung Sossusvlei

Goerke-Haus („Diamantenpalast") in Lüderitz, im Grunde eine gutbürgerliche Villa

„Die Wolken zieh'n gen Osten am Himmel hell und klar / Sie erleuchten Berg und Hügel im heißen Afrika"

Eindrucksvolle Abendstimmung mit langen Schatten und tiefen Wolken auf Farm Sinclair

Farbenprächtiger Sonnenuntergang auf Farm Sinclair am Rande der Südnamib

Reifenpanne auf der Sand-Pad

Wohnmobil mit modernstem biotechnologischem Zwanzigzylinder-Motor

befand, und genoß ein paar Ausritte. Auf der anderen, der westlichen Seite der Naukluft befand sich mein nächstes Ziel.

Desert Homestead liegt am Wüstenrand in einer weiten Ebene am Fuße eines der zahlreichen Inselberge und besteht aus zwanzig Chalets hinter einem großzügigen Haupthaus. Etwas abseits befindet sich der Pferdestall, denn von hier aus kann man ausgedehnte Ritte durch die Wüstenlandschaft unternehmen. Gleich am nächsten Morgen ritt ich auf einem kleinen Schimmelwallach namens Rooikat zum Frühstück unter freiem Himmel neben einem alten Kameldornbaum, der uns Schatten spendete und in dem ein großes Siedelwebernest hing. Rooikat galoppierte zwar freudig, aber sein verhaltener Schritt ließ ihn andauernd zurückfallen und den Rückstand durch einen kurzen Zotteltrab kompensieren. Auf die Dauer macht dies das Reiten mühsam. Also nahm ich den Vorschlag meines Guides Willy vom Volk der Hereros dankbar an, nachmittags ein anderes Pferd zu probieren. Pasco war auch ein Schimmelwallach, allerdings wesentlich größer und kräftiger als Rooikat. Er wies sehr angenehme Gänge auf, zeigte sogar Anlehnung, sodaß man ihn in allen drei Gangarten mit etwas Geschick am Zügel reiten konnte, wobei er sogar zu kauen begann. Man macht das im Gelände natürlich nur probeweise, doch gerade beim Durchparieren erwies sich diese Eigenschaft als ein gegenseitiger Segen. Allerdings war Pasco träge, man mußte ihn in sämtlichen Gangarten ständig treiben. Ich erkor ihn für den längeren Ritt samt Übernachtung, welchen wir am Nachmittag des nächsten Tages geplant hatten. Abends luden mich ein paar Franzosen an ihren Tisch, die leidlich Englisch sprachen, und ich erzählt ihnen viel Wissenswertes über die Wüste Namib.

Der Ritt zum Übernachtungszelt führte uns in ausgedehnten und flotten Galoppaden westwärts, bis wir an einen Gebirgsabbruch kamen, der einen wundervollen Blick auf die große Ebene vor der Dünennamib bot, jene Ebene, durch welche die C27 führt. Dann wandten wir uns südwärts, passierten etliche Inselberge, durchquerten einen felsigen Engpaß und galoppierten in scharfem Tempo weiter nach Osten, dem Lager entgegen. Wir hatten in dreieinhalb Stunden wohl gute dreißig Kilometer zurückgelegt. Auf einem sanft ansteigenden Rücken war eine hölzerne Plattform errichtet, auf welcher sich eine nach Westen offene, halbkugelartige und riedgedeckte Holzkonstruktion befand, wo der Koch das Essen zubereitete und das Dinner serviert wurde. Davor stand im Freien ein Tisch vor einem Kamin für den Sundowner. Willy versorgte die Pferde, während ich das Zelt bezog und mich unter der Freiluft-Dusche erfrischte. Als die Sonne versank, servierte man mir den obligaten G&T, ehe ich zum dreigängigen Abendmahl Platz nahm. Der Blick ging über endlose Ebenen hinüber zu den Bergen im Westen und die dahinterliegenden Dünen. Es ist dies ein magisch schöner Ort für einen perfekten romantischen Abend. Nach einer erfrischenden Nacht und ausgiebigem Frühstück auf der Terrasse ritten wir in fliegendem Galopp und einigen Schrittpassagen in direkter Linie zurück zur Lodge. Dort war inzwischen ein sehr liebenswürdiges, junges, deutsches Pärchen eingetroffen, sie Forststudentin, er Polizist bei der Reiterstaffel, welche tags darauf den Übernachtungsritt gebucht hatten. Ich verriet ihnen nur soviel, daß sie sich auf ein ganz besonderes Erlebnis freuen dürften, sowohl was den Ritt betrifft als auch die Natur und den Abend, und empfahl ihnen, falls sie mal wirklich ein ganz großes, ein einzigartiges Abenteuer in der Namib erleben wollten, den Desert-Trail zu reiten.

Nur ein Dutzend Kilometer entfernt liegt auf Sichtweite südlich der Lodge die Nubib Mountain Farm der Familie Baumann. 30.000 Hektar erstreckt sich deren Gebiet über einen Gutteil der Nubib-Berge und die vorgelagerten Ebenen. Südlich grenzt sie an das Namib Rand Reservat mit dem bekannten Luxusresort Wolvedans. Auf der Farm gibt es einen ausgezeichneten Kudubestand, viele Bergzebras, Gemsböcke, Klippspringer und Springböcke, weiters auch einige Hartebeester, Blesböcke und Weißschwanzgnus. Hartebeetser zählten in früheren Zeiten zum gelegentlichen Wechselwild, welches allerdings nur sehr selten in diese Wüstenrandregion vordrang. Die letzteren beiden Arten jedoch wurden von Horst Baumanns Vater vor einigen Jahrzehnten und lange vor Beginn der jagdtouristischen Nutzung zur eigenen Erbauung ausgewildert, sie sind allerdings nur in Südafrika heimisch. Auf Nubib wird weidgerecht und nachhaltig gejagt, natürlich auf der Fußpirsch. Das Farmhaus mit seinem üppig begrünten Garten und hohen, schattigen Bäumen, unter denen *Delonix regia,* der imposante Flammenbaum, hervorsticht, liegt malerisch am Fuße der Berge,

Nubib Mountain Farm (Gehöft ganz hinten) am Fuße der Nubib-Berge

Zum Frühstück gedeckt: Outpost des Desert Homestead

Desert Homestead: Haupthaus mit 20 Chalets, , ganz rechts die Stallungen

Am späten Nachmittag und nur mehr wenige Kilometer vom Ziel entfernt: Ritt zum Outpost

Endlose Ebenen mit Inselbergen; ganz im Hintergrund die Höhenzüge der Naukluft

Blick von einer Randstufenerhebung auf die große Namibebene

Kudubullen auf der Nubib Mountain Farm

hat geräumige und komfortable Gästezimmer sowie eine hervorragende Küche. Für heiße Nächte steht in jedem Zimmer ein großer Ventilator zur Verfügung, und es gibt nachts keine Lärmbelästigung durch bellende Hunde oder krähende Hähne. Von den Vorhügeln der Berge hat man einen grandiosen Blick auf die Ebenen mit ihren Inselbergen, den man bei einem Sundowner genießen kann. Der Garten bietet ein artenreiches Vogelleben, wobei mich besonders der Rotstirn-Bartvogel faszinierte. Nubib ist auch ein idealer Ausgangsort für Fahrten ins Sossusvlei und zum Sesriem Canyon sowie für örtliche Aktivitäten wie Ballonfahrten oder Ausritte. Auch Duwisib und die Naukluft sind nicht weit entfernt, vor allem aber lädt die Herzlichkeit der Gastgeber zu längerem Verweilen ein. Ich würde diese Farm jeder Lodge der Umgebung vorziehen, denn trotz aller dortigen Bemühungen um die Gäste fehlt einfach die besondere persönliche Note. Auch fließt das Geld irgendwelchen Multiunternehmungen und Großfinanziers zu, auf der Farm jedoch einfachen, bescheidenen Farmersleuten.

Von Nubib fuhr ich nach Swakopmund, stieg im altehrwürdigen Hansa ab und gab mich dem Studium des Museums hin. Es war über zwanzig Jahre her, seit ich es zum letzten Mal gesehen hatte. Es war inzwischen stark erweitert worden und stellt jedenfalls ein *sine qua non* für jeden dar, der an Land und Leuten interessiert ist. Nachmittags genoß ich auf der Jetty ein Dutzend frischer Austern, deren geschmackliche Qualität nahe an die legendäre *Ostrea edulis,* die Belon-Auster heranreicht, und dachte zurück an das Jahr des großen Regens, als ich ebenfalls hier auf der Jetty gespeist hatte, bevor ich mich mit ein paar Lebensmitteln, Eis und Brennholz für zwei Nächte in der Wüste versah. Die erste verbrachte ich damals bei Homeb. Der Kuiseb führte reichlich Wasser, und flußaufwärts bei Carp Cliff, wohin ich über Zebra Pan am nächsten Tag fuhr und wo Martin&Korn ihr erstes Refugium gehabt hatten, waren die trostlos rollenden Badlands des Flusses nun in ein reich begrüntes, schwingendes Hügelland verwandelt. Bei Ganab schlug ich das zweite Lager auf, und das Glück war mir abermals hold, denn alles schwere Gewölk blieb über den Bergen am Rande der Wüste hängen – schlief ich doch bloß auf einem Feldbett unter freiem Himmel. Ich litt etwas Hunger, weil ich mich angesichts der vorangegangenen Schlemmereien für die beiden Tage in der Wüste nur mit zwei Äpfeln, zwei kleinen Bieren und einer Burenwurst begnügen wollte. Ansonsten aber genoß ich die Einsamkeit sehr.

Auf dieser Fahrt gelangen mir ein paar gute Nahaufnahmen der Wüstentrappe, des Nama-Flughuhns und des Rostrennvogels, auch einer blühenden Hoodia, welche im Übrigen von den Buschmännern als Anorecticum genutzt wird. In der Gegend um Zebra-Pan nahm mich jenes atemberaubende Panorama gefangen, wo man mitten auf einer endlos scheinenden Ebene steht, die ringsum von fernen Bergketten umschlossen ist: im Westen Mirabib, im Norden der Heinrichsberg, dann die Berge der Khomas-Randstufe mit dem Goagos, im Osten Gamsberg, Roiberg, Rostockberg, dann die nahen Kamberge und fernen Witberge, südöstlich die Saagberge, Rantberge und Naukluft, ganz im Süden schließlich die hohen Dünen jenseits des Kuiseb. Unweit von Zebra-Pan war es auch, wo ich zwei Warzenschweinen begegnete, die ja sonst mitten in der Wüste nicht überleben können. Doch in jenem Jahr gab es hier große, wassergefüllte Felspfannen, und das kniehohe Gras wogte zartgrün im Wind.

Jetzt aber war das Land wieder von der üblichen Trockenheit beherrscht, und im Umkreis von Swakopmund regnet es ohnedies so gut wie nie. Alle Feuchtigkeit hier entstammt dem Küstennebel, der immerhin an 200 Tagen im Jahr über der Stadt liegt. Wenige Kilometer außerhalb von Swakopmund liegen die Stallungen von Okakambe. Sie sind im Besitz von Kathrin Schaefer-Stiege, welche ein sehr sachverständiger Pferdemensch ist. Von dort unternahm ich mit dem Guide Noah einen Übernachtungsritt nach Goanikontes, wobei der Hinritt von der B2 nahe der Rössing-Mine ausging und den Khan entlang führte. Ich saß auf einem größeren Haflinger-Abkömmling namens Samson, der weich im Maul war und gut an den Hilfen stand. Zurück durch das Swakoptal bis Nonidas ritt ich dann Phoenix, einen relativ großen und äußerst sensiblen Schimmelwallach, der perfekt am Zügel ging und auf jeden feinsten Schenkeldruck reagierte, ein absolut wunderbares Pferd, das zu den besten gehört, die ich je in Namibia (und vielleicht überhaupt) geritten bin. Beide Strecken betrugen jeweils etwa 25 Kilometer und wurden in je vier Stunden und somit in einem sehr moderaten Tempo zurückgelegt.

Schwarzkäfer (Physosterna cribripes) und Essigkäfer (Anthia cinctipennis/circumscripta)

Blühende Hoodia, der Appetitzügler der Buschmänner

Ein seltenes Ereignis: die Badlands des Kuiseb üppig begrünt und der Fluß über Wochen wasserführend (2011)

Es ist dies die üblicherweise knochentrockene Gegend bei Carp Cliff, wo Martin und Korn ihr Versteck hatten

Abenddämmerung bei Ganab in der Zentralnamib während der Ausnahmeregenzeit 2011

Sonnenuntergang bei Ganab

Auf dem hübschen Schimmelwallach Phoenix im Tal des Swakop bei Goanikontes

Fruchttragende Euphorbia virosa auf Wilsonfontein

Bei alten Freunden

Vor der Weiterfahrt machte ich nochmals einen kurzen Abstecher zur Jetty. Ein frischer Wind strich über die Bucht und brachte den zarten, salzigen Duft des Meeres mit sich, als ich draußen auf der Terrasse bei einem Dutzend frischer Austern saß und dazu einen trockenen Chablis trank.

Austern stellen nicht nur ein kulinarisches Highlight dar, sie sind auch von ihrer Biologie her äußerst interessant. Die ursprünglich in Europa verbreitete, rundlich geformte und flache Europäische Auster *Ostrea edulis,* welche schon von den Griechen und Römern auf Tonscherben gezüchtet wurde, ist heute fast ausgestorben und wird nur mehr in geringen Mengen in Teilen Englands, Irlands, Dänemarks und in der südlichen Bretagne gezüchtet, vor allem an der Flußmündung des Belon. Sie gilt mit ihrem nussigen Geschmack als besondere Delikatesse und ist entsprechend teuer. Die länglich geformte, bauchige Pazifische Felsenauster *Cassostrea gigas,* welche sich als wesentlich widerstandsfähiger erwiesen hat, dominiert heute weltweit in der Zucht, so auch in Südwest.

Austern leben vor allem in ausgeprägten Tidenzonen, da sie von der ausreichenden Zufuhr von Plankton abhängig sind. Vor der Küste der Namib sorgt nicht die Tide, sondern das *coastal upwellig* für entsprechende Nährstoffzufuhr. Sie leben als konsekutive Hermaphroditen, wobei zunächst alle Tiere männlich sind und sich später ein Teil der Population in Weibchen umwandelt. *Ostrea edulis* wandelt sich im Laufe ihres Lebens oft mehrmals hin und her – man spricht dann von konsekutiv rhythmischen Hermaphroditen –, *Cassostrea gigas* hingegen nicht. Die Weibchen laichen im Sommer und geben dabei Millionen von Eiern ab, aus denen nach Befruchtung durch die gleichzeitig von den Männchen ausgestoßenen Spermien kleine Larven schlüpfen.

Diese Larven setzen sich an einem geeigneten Substrat ab, bevorzugt an gekalkten Tonziegeln, die man für Zuchtzwecke im Meer versenkt. Nach ihrer Metamorphose bilden sie winzige Muscheln aus, welche, sobald sie fingernagelgroß sind, vorsichtig vom Ton gelöst und in grobmaschige Netzsäcke übertragen werden. Diese Netze bindet man in Frankreich auf im Meeresboden verankerte Stahltische, sodaß die Austern bei Ebbe im Freien sind und gewartet werden können. Die Austern nehmen so auch nicht jenen Schlammgeschmack an, den sie gerne am Meeresboden entwickeln. Nach drei Jahren sind sie auf Eßgröße herangewachsen, und die Netze kommen für mehrere Wochen in ein Frischwasser-Klärbecken – daher der Name *fines de claire* –, im Klärbecken finiert (verfeinert). Dann sind sie bereit für den Genuß. Aufgrund dieser aufwendigen Prozedur gelten französische Austern als besonders delikat. Oft werden auch irische Austern zum Finieren nach Frankreich überführt.

In Walfishbay und in Lüderitz, wo die namibischen Austern gezüchtet werden, benutzt man wegen des geringen Tidenhubes nicht die Tischkultivierung, sondern die Floßkultivierung, wo die Netze an kleine Flöße gehängt werden. Auch wachsen die Austern dreimal schneller als im europäischen Atlantik. Es werden beide Arten kultiviert, wobei ich in Restaurants bisher immer nur *C. gigas* angeboten sah. Die namibischen Austern punkten durch Üppigkeit, Fleischigkeit und besondere Geschmacksintensität, während die französischen Zuchten für ihre außergewöhnliche Zartheit bekannt sind. Die Muscheln werden übrigens heutzutage auch in Namibia in einem zertifizierten Labor auf Toxine getestet.

Frisch gestärkt fuhr ich dann nachmittags über die C28 zu meinem guten alten Freund Ingo Gladis, wo ich rechtzeitig ankam, um unter der Führung von Simeon noch eine spannende, fast zweistündige Pirsch auf ein Bergzebra zu unternehmen, das praktisch im Knall fiel. Ein gelungener Auftakt für zwei Tage herrlichen, freien Jägerlebens auf dieser einzigartigen Farm.

Ingo erzählte mir unterdessen, daß die Nachbarfarm Rooi Kuiseb, auf der ich seinerzeit so viele schöne Tage erleben durfte, soeben vom Staat aufgekauft worden war. Eine Tragödie für dieses wunderbare Stück Land, das ja nur eine einzige brauchbare Wasserstelle hat und mit seinem empfindlichen Wüstenökosystem keine andere Bewirtschaftung zuläßt als die Trophäenjagd. Nun wird zuerst mit Hunden solange Fleisch gejagt werden, bis das Wild aufgegessen ist, und dann wird man Ziegen züchten, bis der letzte Grashalm vertilgt und alle Vegetation zerstört ist. Bei ein paar Nachbarfarmen kann man sich das Ergebnis ja schon ansehen. Rooi Kuiseb war im Jahre 2009 für 3 Millionen Rand an einen südafrikanischen

Luftwaffengeneral mit namibischer Verwandtschaft gegangen, der sich offenbar nun wieder davon trennte. Der Staat machte nun von seinem in der Zwischenzeit parlamentarisch beschlossenen Vorkaufsrecht Gebrauch (jede Farm, die auf den Markt kommt, muß dem Staat angeboten werden, egal, ob der potentielle Käufer Namibier ist oder nicht). Leider hatte Hartwig 2009 zu spät von dem Verkauf erfahren, oder man wollte ihn von vornherein nicht als potentiellen Käufer, ansonsten hätte ich es zusammen mit ihm erwerben können. Inzwischen ist es für Normalsterbliche praktisch unmöglich geworden, in Namibia Land zu erwerben.

Die Nacht war wie die vorhergehende extrem heiß, und trotz des Moskitonetzes über dem furchtbar kleinen Bett fand ich wenig Schlaf, weil zwei oder drei dieser unsäglichen Mücken ständig herumsurrten und versuchten, einen zufällig am Netz anliegenden Körperteil anzuzapfen. Auch bellten während der ganzen Nacht Ingos zahlreiche Hunde. Jedesmal, wenn einer etwas Verdächtiges entdeckte, etwa ein Stachelschwein am Zaun, begannen sie mit ihrem Gekläff, worauf die Kraalhunde antworteten, und das ging dann ewig hin und her, bis sie sich alle wieder beruhigt hatten. Kurz darauf begann der Zirkus von neuem, bis die Nacht endlich vorüber war und wir noch bei Dunkelheit aufstanden, um rechtzeitig zur ersten Dämmerung hinauszufahren.

Um sieben starteten Simeon und ich unsere Morgenpirsch durch phantastische Granitlandschaften in Richtung Stahlhelm. Ohne bestimmtes jagdliches Ziel und in der Hoffnung, zufällig auf einen der kleinen Räuber zu stoßen, an denen ich interessiert war, wanderten wir vier Stunden lang durch die grandiose Landschaft, kletterten über grobe Felsen hinauf in höhergelegene Areale, erfreuten uns am endlosen Blick in die darunterliegenden Ebenen, an fruchttragenen Euphorbien und bunten Blumen, durchstiegen wilde Schluchten, sahen auf nächste Nähe große Herden von Spießböcken, die überhaupt keine Scheu zeigten, was für den extrem niedrigen Jagddruck auf Ingos Farm spricht, begegneten auch Springböcken, Zebras, Klippspringern und Dassies und kamen schließlich am Fuße des Stahlhelms an, wo uns Ingo mit dem Jagdwagen erwartete. Zwar blieb die Pirsch erfolglos, aber sie zählte zu den allerschönsten Stunden dieser wenigen Tage auf Wilsonfontein. Wieder mußte ich feststellen, daß ich keine Gegend im ganzen Land kenne, welche mit so viel Abwechslung und

Schönheit gesegnet ist wie Ingos Farm, und wo man derart erlebnisreiche Pirschgänge geboten bekommt.

Der Erongo jedoch steht Ingos Farm an Schönheit kaum nach. Er ist aber wesentlich wilder, das Gelände schwieriger und der Dornbusch sehr viel dichter. Auch bietet er nicht die geradezu überbordende Abwechslung der Landschaft, welche sich aus der Randstufenlage Wilsonfonteins ergibt. Trotzdem muß man den Erongo unbedingt unter die absoluten Top-Jagdgebiete des Landes reihen, wenn man Ursprünglichkeit, Wildheit und Schönheit als Maßstab setzt. Zu diesem uralten Vulkanrumpf fuhr ich nun, um einen weiteren guten Freund zu besuchen, jemanden, der unter den afrikanischen Berufsjägern den Titel Grandseigneur mehr als jeder andere verdient, obwohl er das dazu passende Alter noch lange nicht erreicht hat. Ich spreche von Kai-Uwe Denker. Kai-Uwe hatte ja vor einigen Jahren die Farm Ameib erworben, welche seiner eigentlichen Farm im Inneren des Erongo vorgelagert ist und jene weltberühmten Granitformationen und Felszeichnungen aufweist, welche seit Jahrzehnten eine Touristenattraktion ersten Ranges sind, unter anderem Bull's Party und Phillipp's Cave.

Ich aß mit Kai-Uwe, Gattin Sigi und Sohn Hagen zu Abend und machte am nächsten Vormittag nach dem Frühstück einen ausgedehnten dreieinhalbstündigen Spaziergang zur Phillipphöhle, von dort zu Bull's Party und anschließend auf der Pad zurück zum Farmhaus. Dieser Weg führt durch üppige Vegetation mit besonders imposanten Exemplaren einiger Leitarten, darunter Blutfruchtbaum, Farbkätzchen, Trompetendorn, Birkenrindenakazie, Rotrindenakazie, Schwarzdorn, Süßdorn, Kameldorn, Sternkastanie, Kudubusch, Schäferbaum, Stinkbusch, Wurmrindenbaum und viele andere mehr. Zahlreiche Arten blühten gerade, wobei die häufigen violetten Blüten von Barleria lancifolia besonders ins Auge fielen. Da etliche der Bäume und Sträucher numeriert sind, läßt sich der Weg als hervorragender Pflanzenlehrpfad nutzen.

Leider scheint Denker die Farm später nach einem jahrelangen Prozeß verloren zu haben. Er hatte die Farm seinerzeit zusammen mit einem Südafrikaner erworben, unter der Bedingung des Buren auf 50 Prozent Eigentumsanteil. Da dies jedoch gültigem Recht widersprach, demgemäß

51 Prozent in namibischer Hand bleiben müssen, ordnete das Höchstgericht die Enteignung und Zwangsversteigerung von Ameib an. Die Zukunft der Farm ist derzeit völlig ungewiß, und es ist sehr zu hoffen, daß sie dem Erongo Trust in der einen oder anderen Form erhalten bleibt.

Von Ameib fuhr ich nach Schönfeld, um einen anderen guten Freud zu besuchen, Hartwig von Seydlitz. Wie immer bezauberte mich Schönfeld mit seinem aristokratischen Charme, dem historischen Mobiliar, den Ahnenbildern und all den Relikten vergangener Epochen. Wer kann schon sieben Jahrhunderte zurückblicken? Es ist gerade der Wechsel zwischen absoluter Einfachheit und gediegenem, klassischem Luxus – nicht der, den die Moderne bietet, sondern jener, mit dem man sich zu allen Zeiten und bei allen Völkern umgeben hat, und der vor allem in ästhetischer Vollendung besteht –, es ist gerade jener Wechsel, den ich auf meinen Reisen suche. Also freute ich mich, meinen alten Freund auf der traditionsreichen Seydlitzburg wiederzusehen und begab mich dann auf die weite Fahrt nach Norden zu Hartwigs Sohn Stephan, der damals noch mit seiner Frau Anja die Farm Okapunja nördlich von Otavi betreute. Das dortige Farmhaus hat eine sehr ansprechende Bar samt Grillrondell, um welches man abends zum Essen Platz nimmt, während auf der zentralen Feuerstelle das Fleisch zubereitet wird.

Das Otavi-Bergland besteht aus mittelgrauen, scharfrandigen Gesteinsformationen, die zwar gewissermaßen an erstarrte Lava erinnern, jedoch vor über 500 Millionen Jahren als Kalkabscheidungen von Stromatolithen-Riffen, welche aus Blaualgen und Bakterien bestanden, gebildet, dann durch die Kollision des Kongo-Kratons mit dem Kalahari-Kraton zu gewaltigen, alpenhohen Gebirgen hochgefaltet und schießlich durch Erosion und Verkarstung eingeebnet wurden. Dort ist die Vegetation weitaus üppiger als in den Ebenen. Hochaufstrebende, reiche Baumbestände, darunter viele Marulabäume, wachsen auf den Hügeln und die Landschaft erinnert schon stark an das typische Buschland Zimbabwes oder Zambias. Selbst die Smaragdfleckentaube mit ihrem melancholischen Ruf gibt es hier. Die Böden zwischen den Gebirgszügen sind roterdig und mit diversen Akazienarten und Farbkätzchen bewachsen.

Wir unternahmen mehrere ausgedehnte Pirschgänge durch das Bergland als auch in den Ebenen. Okapunja hat einen starken Elandbestand und besonders viele Damara-Dik-Diks. Ich erlegte ein solches sowie beim Ansitz an einer Wasserstelle einen Kronenducker. Einen mächtigen, alten Elandbullen, den wir in der Abenddämmerung an einem Wasserloch überraschten, pardonierte ich. Das wäre denn doch zu einfach gewesen. An solchen Wasserstellen setzten wir uns auch ein paar Mal an, um einen Karakal vor die Büchse zu bekommen, allein, es zeigte sich keiner.

Jagdtouristisch sehe ich die Seydlitz-Anwesen differenziert. Auf Okapunja wie auf Schönfeld ist die Betreuung unglaublich herzlich und individuell, Unterkunft und Verpflegung sind hervorragend, die Organisation perfekt und die Jagd weidgerecht, doch zahlt man dafür auch seinen Preis. Der sportliche und puristische Jäger allerdings kommt hier nicht auf seine Rechnung, denn das Jagen beschränkt sich üblicherweise auf Pirschfahrten, bis man Anblick hat, um dann ein paar hundert Meter zu Fuß anzuschleichen. Der Wildbestand ist dabei sehr hoch, sodaß man nicht allzu lange suchen muß, um ein passendes Stück zu finden. Auch sind zahlreiche Arten ausgewildert, die nie in diesen Landesteilen vorkamen, etwa Wasserböcke, Rappenantilopen und Roans. Das ist also ein ganz anderes Jagen als in der ursprünglichen Wildnis. Hier gibt es keine 14-Stundentage auf reiner Fußpirsch, keine Erschöpfung bis zum Umfallen, keine unerbittlich rauhe Natur. Wer aber aus dem Vollen schöpfen will und ein wirklich gediegenes, ja gewissermaßen einzigartiges Ambiente zu schätzen weiß, ist hier optimal aufgehoben. Und wer deutlich artikuliert, daß er stundenlange Pirschgänge schätzt, bekommt sie auch.

Von Okapunja ist es nicht weit nach Kambaku nördlich von Otjiwarongo, das bekannt ist für seine gepflegten, rittigen Pferde. Dort hatte man mich erst einen Tag später erwartet – selbst deutsche Unternehmer wie Thorsten, dem Kambaku eignet, scheinen *in darkest Africa* den Überblick zu verlieren. Dabei war ich in dieser Woche der einzige Gast! Aber, und das ist für uns durchorganisierte Europäer immer wieder verblüffend, die Weißen in Afrika können hervorragend und spontan improvisieren und jede noch so prekäre Situation meistern. Wirklich erstaunlich ist das jedoch nicht, kann doch hier niemand ohne dieses Talent überleben. Man hat also

Gefürchteter Reifenkiller: Farbkätzchen (Dichrostachys cinerea) mit Blüte

Schwarzdorn-Silberbusch, auch Trompetendorn genannt (Catophractes alexandri)

Erongo-Granit in seiner imposantesten Form: Bull's Party auf Ameib

Maskenweber (Ploceus velatus)

Kronenducker (Syvicapra grimmia) aud Okapunja

Farm Kambaku: Frühstücksritt auf dem Fuchswallach Waikato

Sundowner im Busch auf Kambaku

Die Seydlitzburg auf Farm Schönfeld. Im Hintergrund der Okongue (Leopardenberg)

Seine Besteigung verspricht der Legende nach ewige Wiederkehr

Das 1929 erbaute Haupthaus. Die Farm wurde von der Familie 1913 erworben.

Klassische Gediegenheit: lange Tafel, hohe Räume, offener Kamin, altes Mobiliar

rasch ein Chalet bezugsbereit gemacht, und abends wurden unter freiem Sternenhimmel saftige Wildsteaks und Spieße am Lagerfeuer gegrillt, nach Wahl rare oder medium, eine ganze Palette an Zuspeisen stand bereit, und anschließend wurde das glühende Holz unter die Stühle plaziert. Auch lagen Decken bereit, sodaß man rundum gewärmt am Feuer sitzen und Blick wie Gedanken im Spiel der Flammen versinken lassen konnte.

Am nächsten Morgen erprobte ich einen mittelgroßen, gut gebauten Fuchs, der hervorragend an den Hilfen stand, fein im Maul war, gut am Zügel ging und angenehme Gangarten hatte. Er hieß Waikato. Die deutsche Berufsreiterin Birte, welche das Reitzentrum auf Kambaku seit etlichen Jahren betreut, hatte ihn wie das andere Dutzend Pferde der Lodge selbst aus dem Rohen geformt, denn gut gerittene Pferde sucht man in Südwest vergeblich. Selbst auf Dressur- und Springtournieren sind Pferde, die am Zügel gehen, eine Rarität. Kambaku ist auch jagdlich sehr professionell organisiert, das Wildlife-Management wird von einem Wildbiologen betreut, und man legt großen Wert auf eine weidgerechte und sensible Jagd. Auch sonst wird auf Qualität gesetzt: die geräumigen Chalets sind geschmackvoll im afrikanischen Stil eingerichtet, mit zahlreichen ethnischen Elementen und lokalen Möbeln aus dunklem Holz, sowie ausgestattet mit komfortablen Bädern. Abends gibt es ein viergängiges Menü bei Kerzenschein, die südafrikanische Weinliste ist gut sortiert, und man bietet eine ganze Reihe interessanter Aktivitäten an, etwa Wurftaubenschießen, Bogenschießen, Schwimmen, Radfahren, Beach-Volleyball, Game-Drives und -Walks, sowie organisierte Rundreisen. Um die Mittagszeit schoß ich gern ein paar Runden Skeet, bis der Pectoralis rot und blau war, oder ich trainierte mit dem Bogen. Das Bogenschießen hat ja auf mich schon immer eine große Faszination ausgeübt.

Ich war jedoch der Pferde wegen hierhergekommen, und genoß die morgendlichen und nachmittäglichen Ausritte, bei denen viel Wild in Anblick kam: Gnus, Hartebeester, Spießböcke, Zebras, Strauße, Warzenschweine, Elands, Impalas, Kudus, Steinböckchen, Schakale, Riesentrappen, Singhabichte … Wenn man zu Pferde pirscht, bleibt das Wild sehr vertraut und läßt sich aus großer Nähe beobachten.

Die Ritte durch den Busch verlangen von den Pferden, sobald man die Wege verläßt, höchste Konzentration und Aufmerksamkeit: überall lauern verborgen im hohen Gras Löcher und Bunker von Warzenschweinen und Ameisenbären, auch Schlangen sind keine Seltenheit. So stießen wir bei einem Ausritt auf eine Puffotter. Ihr Fauchen ließ Birtes Pferd sofort stoppen. Die Ohren nach vorn gespitzt und mit hervorquellenden Augen stand es da und fixierte die Erde. Drei Meter vor uns lag die dicke, schön gezeichnete Schlange auf einer Lichtung im Gras und ließ sich von der ersten Morgensonne bestrahlen, ehe sie ins Buschwerk floh. Vor Schlangen, Skorpionen und Spinnen braucht man aber keine Angst zu haben. Zwar gibt es im südlichen Afrika über 30.000 Arten von Spinnen und Skorpionen sowie 150 Arten von Schlangen, doch nur wenige sind für den Menschen gefährlich. Während in Südwest jährlich 50 Touristen bei Autounfällen ums Leben kommen und nur einer alle paar Jahre Opfer eines Verbrechens gegen Leib und Leben wird, wurde kaum jemals ein Tourist durch einen Schlangenbiß oder Skorpionstich getötet. Jährlich gibt es beispielsweise in Südafrika unter 50 Millionen Einwohnern nur 10 Todesfälle durch Schlangenbisse.

Von den Spinnen verfügt nur eine einzige über wirklich potentes, neurotoxisches Gift, nämlich die Schwarze Witwe *Latrodectus indistinctus.* Etwas weniger giftig ist die Braune Witwe *Latrodectus geometricus.* Die Schwarze Witwe ist eine äußerst imposante Spinne: ihr pechschwarz glänzender Körper hat auf dem hinteren Rücken einen leuchtend roten Fleck, und die robust wirkenden, schwarzen Beine sind bis vier Zentimeter lang.

Über cytotoxische Gifte, welche schmerzhafte, schwürende Wunden hervorrufen, verfügen der kleine, fragile, fast durchsichtige Langbein-Dornfinger *Cheiracanthium furculatum* sowie die Spinnenfamilie der Sicariidae mit den beiden Gattungen *Loxosceles* (Violinspinnen) und *Sicarius* (Sandspinnen). Das Gift letzterer ist äußerst potent und hat im einzigen bekanntgewordenen Bißfall zum Tode geführt. Violinspinnen sind mittelgroße, kräftige Spinnen mit sehr langen Beinen.

Eine ungiftige Spinnenart von besonderem Interesse ist die handtellergroße, in der Wüste Namib beheimatete Riesenkrabbenspinne *Leucorchestris arenicola (Dancing White Lady Spider).* Die Männchen entfernen sich bei der nächtlichen Partnersuche auf gewundenen Pfaden hunderte Meter von ihrem Bau und finden immer in einer direkten, geraden Linie dorthin zurück. In den vergangenen zwanzig Jahren hat sich die einschlägige Forschung intensiv mit diesem Phänomen beschäftigt. Man glaubt heute, daß sich die Spinnen visuell orientieren, wobei Gestirne eine Rolle spielen dürften.

Mehrere Duzend Arten von Skorpionen kommen in Südwest vor, darunter Vertreter des sehr giftigen Genus *Parabuthus*. Zur selben Familie der Buthidae oder Dickschwanzskorpione zählen auch die *Uroplectes*-Arten, deren Gift etwas weniger potent ist als jenes der vorgenannten Gattung. All diese Skorpione besitzen einen massiven Schwanz, die Scheren sind jedoch klein. Dünnschwanzskorpione dagegen haben gut entwickelte Scheren, ihr Stich ist zwar äußerst schmerzhaft, jedoch nicht weiter bedrohlich.

Auch bei den Schlangen gibt es nur wenige, welche dem Menschen gefährlich werden können. Von den Nattern oder Colubridae ist die Afrikanische Baumschlange oder Boomslang *Dispholidus typus* und die Lianennotter *Thelotornis kirtlandii* als mittelgradig giftig einzustufen.

Vom zur Familie der Viperidae zählenden Genus *Bitis* ist in Südwest nur eine als hochgiftig zu bewerten: die Puffotter *Bitis arietans.* Bisse der Hornpuffotter *Bitis caudalis* und der beiden Zwergpuffottern *Bitis schneideri* und *B. peringueyi* sind nicht als fatal zu betrachten.

Die gefährlichsten Schlangen zählen jedoch zur Familie der Giftnattern oder Elapidae, darunter sind die beiden Scheinkobras *Aspidelaps lubricus* (Korallenschlange) und *Aspidelaps scutatus* (Schildnasenkobra) sowie die Strumpfbandotter *(Elapsoidea sundevalli)* etwas weniger giftig. Hochgiftig sind hingegen alle Echten Kobras: *Naja nivea* (Kapkobra), *N. anchietae* (Anchietas Kobra), *N. nigricollis* (Schwarznackenspeikobra) *N. nigricincta* (Zebraschlange) und *N. mossambica* (Mosambik-Speikobra) sowie aus der Gattung Mambas die gefährlichste aller afrikanischen Schlangen, die Schwarze Mamba (*Dendroaspis polylepis).* Letztere ist sehr aggressiv und agil, mit 20 km/h eine der schnellsten Schlangen überhaupt, kann sich bis über einen Meter aufrichten und bei einem Biß das 20-fache der letalen Dosis einbringen. Todesfälle innerhalb von 20 min sind vorgekommen. Trotzdem verlaufen auch bei der Schwarzen Mamba nach Antiserumtherapie nur 20 % aller Bisse tödlich, ohne Therapie allerdings 100 %. Unter allen Bissen giftiger Schlangen im südlichen Afrika verlaufen nur 1 % tödlich. Von den 15 genannten Giftschlangen sind für Namibia folgende vier in Verbreitung, Häufigkeit und Gefährlichkeit am bedeutendsten: Puffotter, Zebraschlange, Kapkobra, Schwarze Mamba.

Wie bei den Insekten muß man auch bei Spinnen und Skorpionen, und ebenso bei Schlangen während der Regenzeit mit einer stark erhöhten Aktivität rechnen. Während der kühlen und trockenen Monate Mai bis September, aber selbst während der heiß-trockenen Zeit im Oktober und November stellt eine Begegnung eher die Ausnahme dar. Angst ist jedenfalls völlig unbegründet, trotzdem sollte man eine gewisse Vorsicht walten lassen: „*Ὑπὸ παντὶ λίθῳ σκορπίον, ὦ ʼταῖρε, φυλάσσεο*“, schrieb schon die frühgriechische Lyrikerin Praxilla: „Unter jedem Stein, mein Freund, hüte Dich vor dem Skorpion“.

Waikato hatte jedoch nicht nur vor Schlagen Respekt, sondern auch vor Giraffen. Jedesmal, wenn er die riesigen Tiere sah, wölbte er seinen Hals, plusterte sich auf und begann so ausdrucksvoll zu passagieren, daß wir bei der nächsten Olympiade gut zum Grand Prix hätten starten können. So ging es dann im weiten Bogen um die langhalsigen Giganten herum.

Manchmal gerieten wir in dichteren Dornbusch, und dort wird das Reiten ziemlich ungemütlich, weil man sich andauernd verhakt, die scharfschneidigen Dornen im Nu Hemd und Hose in Fetzen reißen oder sich in die Haut bohren. Doch auf den sandigen Wegen konnte man herrlich galoppieren und ausgedehnte Trabreprisen einlegen. Am Abend, gerade rechtzeitig zum Sonnenuntergang, stößt man dann mitten im Busch wie zufällig auf einen khakibestuhlten, blütenweiß gedeckten Tisch, auf dem Gläser, Gin und Tonic, ein paar Canapés und sogar Blumen stehen. Kann man sich nach einem langen Ausritt etwas Romantischeres vorstellen, als einen solchen Sundowner im Busch?

Ein andres Mal, nachdem wir morgens um halb sieben aufgebrochen waren, trafen wir gegen neun oder halb zehn auf ein reich gedecktes Frühstücksbüffet mit gekühltem Sekt, Cornflakes, Joghurt, Schinken, Käse, weichen Eiern, frisch gepreßten Fruchtsäften, Kaffee, Tee, Butter, Marmelade und Brötchen. Auf nichts war vergessen worden, sogar für die Pferde hatte man Stroh zum Knabbern und Halfter zum Anbinden vorbereitet. Ganz und gar *Out of Africa,* und am liebsten hätte ich Birte geküßt, so romantisch war es. Nach dem Sekt stieg ich ganz schön beschwipst in den Sattel. Zum Glück ist es im Busch noch nicht verboten, betrunken zu reiten!

Nicht nur zum Reiten jedoch war ich hierhergekommen, ich wollte auch wieder einmal einen alten Warzenkeiler erlegen, hatte ich doch in meiner gesamten afrikanischen Laufbahn bloß einen einzigen geschossen, und das war zu jener Zeit schon zwanzig Jahre her gewesen. Nun ist die Keilerjagd, wenn man sich nicht zufällig während der Pirsch begegnet, eine reine Ansitzjagd an Wasserstellen. Der Ansitz aber, wie ich schon oft genug konstatiert habe, stellt nicht gerade jene Form von Jagd dar, welche ich anstrebe. Trotzdem saß ich diesmal geduldig auf dem Hochsitz und beobachtete die zahlreichen Vogelarten, welche ans Wasser kamen: Graulärmvögel, Reichsvögel, Kap-Glanzstare, Perlhühner, Tauben, Rotschnabelfrankoline, Gelb- und Rotschnabeltokos, die schwarz-weißen Elsterdrosslinge und Kronenkibitze. Weiters kamen auch Mangusten, Paviane, Kudus, Impalas, Steinböckchen und jede Menge Schweine zum Schöpfen, nur kein alter Keiler.

Berg der Verheißung

Schweren Herzens verließ ich Kambaku und kehrte zurück nach Schönfeld, wollte ich doch dort noch den Leopardenberg Okongue besteigen. Man sagt, wer diesen Hausberg bezwingt, kehrt immer wieder zurück, und eine solch prophetische Unternehmung konnte ich unmöglich auslassen.

Der Leopardenberg ragt lediglich 450 Meter aus der Ebene, erweist sich jedoch als sehr steil, felsig und schwierig begehen. Er zählt wie die Granite auf Rooi Kuiseb zu den 500 Millionen Jahre alten Damara-Graniten. Die Hänge sind von riesigen Felsen und Platten übersäht, dazwischen wächst kniehohes Gras, sodaß man ständig fühlen muß, ob sich nicht ein Felsspalt darunter verbirgt. Gleich zu Beginn riß ich mir an einem Dornbusch das halbe rechte Hosenbein weg, dann verlor ich beim Umhängen der Kamera auch noch die Brille. Wir waren schon hundert Meter weiter, ehe ich bemerkte, daß ich die Landschaft nur mehr verschwommen wahrnahm. Zunächst dachte ich, ich hätte die Brille auf der Farm vergessen, doch dann erinnerte ich mich, daß ich auf der Fahrt zum Berg die Schilder an den Toren und Gattern hatte lesen können. Also kehrten wir um und gingen den Pfad zurück – eigentlich gab es gar keinen Pfad. Wir waren noch nicht weit gekommen, als ich die Gläser am Boden liegen sah. Welch Glück, daß der schwarze Jagdführer Helifa, der voranging, nicht draufgetreten war. Nun konnten wir den Aufstieg erneut in Angriff nehmen. Eigentlich gab es gar keinen Pfad, sondern wir kletterten über wilde Felspartien am Rande schwindelerregender Abgründe nach oben, bis wir den Sattel vor dem eigentlichen Gipfel erreichten. An manchen Stellen machte ich mir schon Gedanken gemacht, wie ich da je wieder runterkommen würde. Die mächtige Felsnase des Gipfels können nur erfahrene, völlig schwindelfreie Kletterer bezwingen, da der Fels überall senkrecht abfällt, also nahm ich davon Abstand. Am Sattel wurde ich mit einem grandiosen Blick in die Ferne belohnt, südlich der Erongo und gerade noch erkennbar die Spitzkoppe, weit westlich der Brandberg. Nun wußte ich mich in der Gewißheit, daß ich immer wieder zurückkehren würde in dieses Land, das ich so sehr liebe.

Literatur

1. Sach- und Fachbücher

Alexander, Graham; Marais, Johan (2007): *A Guide to the Reptiles of Southern Africa*
Bonner, Raymond (1993): *At the Hand of Man. Peril and Hope for Africa's Wildlife*
Burke, Antje (2003): *Pflanzenführer für die Südliche Namib*
Burke, Antje (2004): *Pflanzenführer für die Zentrale Namib*
Burke, Antje (2005): *Pflanzenführer für die Nördliche Namib*
Castell-Rüdenhausen, Hubertus Graf zu (1991): *Jagen zwischen Namib und Kalahari*
Chittenden, Hugh (2007): *Roberts Bird Guide*
Conradi, Franz (2004): *Einführung in den südlichen Sternenhimmel*
Dorst, Jean; Dandelot, Pierre (1972): *Collins Fieldguide. Larger Mammals of Africa*
Estes, Richard D. (1993): *The Safari Companion. A Guide to Watching African Mammals*
Gotch, Arthur F. (1995): *Latin Names Explained. … Reptiles, Birds, and Mammals*
Grünert, Nicole (2003): *Namibias faszinierende Geologie*
Hawthorne, Tracey (1998): *First Field Guide to the Spiders and Scorpions of Southern Africa*
Hillier (2005): *Plant Names Expained*
Ivins, Tim L. (1988): *A Hunter's Handbook*
Le Roux, Piet; Müller, Mike (2009): *Trees and Shrubs of Namibia*
Maclean, Gordon Lindsay (1993): *Roberts' Birds of Southern Africa*
Picker, Mike; Griffiths, Ch.; Weaving, Alan (2004): *Field Guide to Insects of South Africa*
Robertson, Kevin (1999): *The Perfect Shot. Shot Placement for African Big Game*
Rowland Ward's *Records of Big Game*
Seely, Mary (2008): *Die Namib. Die Naturgeschichte einer uralten Wüste*
Skinner, J. D; Smithers, R. H. N. (1990): *The Mammals of the Southern African Subregion*
Stearn, William T. (1992): *Botanical Latin.*
Steyn, Marthinus (2003): *Southern Africa Commiphora*
Stuart, Chris and Tilde (2000): *Field Guide to the Tracks and Signs of S+EA Wildlife*
Tailor, John (1948): *African Rifles and Cartridges*
Thomson, Ron (1992): *The Wildlife Game*
Trense, Werner (1989): *The Big Game of the World*
Truesdell, S. R. (1947): *The Rifle. Its Development for Big-Game Hunting*
Turk, Cliff (2001): *First Field Guide to Skywatching in Southern Africa*

Weaving, Alan (1999): *First Field Guide to the Insects of Southern Africa*
Willmer, Pat; Stone, Graham; Johnston, Jan (2000): *Environmental Physiology of Animals*
Wynne-Jones, Aubrey (1987): *Hunting. On Safari in Eastern and Southern Africa*

2. Geschichtliches und Belletristik

Alexander, Sir James Edward (1838): *Entdeckungsreise in das Innere Südwestafrikas*
Baldus, Rolf D.; Schmitz, Werner (2014): *Auf Safari – Legendäre Afrikajäger von …*
Brodersen-Manns, Herta: *Wie alles anders kam in Afrika*
Denker, Kai-Uwe (2006): *Entlang des Jägers Pfad*
Denker, Kai-Uwe (2014): *Vom Wesen der Afrikanischen Wildnis*
Droste zu Vischering-Padtberg, Erpo Freiherr (1990): *Noch lebt der Buschmann*
Eckenbrecher, Margarete von (1940): *Was Afrika mir gab und nahm*
Flotow, Hilda von (1992): *Afrika - damals*
Fournier, Walter (1902): *Auf flüchtigem Jagdroß in Deutsch Südwest Afrika*
Hudson, Arnold W. (1912): *Trekking the Great Thirst. Sport and Travel in the Kalahari Desert*
Kanzler, Sven-Eric (2008): *Vertrieben von geliebter Erde*
Mattenkloth, Ernst Wilhelm (1928): *Verlorene Heimat*
Mattenkloth, Ernst Wilhelm (posthum, ca 1932): *Afrikanische Jagden und Abenteuer*
Meissner, Hans-Otto (1968): *Traumland Südwest*
Mellon, James (1975): *African Hunter*
Millais, John G. (1895): *A Breath from the Veldt*
Owen-Smith, Garth (2010): *An Arid Eden. A Personal Account of Conservation in the Kaokoveld*
Schwabe, Kurd (1910): *Im Deutschen Diamantenlande*
Skriver, Petra (ca. 1990): *Südwester Lyrik*
Stark, Peter (2003): *Der weiße Buschmann*
Stiller, Franz u. Irene (1999): *Sehnsucht Afrika*
Széchenyi, Graf Zsigmond (1963): *Bergteufel und Wüstenböcke*
Thesiger, Sir Wilfred (1959): *Die Brunnen der Wüste (Arabian Sands)*
Thesiger, Sir Wilfred (1987): *Mein Leben in Afrika und Arabien (The Life of my Choice)*
Trense, Werner (2003): *Wild kennt keine Grenzen*
Vettier, Dr. Jacques (1993): *Big Game Hunting in Africa, Asia and Elsewhere*
Willinger, C. C. (2013): *Good Sport & Fair Chase – Weidwerk im Geiste ritterlicher Jagdkultur*

DIES ΑΝΙΠΠΟΣ
DIES ΑΘΗΡΟΣ
DIES PERDITVS

Ein Tag ohne Pferd, ein Tag ohne Wild, ein verlorener Tag

This royal throne of kings, this sceptred isle,
This earth of majesty, this seat of Mars,
This other Eden, demi-paradise,
This fortress built by nature for herself
Against infection and the hand of war,
This happy breed of men, this little world,
This precious stone set in the silver sea,
Which serves it in the office of a wall,
Or as a moat defensive to a house,
Against the envy of less happier lands,
This blessèd plot, this earth, this realm, this
England!

William Shakespeare, *King Richard II.*

Lord, God of Hosts, be with us yet!

Rudyard Kipling, Recessional

Zweites Buch

Zu den Hunden

Ἀλλὰ τὰς ἐλάφους, ἔνθα τὰ πεδία εὐήλατα, ἐν μὲν Μυσοῖς καὶ ἐν Γέταις καὶ ἐν Σκυθίᾳ καὶ ἀνὰ τὴν Ἰλλυρίδα, ἀφ᾽ ἵππων τῶν Σκυθικῶν καὶ Ἰλλυρικῶν διώκουσιν·
Arrian[33]

Die Geschichte der berittenen Meutejagd läßt sich zurückverfolgen bis in die Zeit der Skythen und damit bis zu den Anfängen der Reiterei vor dreitausend Jahren. Xenophon berichtet davon, auch Vergil, Arrian und Oppian, weiters die Eustachiuslegende und früh- bis hochmittelalterliche Quellen, welche von den Jagden der Merowinger und Karolinger erzählen. Zu diesem Zeitpunkt war der Hirsch schon königliches Wild.

Für Exmoor haben wir eine lückenlose Überlieferung der Hirschjagd über fünf Jahrhunderte, von 1508 bis dato, und es gab in dieser langen Zeit nur wenige Jahrzehnte, in denen nicht gejagt worden ist. Im Jahrhundert davor, als Exmoor noch königlicher Bannforst gewesen war, wurde kaum mehr gejagt, doch in den drei vorhergehenden Jahrhunderten hatten immer wieder königliche Jagden stattgefunden, obwohl wir wenig Genaues darüber wissen. Sicher ist, daß Exmoor schon von den angelsächsischen Königen inforestiert und bejagt wurde. Bei der normannischen Eroberung im Jahre 1066 wurde Exmoor so wie alle anderen *dominia regis* von Wilhelm als Bannforst übernommen. Bis 1508 blieb Exmoor königlicher Bannforst unter der Aufsicht von Forstmeistern, wobei das Ausmaß der Bejagung

[33] Lucius Flavius Arrianus (*85–90, † nach 146), Cynegeticus 23,2: „Wo gut querbare Ebenen sind, bei den Mysiern, Geten, in Skythien und Illyrien, jagen sie Rotwild auf skythischen und illyrischen Pferden“. Arrian berichtet von den Mysiern (Nordtürkei), Geten (Rumänien, Bulgarien), Illyrern (Balkanstaaten) und Skythen (Ukraine), also den Völkern rund um das Schwarze Meer

im Laufe dieser Jahrhunderte je nach jagdlicher Ambition des Souveräns und seiner Gefolgsleute sehr wechselhaft gewesen ist. Jedenfalls hat um 1400 Edward 2nd Duke of York, der Autor des Werks *The Master of Game*, welcher Philippa de Mohun, Tochter der Herrin von Dunster, ehelichte, sicher auf Exmoor gejagt. Ab 1509, als Heinrich VIII. den Thron bestieg, wurde Exmoor als königliches Lehen verpachtet. Ohne Übertreibung darf man also festhalten, daß der Hirsch auf Exmoor seit mehr als tausend Jahren mit der Meute bejagt wird.

„Exmoor would be no longer Exmoor without the familiar cry of the hounds in the folds of the hills", meinte H. J. Marshall in seinem Klassiker *Exmoor Sporting and Otherwise.* Nun, nach tausend Jahren und mehr, ist das Hohe Geläut verstummt. Der Hirsch aber wird immer noch gejagt wie eh und je.

Mugabe of the Midlands

By the pricking of my thumbs,
Something wicked this way comes
Shakespeare, Macbeth

W*e ought at last to own up to it: the struggle over the Bill was not just about animal welfare and personal freedom: it was class war* – „zu guter Letzt sollten wir eingestehen: das Ringen um das Jagdverbot hatte nicht nur mit Tierschutz und persönlicher Freiheit zu tun, es war Klassenkampf".

Mit diesen Worten eröffnete der Jagdgegner Peter Bradley, damals Abgeordneter für den Bezirk „The Wrekin" in Mittelengland, zugleich Privatsekretär des britischen Landwirtschaftsministers, am 21. November 2004, drei Tage nach dem parlamentarischen Beschluß des Jagdverbots, einen Artikel im Daily Telegraph, welcher als endgültige Abrechnung mit dem ehemaligen politischen Establishment gedacht war. Als müßte er das Versäumnis, daß es in England keine Französische Revolution gegeben hat, nunmehr nachholen, zog er ins Feld gegen *„the minority which for centuries ran this country from the manor houses of rural England* – die Minderheit, die dieses Land Jahrhunderte lang von ihren Landsitzen aus regiert hat", und zugleich gegen deren politische Heimat, die Partei der Konservativen.

Peter Bradley sprach jedoch nur aus, was jeder in England wußte: die eigentliche Motivation der großen Mehrheit der sozialistischen Abgeordneten, für ein Verbot der Meutejagd zu stimmen, war ihr unbändiger Haß auf die *toffs* – die feinen Pinkel.

„Contorted faces – verzerrte Fratzen; *toffee-nosed bitch* – hochnäsige Hexe; *scum* – Abschaum; *pervert, child molester, paedophile, racist* – Perverser, Kinderschänder, Pädophiler, Rassist; *The countryside represents everything that we despise – wealth, exclusiveness, feudalism and cruelty – and we don't really care if that offends you* – Das Ländliche repräsentiert alles, was wir verachten – Reichtum, Exklusivität, Feudalismus und Grausamkeit – und

es kümmert uns überhaupt nicht, wenn euch das verletzt; *fox-hunting is a remnant of feudal society – and that is why we have to ban it. This class war began with the Norman conquest. It still needs to be fought* – Die Fuchsjagd ist ein Überrest der Feudalgesellschaft – und genau deshalb müssen wir sie verbieten. Dieser Klassenkampf begann mit der Normannischen Eroberung. Und immer noch müssen wir ihn führen". So sprachen Parlamentarier und politische Kommentatoren über die Gruppe der Jäger. Äußerten sie ähnliche Worte über Menschen anderer Rasse oder anderer Religionen, vielleicht gar über Schwarze, Juden, Homosexuelle oder Behinderte, würden diese Parlamentarier zurecht sofort zum Rücktritt gezwungen werden und vor Gericht landen. Aber Jäger sind ja nur perverse Tiermörder, dekadente reiche Schweine, privilegierte Parasiten. Wir haben die Greuel des Klassenkampfes und Rassenwahns ein ganzes Jahrhundert lang um uns gehabt: Oktoberrevolution, Marx, Lenin, Stalin, das abgrundtiefe Ressentiment eines Pol Pot und eines Hitler, die roten Bibeln von Ho Chi Minh und Mao Zedong. 150 Millionen Ermordete. Wann hören wir endlich auf, diesen Geist des Bolschewismus zu vergöttern, ihn immer wieder heraufzubeschwören?

In Wahrheit war es die Fuchsjagd, wo schon vor zweihundert Jahren Bauern und Adel im selben Feld ritten, und in den letzten Jahrzehnten fand man in einem Feld von hundert Reitern keine Handvoll aus den oberen Klassen. Aber die Fuchsjagd war ein Symbol. Und als solches mußte sie weichen, gemäß der alten revolutionären Weisheit, daß man eine Gesellschaft zu Fall bringt, indem man zuerst ihre Symbole zerstört. Wenn man nicht beneiden will, muß man entwerten: die zugrundeliegende Psychologie aller Sozialutopien. Die neidlose Bewunderung ist eine höhere Kultur- und Geistesleistung, zu welcher man erzogen werden muß und zu der offenbar nur wenige befähigt sind.

Parlamentarische Verbotsbestrebungen für die Parforcejagd haben eine längere Geschichte. Schon 1949 gab es einen ersten Versuch, die Meutejagd zu verbieten. Zwei Gesetzesanträge wurden eingebracht, dann jedoch zurückgezogen. Man war alarmiert und gab den Scott-Henderson Report in Auftrag, welcher 1951 die Jagd vollkommen rehabilitierte und während der nächsten vierzig Jahre für Ruhe sorgte.

Im Jahre 1975 publizierte Peter Singer sein philosophisches Werk *Animal Liberation*, und 1983 erschien Tom Regans *The Case for Animal Rights*, welche Bücher als Bibeln des Tierrechtsaktivismus gelten. Das zunehmende Momentum dieser Bewegung in den Achtzigerjahren führte erstmals 1992 zu einer ernsthaften Bedrohung der Meutejagd. Der MacNamara-Antrag wurde im Parlament eingebracht, jedoch in der zweiten Debatte abgelehnt – zu jener Zeit waren die Konservativen an der Macht. 1995 wurde der McFall-Antrag eingebracht, ein Wildschutzgesetz, über das man ein Jagdverbot durch die Hintertür einzuschleusen versuchte. Der Jagdverbots-Paragraph wurde jedoch bei der Ausarbeitung der endgültigen Version eliminiert. Die Labour-Abgeordneten erkannten damals die Bedeutung des Tierrechtsaktivismus für ihre eigenen Ziele, und beide Bewegungen begannen eine enge politische Zusammenarbeit. 1997 unterstützte der IFAW *(International Fund for Animal Welfare)* die Partei mit einem Freundschaftsgeschenk von einer Million Pfund, um das Jagdverbot im Wahlmanifest verankert zu sehen. Im Mai war es dann soweit: Labour kam an die Macht.

Schon im Juni kündigte der Abgeordnete Foster einen Verbotsantrag an, der im Oktober eingebracht wurde, jedoch durch eine geschickte Verzögerungstaktik der Opposition nicht vor der Sommerpause des nächsten Jahres abgeschlossen werden konnte. Nach den Regeln des britischen Parlamentarismus war er hiermit gefallen. In der Zwischenzeit hatten in London zwei Großdemonstrationen mit 120.000 und 280.000 Teilnehmern zugunsten der Jagd stattgefunden, während sich auf antijagdliche Kundgebungen nur zwischen 200 und 2.000 Demonstranten zeigten. Trotzdem brachte Labour im Dezember des Millenniums einen Antrag ein, der als 1. Regierungsantrag drei Optionen zu Wahl stellte: *status quo,* lizenzierte Jagd und Jagdverbot. Das Unterhaus entschied sich für das Verbot, was jedoch im März 2001 vom Oberhaus abgelehnt wurde.

Im Mai desselben Jahres wurde Labour wiedergewählt. 2002 demonstrierte in London eine halbe Million Menschen gegen das drohende Verbot, der bis dorthin größte Massenprotest in der Geschichte Großbritanniens, und landesweit fanden mehr als 1.600 kleinere Protestaktionen und Veranstaltungen statt. Die Unterstützung eines Verbots durch die Bevölkerung war inzwischen von 73 % im Jahre 1997 auf 35 % im Jahre 2003 gefallen, und nur für 1% war das Thema überhaupt relevant. Trotzdem hielt die politische Elite an ihren Zielen fest. Im Dezember 2002 wurde im Parlament der 2. Regierungsantrag eingebracht, das Unterhaus entschied sich wiederum für ein Verbot, der Antrag kam jedoch erst im Herbst 2003 ins Oberhaus und fiel dort dem engen Zeitplan zum Opfer.

In jenem Jahr führte Tony Blair Großbritannien in den Krieg gegen den Irak. Die Mehrheit der Labour-Abgeordneten war dagegen und opponierte auch gegen zahlreiche andere Regierungspläne. Um seine parteiinternen Kritiker ruhigzustellen, offerierte ihnen Blair nochmals das Jagdverbot. Im September 2004 wurde derselbe Antrag erneut eingebracht, in einem Schnellverfahren beschlossen, vom Oberhaus abgelehnt und am 18. 11. 2004 unter Anwendung eines Notstandsgesetzes durchgeboxt. Blair selbst und seine Regierung favorisierten zwar eine Kompromißlösung, die Labour-Abgeordneten bestanden jedoch auf einem Verbot. Das erwähnte Notstandsgesetz, der Parliament Act, ermöglicht es dem Unterhaus, einen Antrag gegen den Willen des Oberhauses durchzusetzen. Er war zuvor in der Nachkriegsgeschichte des Landes nur dreimal in Anwendung gekommen. Das Jagdverbot sollte nach drei Monaten, am 18. Februar 2005, in Kraft treten.

700 Stunden hatte man in diesen Jahren im Parlament über die Fuchsjagd diskutiert, während die Entscheidung zum Irakkrieg bloß 7 Stunden in Anspruch nahm.

In diesem Kampf um die Fuchsjagd gab es seitens der Abgeordneten als auch der Regierung zahlreiche Motive und Interessen: Vorrangig war sicherlich der ungeheure Minderwertigkeitskomplex vieler Labour-Abgeordneter. Man wollte endlich die Gelegenheit nutzen, den oberen Klassen als der tatsächlichen gesellschaftlichen Elite zu demonstrieren, wer nun wirklich an der Macht ist, wollte historische Vergeltung üben für Jahrhunderte sogenannter „Unterdrückung“. Andererseits fühlten sich viele Abgeordnete der Tierrechtslobby verpflichtet und auch ideologisch nahestehend, hatte diese Lobby doch Labour schon vor der Wahlspende von 1997 langfristig finanziell unterstützt. Die Jagd wurde jedoch auch Bauernopfer parteiinterner Machtpolitik: Parteigehorsam erkauft mit dem über Jahre wieder und wieder in Aussicht gestellten Verbot. Blair war, das muß man ihm zugute halten, ein ausgezeichneter Taktiker und mit allen Wassern gewaschener Parteiführer.

Als eine der treibenden Kräfte hinter dem Meutejagdverbot erwies sich jedoch auch Cherie Blair, Staranwältin, Gattin des Premiers und von revolutionärer Gesinnung: linksliberal, progressiv und radikal republikanisch. Nie noch hatte jemand aus Regierungskreisen die ländliche Haute Volée und die königliche Familie dermaßen gehaßt und verachtet wie sie. So verweigerte sie der Königin demonstrativ den Hofknicks und erschien bei Hofe in Hosen, gähnte gelangweilt und unverdeckt, war unpäßlich, wollte von Prinzessin Anne das Du-Wort (welches diese abgelehnt hat), oder neigte dazu, den Eindruck zu vermitteln, sie stünde über der Monarchin. Ständig war sie darum bemüht, dem Hause Windsor zu beweisen, daß nun ein anderer Wind weht. Die gespannte Beziehung zwischen Cherie Blair und dem Königshaus wurde durch die ausgesprochen jagdfeindliche Einstellung der Premiersgattin besonders belastet. Es ist auch kein Geheimnis, daß sie in ihrem einschlägigen Freundeskreis das Versprechen abgab, ihr Gatte werde für ein Verbot der Meutejagd Sorge tragen. Zwar hat Tony Blair im Laufe der Jahre immer mehr bereut, das Wort Fuchsjagd je gehört zu haben, wie er einem Freund gegenüber beteuerte, letztendlich aber wollte er – nicht nur aus innerparteilich-polittaktischen Gründen, sondern auch aus Rücksicht auf seine Frau – das Verbot nicht verhindern, obwohl es in seiner Macht gestanden hätte. So nimmt es nicht Wunder, daß man in konservativen Kreisen von Cherie Blair als *the wicked witch* sprach, der boshaften Hexe. Welch charmante Alliteration!

Das Motiv des Klassenkampfes spiegelt sich in zahlreichen Facetten der Auseinandersetzung wider, welche alle eine Art Kulturkrieg verkörpern: Cool Britannia versus Olde Englande; urbane Lebensart versus rurale Lebensart; Progressivismus versus Traditionalismus; Neomoralismus versus Toleranz; das Ausspielen des propagierten oder tatsächlichen Willens der Mehrheit gegen die Rechte unbeliebter Minderheiten. In diesem Sinne ist das Verbot der Meutejagd nichts anderes als eine demokratisch verbrämte, in Wahrheit jedoch totalitäre kulturelle Säuberung.

Wie sehr die Auseinandersetzung um die Meutejagd totalitäre Züge trägt, verraten die abschließenden Worte Peter Bradleys in seinem Artikel. Er schloß seine Betrachtungen mit dem Aufruf: „*If Labour really wants a radical edge to the next manifesto, how about the long-neglected issue of land reform?* – wenn wir Sozialisten wirklich einen radikalen Eckpunkt im nächsten Wahlmanifest wollen, wie wäre es mit dem lange vernachlässigten Thema der Landreform?“ Womit nichts anderes gemeint war als die Enteignung des Großgrundbesitzes. Man hat ihn daraufhin in Anspielung auf die sogenannte Landreform des schwarzafrikanischen Diktators Mugabe mit dem Beinahmen „Mugabe Mittelenglands“ bedacht.

The history of parliamentary opposition towards hunting:

- **02/1992** **MacNamara Bill**; defeated in 2nd reading
- **03/1995** **McFall Bill (Wild Mammals Protection Bill)**; passed 2nd reading anti-hunting paragraphs removed in Committee Stage
- 05/1997 Labour victory, 06/1997 Foster announces his bill
- 07/1997 Countryside Rally (120 000 protesters)
- **10/1997** **Foster Bill (Wild Mammals/Hunting with Dogs Bill)**; passed 2nd reading, ran out of time in Report Stage (06/1998)
- 03/1998 Countryside March (280 000 protesters)
- **12/2000** **1st Government Bill (Hunting Options Bill)**; passed 3rd reading, defeated in House of Lords (03/2001)
- 03/2001 Liberty and Livelihood March postponed due to FMD
- 05/2001 re-election of Labour
- 02/2002 Hunting banned in Scotland, becoming law with 11.08.2002
- 03/2002 free parliamentary vote on hunting options in Commons and Lords, followed by 6 month consultation period prior to drafting new bill
- 09/2002 Liberty and Livelihood March (407.791 protesters + 106.000 in spirit) Summer of Discontent (1600 pro-hunting events and demonstrations)
- **12/2002** **2nd Government Bill (Hunting 2002 Bill)**; would prohibit all hunting as a sport but allow pest control, was finally turned into a total ban, passed 3rd reading, ran out of time in House of Lords (10/2003)
- **09/2004** **2nd Government Bill reintroduced**; 11/04 rejected by House of Lords
- **18.11.2004** **forced through by use of Parliament Act**
- **18.02.2005** **becoming law of the land**

Halkyonische Tage

Et in Arcadia ego[34]
Auch ich war in Arkadien, sagte Goethe.
Der Tod aber spricht: Auch in Arkadien bin ich.

In Exford stieg ich wieder im Crown ab, und es war alles wie immer. Fast alles jedenfalls. Denn zweierlei hatte sich sehr positiv gewandelt: Familie Jeune persönlich brachte meine narbenledernen Stulpstiefel auf Hochglanz und kümmerte sich sorgsam um die Wäsche, besonders um meine schweren, weißen Breeches, die Mr. Ripley von Frank Hall's so unnachahmlich geschneidert hatte, mit hohem, wärmenden Lendenteil, der bis unter die Rippen reicht, vorne mit einer ziemlich erotischen Klappe, wie man sie von alpenländischen Krachledernen kennt, und bis zum Knie hinab weit balloniert, ganz im traditionellen Stil, wie er bis zum letzten Krieg allgemein üblich war, samt den vier dicken, kleinen Knöpfen am Schienbein unter dem Knie, zwischen die man den ledernen Knieriemen legt. Mrs. Jeune hatte jedesmal große Mühe, den starken Stoff rechtzeitig trocken zu bekommen.

Und zweitens gab es einen neuen und sehr begabten Chefkoch, der all sein Können aufbot, um für seine Küche bei nächster Gelegenheit ausgezeichnet zu werden. Es gab ein täglich neu festgelegtes, fünfgängiges Menü, dessen Gänge sorgfältig aufeinander abgestimmt waren. Die Portionen waren angenehm klein gehalten, sodaß man sich auch nach dem letzten Gang nicht überfüllt wähnte und bisweilen gern noch ein paar Schokotrüffeln zum Tee am Kamin nahm. Jede Speise, jeder Teller war

---

34 Goethe hat dieses Motto seiner Italienischen Reise vorangestellt und damit die Phrase gedanklich im Perfekt ergänzt sowie das *et* auf *ego* bezogen: *„et ego in Arcadia fui"*, auch ich war in Arkadien. Die ursprüngliche Bedeutung der Phrase ist eine andere und geht auf ein Gemälde des italienischen Barockmalers Il Guercino (1591–1666) zurück, wo sie unter einem Totenkopf steht, welchen Hirten nachdenklich betrachten: *et in Arcadia ego (sum):* auch in Arkadien bin ich, der Tod.

liebevoll dekoriert, und Kerzenschein sowie klassische Musik gaben dem Dinner einen gediegenen, beinahe feierlichen Rahmen. Ein Fest für alle Sinne. Es lagen Welten zwischen dieser Küche und dem, was dort vorher geboten wurde, hatte sich doch die Qualität in den vergangenen Jahren langsam, aber stetig abwärts bewegt.

Die Jagd mit der Meute ist nicht immer eine Abfolge wahnwitziger Galoppaden, es gibt Jagden, wo man stundenlang am selben Fleck herumsteht, ohne daß irgend etwas Nennenswertes geschieht. Auch jener Tag, der auf Combeshead Farm bei Wheddon Cross begann, dort, wo man nur auf einer kleinen, von Trustland begrenzten Fläche jagen kann, sollte sich als solcher entpuppen. Der Scent[35] war sehr schlecht, denn es war warm und stürmisch, und die Hunde konnten den Hirschen, die sie hochmachten, nicht einmal aus dem Einstand heraus auf den Fersen bleiben. Wir standen sechs Stunden auf der Anhöhe über dem bewaldeten Tal, und nichts tat sich. Der einzige Hirsch, der aus dem Tal herauskam, und den wir zu wenden versuchten, entfloh auf Trustland, und die Meute mußte gestoppt werden. Ein einziger Galopp über vielleicht eine halbe Meile, das war alles an diesem Tag.

Doch der Ausgleich ließ nicht lange auf sich warten. Nahe Fullaford befindet sich eine Straßenkreuzung, die zur großen Verwirrung aller Uneingeweihten genauso heißt wie zwei andere Kreuzungen auf dem Moor: Five Cross Ways. Dort begann an einem trockenen, kühlen, windigen Tag eine der härtesten Jagden der letzten Jahre. Zunächst warteten wir eine Stunde, bis die Tufters[36] einen jagdbaren Hirsch hochgemacht hatten, und dann ging es in einem ununterbrochenen, fünfstündigen Run[37] über die beeindruckend schönen, steilen Hänge und Hügel des südwestlichen Moorlands, zunächst bis Simonsbath und dann hinunter bis kurz vor West Anstey. Nach vier Stunden ist mein Pferd Piper wie jene der anderen aus unserer Gruppe völlig am Ende, kann kaum mehr traben, geschweige denn galoppieren. Wir müssen aufgeben. Nicht nur die Pferde, auch die

[35] Die Witterung, Geruchspur des Wildes

[36] Eine kleine Zahl erfahrener Hunde, welche zu Beginn der Jagd den bestätigten Hirsch auffinden und hochmachen

[37] Ununterbrochene Verfolgung des Wildes in flottem Tempo

Reiter dampfen wie eine heiße Quelle an einem kalten Wintertag. Etwas mehr als eine Stunde später, kurz vor sechs, kommt der Hirsch im Tal von Combe Wood zur Strecke. Nichts hätte ich mir an diesem Tage mehr gewünscht als ein zweites Pferd!

Eben dort, wo ich jene Jagd hatte aufgeben müssen, bei Cussacombe Post, trafen wir zwei Tage später bei strahlendem Sonnenschein zusammen, um drei volle Stunden im kräftigen und eiskalten Wind zu warten, bis die Tufters endlich einen Hirsch angejagt hatten. Den dunkelbraunen Wallach Josh, ein Pferd von mittlerer Größe, ritt ich zum ersten Mal, doch sofort hatte ich großes Vertrauen zu ihm, weil er absolut verläßlich und gehorsam war. Die Hunde jedoch hatten keine Chance, der Scent war katastrophal. Zwei Stunden vielleicht ging es im Kreise um das Meet[38] herum oder dort auf und ab, immer in Sichtweite der geparkten Pferdetransporter, ehe der Huntsman[39] die Jagd abblies. Ein paar kurze, flotte Galoppaden, das war alles, was uns dieser Tag geboten hatte. Ich tröstete mich mit der Vorfreude auf das abendliche Dinner. Hätte man mich an dem einen oder anderen Jagdtag nach einem besonderen Erlebnis gefragt, so wäre ich gezwungen gewesen, zu antworten: das Essen und der Wein.

Regen, Sturmwind und Nebel. Brendon Two Gates. Seit drei Tagen hat es durchgeregnet, vom Moor ergießen sich Bäche überallhin. Als der Nebel sich nicht lichtet, fährt der ganze Troß nach Süden, bis zu jenem ominösen Five Cross Ways. Der Nebel hält sich hier tatsächlich nur ganz oben in den Hügeln, aber es schüttet in Strömen. Trotzdem wird zum Aufbruch geblasen. Nicht lange, und die Tufters finden. Der Scent ist gut. Eine Stunde lang galoppieren wir, was das Zeug hält. Dann geht es vorsichtig wie auf rohen Eiern einen Steilhang entlang, und es ist so glitschig, daß die Pferde ständig ausgleiten, beinahe zu Sturz kommen. Wieder kommen wir fast bis Simonsbath, durchqueren den angeschwollenen River Barle, der Sturmwind peitscht den Regen waagrecht ins Gesicht, doch es gibt ohnehin kaum mehr eine trockene Faser am Leib. Dann fällt dichtester Nebel ein. Meute und Hirsch verlieren sich in der milchigen Weite, und der Huntsman bläst ab. Es hat keinen Zweck mehr. Eine Stunde fast

[38] Anfänglicher Treffpunkt der Jagdgesellschaft
[39] Hundeführer

müssen wir noch durch Sturm und Regen zurück zum Meet. Es hat etwas für sich, den Elementen zu trotzen. Solche Tage zählen nie zu den langweiligen, sind nie wirklich schlecht. Sie geben einem das Gefühl eines Nordpolbezwingers, ein wenig Everest-Romantik, einen Touch vom großen Abenteuer. Ohne Erschöpfung, Gefahr, Verausgabung, Selbstüberwindung ist alles Jagen bloß zweitklassig.

Zu jedem Meet der D&S erschienen hunderte von Menschen, die nicht beritten waren, viel mehr als früher, um, wie sie sagten, die Meute ein letztes Mal sehen zu können. Denn es war hier eigentlich jedem klargeworden, daß dies die letzte Saison für die Hirschjagd sein würde, bestenfalls die vorletzte. Nie mehr wieder würde dann dieses schöne Land das helle Geläut der Hirschhunde hören, nie mehr würden Reiter über Stock und Stein das Land queren, wie es die Meute gerade erfordert, deren Weg wiederum von der Flucht des Wildes bestimmt ist.

An einem Verbot der Hirschjagd schien kein Weg vorbeizuführen. Eine tausend-, eineinhalbtausendjährige Tradition zu Fall gebracht durch den Sozialismus. Was hat diese Ideologie doch nicht alles verbrochen! Allein in den sechs Jahren seit dem Machtwechsel von '97: 750 Jahre Oberhaus dem Erdboden gleichgemacht, die Rechte der Grundbesitzer drastisch eingeschränkt, die Landwirtschaft massiv bedrängt, und nun die Meutejagd. Ergebnis von nur sechs Jahren Herrschaft. Und zuvor in diesem Jahrhundert: wie viele uralte Familienbesitze sind durch die doppelte Erbschaftssteuer der Enteignung anheimgefallen. Allein hier auf Exmoor. Knowle House etwa, oder Dunster Castle, das dadurch an den Trust kam. In beiden Fällen fiel durch den kurz aufeinanderfolgenden Tod zweier Erben, von denen der zweite im Krieg gar für sein Vaterland das Leben ließ, fast das gesamte Vermögen an den Staat. Doch was sind schon die Früchte des Sozialismus in England gegen jene im Rest der Welt, gegen die endlosen Verbrechen, die im Namen dieser Ideologie begangen worden sind: von der Ermordung der Zarenfamilie über den Völkermord des Nationalsozialismus und die Massenvernichtungen des Realsozialismus unter Stalin, Mao und Pol Pot: immer wieder nur ein Ziel: alles, was schön war, was groß dastand, dem Erdboden gleichzumachen. Der systematisierte Haß, das institutionalisierte Ressentiment gegen alles, was sich über das Niveau des Wurmes in der Gosse erhebt. Und immer im Namen des Fortschritts!

Zum Meet bei Hawkridge kamen vielleicht dreißig Berittene. Es war wieder trocken, und später brach gar die Sonne durch. Es hatte auch deutlich abgekühlt, was für einen guten Scent sorgte. So fanden die Tufters auch rasch einen starken Hirsch, und wir sahen, daß es ein ungerader Vierzehner war. Über eine Stunde folgten wir ihm in einem flotten Run, doch dann verlor ihn die Meute, weil er sich unter zwei ähnlich starke Hirsche mischte: einer davon querte unmittelbar vor uns in hoher Flucht die Straße, selbst der Whip[40] hielt ihn für den Bejagten, und so kam es, daß ein falscher Holloah[41] gerufen wurde, was beim Huntsman für ziemliche Verwirrung sorgen sollte. Jedenfalls lief von da an nichts mehr glatt. Wir beobachteten, wie sich die Meute immer weiter von uns entfernte, und schließlich wurde uns bewußt, daß sie nicht den Hirsch verfolgte, den wir vermeintlich als den bejagten angesprochen hatten. Wir ritten also das Tal hinunter, der Meute nach.

Eben als wir einem schmalen Pfad folgten, der einen Wiesenhang querte, kam ein paar Reiter vor mir ein Pferd zu Sturz. Es stolperte, knickte vorne ein, geriet mit dem Kopf in eine tiefe Traktorspur und verklemmte sich dort, während es sich überschlug. Es lag da, an den Flanken völlig eingefallen, ohne zu atmen. Jemand lief hin und öffnete noch den Sattelgurt, aber es gab keine Rettung mehr. Ein paar Zuckungen durchliefen den Körper, dann war es tot. Es hatte sich das Genick gebrochen, der Reiter aber war mit einer geprellten Schulter davongekommen.

Die Erschütterung war nicht gering, als ich an dem toten Tiere vorbeiritt. Wie nah uns doch immer der Tod ist, schoß es mir durch den Kopf, aber die Jagd ging weiter, und wir mußten hinterher. Dem Tode ins Auge zu blicken ist immer ein traumatisches Erlebnis, und doch gibt es nichts Entscheidenderes im Leben, um den Tod, die Angst vor ihm, wie auch seine Verdrängung zu überwinden, als ihn immer wieder zu provozieren, indem man tötet, und ihm wieder und wieder zu begegnen, indem man

---

40 Kurz für *whipper-in:* Hilfshundeführer

41 Lauter Ruf, der anzeigt, daß das gejagte Stück gesichtet worden ist

dem Sterben beiwohnt. Die spanische Corrida aber ist die höchste rituelle Vollendung aller Versuche, am Töten und am Sterben teilhaftig zu werden. Und doch ermangelt sie für den Zuschauer, für dessen Katharsis sie inszeniert ist, jener Dimension, welche dem Kriege, der Parforcejagd, der Jagd auf die Big Five und dem Abenteurertum zu eigen ist: der Gefahr für das eigene Leben, des Naheverhältnisses zum eigenen Tod. Bei der Tauromachie kennen diese Dimension nur die Toreros.

Die Meute lief das Tal nach Marsh Bridge hinunter, und wir ritten hinauf zur Hawkridge Ridge, von wo man einen guten Überblick über das Geschehen hat. Zwei Stunden standen wir dort oben, hörten im Tale die Brunfthirsche röhren, sahen in der Ferne die Meute, wie sie mal auf dieser, mal auf jener Lichtung oder Wiese auftauchte, aber man hatte den ursprünglichen Hirsch verloren, und niemand wußte, worauf die Meute eigentlich Jagd machte. Schließlich sahen wir am Gegenhang einen flüchtigen Hirsch, der von zwei Koppeln verfolgt wurde. Doch es war ein schwächeres Stück. Wir folgten ihm zwar noch talaufwärts, er jenseits, wir diesseits des Grabens, aber alles, was man wollte, war die Hunde zu stoppen. Es war ganz offensichtlich der falsche Hirsch, und man beschloß, den Tag zu beenden.

Wenn man gerade mal nicht jagt, so gibt es vieles auf Exmoor, das einen Ausflug lohnt. Auf dem Weg über das Valley of the Rocks besuchte ich Woody Bay, wo am Fuße dicht bewaldeter Steilhänge, in welchen ein paar Häuser wie Schwalbennester hängen, ein kleines Herrenhaus inmitten einer großen Rasenfläche steht, mit Blick auf die See, ganz ähnlich, wie Glenthorne, jenes Anwesen, welches zehn Meilen gegen Osten exakt an der Stelle liegt, wo die Grenze zwischen Devon und Somerset auf das Meer trifft. Der gewaltige Kontrast von wildem Meeresrauschen, Felsenküste und steil aufragenden, mit altem Laubwald bestandenen Hängen einerseits und dem imposanten Bauwerk aus kunstvoll behauenem Stein inmitten der absoluten Ebenmäßigkeit eines großzügigen englischen Rasens andererseits ist in seiner ganzen Dramatik durch nichts zu überbieten. Nirgends auf der Welt ist die Natur so nachdrücklich stilvoll in architektonische Konzepte eingebunden worden wie in England und seinen Kolonien. Man denke nur an die atemberaubende Komposition des Victoria Falls Hotels oder

Josh, ein absolut wundervolles Pferd, das sich leider später in der Saison ein Bein brach

Auf Piper bei einem Meet der Devon and Somerset Staghounds (DSSH)

Die Sekretäre der DSSH, Janet Ackner und Anne Hosegood (†)

Ein Cast: der Huntsman sucht mit der Meute nach der verlorenen Fährte

In at the death. Der Huntsman fängt den Hirsch ab, nachdem ihn die Meute gestellt hat

Ein traumhaft schöner Jagdtag, hier bei Comer's Cross oberhalb von Winsford

Kanal von Bristol an der Nordküste von Devon: Woody Bay und Valley of the Rocks

Valley of the Rocks

Arlington Court

des Old Cataract in Assuan oder des Old Winter Palace. Nur aus dem Geiste der viktorianischen Spätromantik und ihrer Nachklänge konnten Gesamtkunstwerke dieser Art hervorgehen.

Arlington Court dagegen, keine zehn Meilen gen Südwesten, ist ganz und gar das strenge, formale Abbild einer früheren Zeit, der hohen Schule des *Augustan Age*, wenn auch erst in spätgeorgianischer Zeit, eigentlich schon im Zeitalter des Regency erbaut. Wie ein gigantischer Monolith liegt der graue Quader des Haupthauses inmitten einer ausgedehnten Parklandschaft, und ganz so wie der erste Eindruck es vermittelt, ist dieses Haupthaus in seiner gesamten Dimensionierung kompakt und minimalistisch, sodaß es mir als das Idealbild eines Herrschaftshauses für mich selbst erscheinen mußte. Es ist ein Haus ganz im Geiste der apollinischen Leichtigkeit, der lichtdurchdrungenen Eleganz des 18. Jahrhunderts. Nichts desto trotz: ich würde die viktorianische Schwere mit ihren Mahagoni-Täfelungen und ihrer neogotischen Symbolik, ihrer Aura des Mediävalen missen, jene Schwere, wo das Knistern und Flackern des Kaminfeuers erst Wärme und Behaglichkeit in vollendeter Weise entwickeln kann. Nur in einem solchen Ambiente auch wirken jagdliche Trophäen wie kunstvolle Ornamente, während sie inmitten der hohen Eleganz der georgianischen Blüte grob deplaziert wären.

Auf meinen Fahrten durch Exmoor konnte ich immer wieder feststellen, daß seit der Maul- und Klauenseuche das „halbe Land" zum Verkauf stand. Hunderte Objekte wurden angeboten, viele Besitzer hatten allem Anschein nach die Krisenzeit wirtschaftlich nicht überlebt oder hatten erkennen müssen, wie es nach einem Jagdverbot sein würde, und sahen somit keine Zukunft in diesem agrarwirtschaftlich sehr kargen Land. Die hohe Finanzkraft der Gastjäger sorgte hier maßgeblich für Arbeit und Umsatz.

Wenn erst die Meutejagd in England verboten worden ist, kann ich mir nicht vorstellen, daß die andere beliebte Jagdart, nämlich das Schießen von Fasanen, lange ungeschoren bleibt. Hier auf Exmoor gibt es zahlreiche große Fasanerien, die geradezu vollgestopft sind mit zehntausenden von Fasanen, welche bei Treibjagden in Massen geschossen werden. Nicht nur Tierschützern, auch vielen progressivistischen Politikern ist dies ein Dorn im Auge. Es gibt so viele Fasanen, daß man als Lenker eines Automobils ständig Obacht geben muß, nicht mit einem feisten Hahn zu kollidieren.

Kaum weniger häufig ist der Dachs. Immer wieder sieht man überfahrene Dachse auf der Straße, und obwohl man weiß, daß er die Rindertuberkulose verbreitet und schon zu einer Landplage wird, steht er seit Jahrzehnten unter strengstem Vollschutz. Wer auf der Jagd, ob mit Hunden oder Flinten, aus Versehen einen Dachs tötet oder auch nur stört, hat mit schwersten Strafen bis hin zum Gefängnis zu rechnen. Die Perversitäten moderner englischer Naturschutzpolitik kennen keine Grenzen und sind doch nur ein Vorgeschmack auf das, was an jagdfeindlicher Gesetzgebung in den nächsten Jahren und Jahrzehnten noch zu erwarten ist.

An einem sonnigen Samstag waren über 150 Berittene und viele hundert an Fußvolk zum Bügeltrunk in Exford auf dem Anwesen von Baroneß Mallalieu, Präsidentin der Ländlichen Allianz, erschienen. Reden wurden geschwungen und erst spät blies der Huntsman zum Aufbruch. Von Aldermans Barrow ging es über morastiges Terrain bis Prayway Head, wo ein frischer Hirsch angejagt wurde, der zurück in Richtung Exford lief und dort gegen vier fast mitten im Dorf zur Strecke kommen sollte. Es war kein großartiger Tag, aber wir hatten ein paar gute und lange Runs über das offene Moor, wo der Boden stellenweise ziemlich tief und sumpfig war, ritten entlang wunderschöner Höhenrücken, von denen man immer wieder einen phantastischen Ausblick in die Täler westlich von Exmoor hatte, und genossen das schöne, warme Sonnenwetter.

Meine große Liebe zu sanften Hügellandschaften und zu Hügelbergen mit Blick auf weite Ebenen und in überschaubare Taleinschnitte: es scheint mir, daß die Liebe zu einer Landschaftsform in der frühen Kindheit erworben wird, dort, wo man aufgewachsen ist, als eine Art Prägung wie jene des Gänsekückens durch das elterliche Erscheinungsbild. Wie sonst wäre zu erklären, daß der Tiroler die Hochgebirgslandschaft als die schönste auf Erden erachtet, während ich, der ich meine Kindheit und Jugend im und am Rande des Mühlviertels und Alpenvorlandes verbracht, das Gebirge zwar als imposant oder grandios, aber immer als fremd und feindselig, niemals als anheimelnd empfunden habe. Daß ich mich auf Exmoor, in England und Schottland überhaupt so sehr zu Hause fühle, wird, abgesehen von den historisch-kulturellen Reizen des Königreiches, auch darauf zurückgehen, daß ich hier die weichen, rollenden Hügel meiner Kindheit wiederfand.

Es war also kein Wunder, daß ich auch das Land am Rande des Schwarzwaldes, wo die Vorberge in die Rheinebene bei Baden-Baden abfallen, sogleich liebgewann, als ich von „Kafi“, Karl-Fritz, wie er mit vollem Namen heißt, zur Novembertreibjagd in seine Heimat geladen wurde. Ich hatte mit Kafi schon in Polen geweidwerkt, und wie damals begleitete mich auch diesmal mein trotz seines fortgeschrittenen Alters noch rüstiger und reiselustiger Freund Otto. Fisch-Otto nennen sie ihn im Dorf, weil er sich mit einer kleinen Forellenzucht ein bescheidenes Zubrot zu verdienen pflegt. Zwanzig Jahre lang war er jede Saison mehrere Monate in Kanada und Alaska als Jagdführer tätig gewesen, zu einer Zeit, wo das Jagen dort nur einen Bruchteil von dem kostete, was heute dafür verlangt wird, und wo das Wort Bürokratie noch unbekannt war. Wir fuhren also die fünfhundert Kilometer nach Baden-Baden, um auf Hase und Fasan, Ente und Taube zu jagen. Dreißig Schützen waren geladen. Jagdherr Kafi hielt eine Ansprache und die Hornbläser bliesen zum Aufbruch. Wir bildeten eine Kette, die in einer Linie über die brachen Felder von Einstand zu Einstand streifte. Mal umstellten wir ein noch nicht abgeerntetes Maisfeld, dann eine Fichtenverjüngung, mal Laubwaldinseln oder verbuschte, schilfige Feuchtbiotope.

Zuerst durchkämmen die Treiber den Einstand, dann werden die Hunde geschnallt, und rundum knallen die Flinten wie im Häusernahkampf in Beirut. Wenn die Tauben aufsteigen, gibt es jedesmal ein richtiges Sperrfeuer. Da, beim rechten Nachbarschützen steckt ein Hase sein Köpfchen aus dem Blattwerk, die Flinte fährt an Nachbars Schulter, doch der Schuß läßt nur die Wolle fliegen. Der Hase setzt durch die Schützenlinie in das Maisfeld hinter uns, ein Hund verfolgt ihn. Ich drehe mich um, da saust er schon aus dem Mais heraus aufs offene Feld, ich lasse die Doppelte sprechen, doch zu kurz, nur der Acker staubt auf. Der Hase ins nächste Maisfeld, ihm der Hund auf den Fersen, dann vorbei an den Schützen links von mir, paff, paff, … paff, paff, dann nochmals paff, doch der Hase saust weiter, im Bogen zurück in den Einstand, woher er gekommen. Ich muß lachen. Auch die geübten Flintenschützen rund um mich haben danebengeschossen. Als völlig Ungeübter fiel ich da weiter nicht auf.

Vorwärts geht's zum nächsten Einstand. Da es die ganze Nacht und auch am Vormittag heftig geregnet hat, ist es, trotzdem nun gar die Sonne tief am spätherbstlichen Nachmittagshimmel steht und ihre Strahlen durch dunkle Wolkenbänke schickt, ziemlich feucht, und die Fasanen fliegen schwer und langsam. Trotzdem fehle ich zwei. Auf Otto, der neben mir steht, kommt frontal ein Hahn zu. Die volle Garbe trifft ihn, jede Faser erschlafft im selben Augenblick, und als lebloser Klumpen fällt er zur Erde, wo er noch ausrollt wie ein im Kampf vom Schwerte abgetrenntes Haupt. Langsam wird es dämmrig. Ein letztes Mal steigt aus einem alten Laubwaldbestand ein Hahn in meine Richtung auf, streicht links an mir vorbei, ich schwinge mit ... paff ... er geht zu Boden. Ich laufe hin, doch dort nur Federn. Zehn Meter weiter flattert der Hahn im Gras. Ich stürze mich auf ihn, drehe ihm den Kragen um, was aber ohne Wirkung bleibt. In diesem Augenblick fällt mir die Tiroler Kompressionsmethode ein: Der dörfliche Pächter der Gemeindejagd hat einmal, so seine Erzählung, einen angeschweißten Birkhahn, dessen Balg natürlich möglichst unversehrt bleiben sollte, dadurch ins Jenseits befördert, daß er ihn zwischen seinen Schenkeln durch Kompression des Brustkorbes erdrückt hat. So also haucht der Hahn zwischen meinen Knien sein Leben aus, ein wohl seltsames Ende bei einer Treibjagd. Dennoch ist meine Freude übergroß: der erste Fasan, der meiner Flinte zum Opfer fällt, habe ich doch bis dort nur mit der Büchse gejagt. Wie gerne, so befällt mich der Gedanke, würde ich öfter auf Niederwild gehen, wie gerne würde ich einmal in Schottland mit einem Pointer durch die rauhe Landschaft streifen, allein, nur der Hund und ich, und ernten, was wir gerade finden. In Schottland oder in Irland. Oder auch in Spanien.

Als die Nacht hereinbricht, liegen ein Fuchs, 24 Hasen, 38 Fasanen, 29 Enten, 10 Tauben und eine Elster. Für heutige Verhältnisse in Deutschland eine gewaltige Strecke. Doch Kafi hat die beste Niederwildjagd der ganzen Gegend. Zwei Tage pro Jahr wird gejagt, 350 Tage gehegt. Wenn das nicht für uns Jäger spricht, was dann? Es wird Strecke gelegt, und im Schein der Fackeln wird das Wild verblasen. Dann geht's zum Schüsseltrieb, der, ganz wie es die Art von Kafi ist, *nicht* in einem allgemeinen Besäufnis endet.

Wohl war die Jagd mit all ihren Stimmungsbildern die weite Anreise wert gewesen. Und doch war sie bloß eine Episode. Ein Tag in tausend Jahren. Die Unvergänglichkeit jedoch der schönen Landschaft, der Blick von den Vorbergen auf die Tiefebene des Rheins, die herrschaftlichen Villen von Baden-Baden, die uralten Kulturgüter, die Schlösser der Markgrafen, das ist es, was diesen Tag erst wirklich zu etwas Besonderem gemacht und ihn eingereiht hat in das historische Kontinuum von Natur und Kultur.

Exmoor hatte sich an jenem letzten Tage von seiner strahlendsten Seite gezeigt. Die Baronin konnte zufrieden sein und die zahlreichen Gäste waren es sicherlich ebenso. Wenn ich Glück habe, dachte ich, kann ich noch ein- oder zweimal hierherkommen, um der edelsten aller jagdlichen Freuden zu frönen, der Jagd mit der Meute auf den Geweihten. Für einen guten, einen großen Tag mit der Hirschmeute würde ich jeden rumänischen 15-Kilo-Hirsch stehenlassen. Aber bald, so dachte ich, als ich vor dem Gestreckten stand, einem ungeraden Zehner, dessen ausgeweidete, eingefallene, blutleere Karkasse nun ziemlich klein und struppig aussah, während das Haupt mit den hellspitzigen Stangen immer noch würdevoll und edel erschien, bald würde das alles vorbei sein. Und so auch geschah es.

⚜ ⚜ ⚜

Was vergangen, kehrt nicht wieder,
Aber ging es leuchtend nieder,
Leuchtet's lange noch zurück.
Karl Forster

Wieder einmal war ich zu Ostern im Königreich, um den Hirsch mit der Meute zu jagen. Eine unglaubliche Menschenmenge, zweihundert Berittene und an die drei- oder vierhundert zu Fuß, hatte sich bei wärmendem Sonnenschein auf der Wiese vor Simonsbath Barton versammelt, ich auf Big 'Un[42], einem riesenhaften Fuchs, den ich das erste Mal ritt, und der noch beträchtlich größer war als Jim, fast einsneunzig Stock und schwer im Gebäude, trotzdem leicht kontrollierbar und sicher im Tritt. Das gewaltige Roß machte auf jedermann großen Eindruck, und so war es kein Wunder, daß der bekannte Jagdmaler John King, auch

[42] Mundartlich für „Big One".

gelegentlich Hofmaler für das Königshaus, der ebenfalls zu diesem Meet gekommen war, auf mich aufmerksam wurde und frug, ob er uns malen solle. Zwei Tage später besprachen wir bei ihm zu Hause, nahe Salisbury, dessen imposanter Kathedrale ich anschließend einen Besuch abstattete, um den himmlischen Mächten, welche auch immer diese seien, für die glücklichen Tage im Reich zu danken, beim Lunch die Details. Es gab Rebhuhn mit Gemüse, dazu *claret*[43], und John zeigte mir sein umfangreiches Œuvre, Bilder für die Königin, etwa die Aufbahrung Ihrer Majestät der Königinmutter in der Abtei von Westminster, Weihnachtskarten für die Jagd des Herzogs von Beaufort, dramatische Fuchsjagd-Szenen in Irland, Bronzen von Hochlandponys mit dem erlegten Hirsch auf dem Rücken, von kamelberittenen Beduinen, auf dem Speisetisch ein Jagdpferd, das eben vom Hufschmied beschlagen wird, im Garten fliegende Rebhühner, und ich erkannte alsbald, daß ich in John nicht nur einen Meister seines Genres, sondern einen der ganz Großen vor mir hatte.

Die Jagd ging von Simonsbath auf das südliche Moor hinauf, und nach ein paar langen Runs wurde erst um viertel drei das Pack angesetzt, nachdem der nunmehr schon an die zwei Stunden verfolgte junge Gabler von den Tufters vor unseren Augen aus einem lichten Gehölz herausgearbeitet worden war. Im rasenden Galopp geht es in Richtung Hawkridge Plain, wo sich der Hirsch kurz in einem Wäldchen versteckt, doch schließlich wird er gesprengt, und die Meute an den Fersen stürzt er sich den Wiesenhang hinab zum Wald von Leworthy, an dessen Rand er gestellt wird. Es ist erst drei, und eine kurze, schnelle und erfolgreiche Jagd liegt hinter uns. Es war keine große Schlacht gewesen, kein Tag, an dem man an Grenzen gestoßen wäre, kein Schlamm, kein Regen, kein Sturm, auch kein Sturm in der Seele. Vielmehr glich dieser Tag einer kurzen, hellgestimmten Symphonie, erfüllt von halkyonischer Heiterkeit, voll beschwingter Leichtigheit, und wenn ich heute daran zurückdenke, dann ist es tatsächlich die unsterbliche Melodie des Radetzkymarsches, die mir dabei in den Ohren klingt.

Alles Jagen ist wie große Musik. Während die Tauromachie in ihrer unerbittlichen Sequenz der griechischen Tragödie gleicht, wo mit eben

[43] So wird im Englischen ein Bordeaux-Wein bezeichnet

Smalltalk beim Meet, der Autor auf Rambler

Romantisch gelegenes Landhaus in Woody Bay

Der Autor auf Big'Un, dem sanften Riesen, innig geliebt und unvergessenen. Beide makellos herausgeputzt.

Wie öfter bei sehr großen Pferden erlag er wenige Jahre später einem plötzlichen Herzversagen

Big'Un auf dem Hügel über dem River Barle unweit von Simonsbath

Aquarell von John King

Uralte Steinbrücke im Doone Valley

Frühlingsidylle: weidende Schafe und Stechginster in voller Blüte

Oare Church mit Friedhof, Doone Valley

Oare

Noch im alten Jahrtausend: auf Norman

derselben Unerbittlichkeit und Unabwendbarkeit die Katastrophe Schritt für Schritt in zwanghafter Abfolge der Ereignisse sich erfüllt, entspricht die Jagd einer heiter-ernsten musikalischen Improvisation: leicht und schwer zugleich, meist erhaben, oft dramatisch, manchmal auch traurig, immer aber mit ungewisser Richtung und unbekanntem Ende.

Wie immer war ich im Crown abgestiegen, wo man mich förmlich anbetete und mir jeden Wunsch von den Augen ablas. Scott Dickson kochte wieder brillant: ganz im Stile der Nouvelle Cuisine, aber doch *distinctively English*, eben von einer gewissen Simplizität, die der englischen Küche zu eigen ist. Eine sehr beeindruckende Kombination, mit perfekt harmonierenden Speisefolgen, die einzelnen Gerichte immer mit kräftigem Eigengeschmack des Hauptprodukts, in den Zutaten und Gewürzen balanciert bis leicht pointiert. Unvergeßlich das Pilzrisotto mit Schaum, oder das Lachstartar mit Sevruga, oder die rot gebratenen Taubenfilets, oder der unglaublich fruchtige heiße Apple-Crumble. Nicht zu verachten die schmackhaften Schaumsuppen, Wild- oder Geflügelpasteten, die frischen Jakobsmuscheln und Meeresfische, großartig die kurzgebratenen Spezialitäten vom Rind, Lamm und Wild. Immer wieder ohne gleichen die verschiedenen Zubereitungen von Foie gras oder die Fruchtsüppchen und die diversen Schoko-Törtchen und Soufflés. Jeder Abend war ein Erlebnis. Aber Scott besaß nicht die sagenhafte Kreativität der Seebachers. Was Rudi, der uns bald so unerwartet verlassen sollte, eines Abends aus ein paar von Ottos Forellen kreiert hat, sucht seinesgleichen: Forellenleber mit Speckwürfelchen (auf Zahnhölzchen gespießt) sowie gebratene Forellenhaut zu trockenem Sherry. Forellenmousse auf geräuchertem Forellenfilet. Forellensuppe. Forellengehacktes in Teigtasche. Gebratenes Forellenfilet mit rotem und gelbem Paprika-Risotto. Marita kredenzte ihre Dessertgänge: Mousse au chocolate. Erdbeerknödel mit marinierten Erdbeerspalten. Käse. Kaffee. Sechs Stunden haben wir wohl diniert. Forellenleber! Ist das nicht so unglaublich wie Nachtigallen-Zungen bei altrömischen Festgelagen? Nur die nubischen Sklavinnen haben uns noch gefehlt!

Die Weine im Crown waren diesmal höchst unterschiedlich: der 96er Château Siran, ein Grand Cru Exceptionnel aus Margaux, sehr fruchtig, leicht, modern, etwas metallisch, wenig Nuß, flüchtig im Abgang, im

Grunde nichtssagend und langweilig, eine Enttäuschung, wenn man wie ich den schweren, erdgebundenen, tanninreichen Bordeaux der alten Schule liebt. Dagegen der '99er Châteauneuf du Pape aus der Domaine La Roquette sehr viel ernsthafter, tiefer, fast schon gravide, aber kein Vergleich mit der absoluten Gewichtigkeit des Pontet Canet '95, ein Grand Cru Classe en 1855 aus dem Pauillac, mit seiner herben Tabaknote und dem endlosen Abgang. Der Côte Rôtie '98 von Luis Drevon aus der Domaine de Rosiers gab sich weich, rund, ausgewogen sowohl in der Frucht wie bei den Tanninen, auch mild und rasch im Abgang, von mittlerer Tiefe, mit mittlerem Körper. Insgesamt ein schöner, absolut harmonischer Wein, aber bei Gott kein Erlebnis. Ein solches war dagegen der '90er Château Cissac, ein Cru Burgeois aus dem Haut-Médoc: auch er weich und ausgewogen, aber tief, erdig, voll im Körper, im Abgang leicht rauh, mit schönen Tanninen, deutlich die charakteristische Nussigkeit, die dem Bordeaux zu eigen ist, trotz aller Tiefe und Rustikalität eine gewisse Frucht. Nicht ganz die Klasse eines La Grange oder Pontet Canet, aber definitiv ein großes Erlebnis! Leider hat das Crown keine Riedel-Gläser, welche bei solchen Weinen eine absolute Nezessität sind. Ich beschloß daher, mir ein kleines, mit rotem Samt ausgekleidetes Lederköfferchen für zwei solche Gläser fertigen zu lassen.

Ich speise gerne allein, besonders, wenn man gehoben diniert, weil man sich ganz auf den Genuß des Essens und Trinkens konzentrieren kann, die klassische Musik im Hintergrund genießt und sich am schön gedeckten Tisch, am Kerzenschein, an der Palette eleganten Bestecks im viktorianischen Muscheldekor oder an der Reihe glänzender Gläser delektiert, welche den Tisch zieren. Wie bemerkte doch ein Gast, als er hereinkam: „Wie schade, daß Sie alleine sitzen müssen". „Nicht ganz!", erwiderte ich, „Ich habe immerhin zwei Flaschen Wein". Denn außer dem Roten pflege ich immer auch einen ordentlichen Weißen, einen Chardonney etwa, und reichlich Wasser auf dem Tisch zu haben.

Auch ist es amüsant, andere Gäste zu beobachten: aus der Art und Weise, wie jemand das Besteck benutzt und sich sonst bei Tisch benimmt, kann man immer noch mit ziemlicher Sicherheit erkennen, in welcher Gesellschaft man sich befindet. Und dann sind da jene Absonderlichkeiten englischer Geschmacksverirrung, die mich immer wieder gerade deshalb so sehr erstaunen, weil sie unmittelbar neben der höchsten Vollendung guten Geschmacks, welche vorstellbar ist, blühen und gedeihen, als hätte es nie irgendwelche Regeln der Ästhetik gegeben. Aber heute sind ja ohnehin alle Regeln und Verbindlichkeiten abgeschafft. Unvergeßlich bleibt mir jedenfalls jenes Ebenbild von Mr. Bean mit eindrucksvoll neongrellem Jackett, dessen Begleitung nicht weniger gewöhnungsbedürftig aussah. Da waren mir doch meine zwei Flaschen Wein lieber!

Die meisten Gäste aber, die ich im Crown getroffen habe, waren Ladies und Gentlemen der alten Schule, stilsicher, liebenswürdig, witzig und charmant. Meistens waren es ältere Ehepaare aus der Jagd-Szene, aber diesmal waren erfreulicherweise auch ein paar junge Leute hier, mit welchen ich mich auf Anhieb bestens verstand. Nachdem ich schon so oft hierhergekommen war, traf ich immer wieder alte Bekannte, und oft wußte ich nicht mehr, wie ich den verschiedenen Einladungen zum geselligen Beisammensein nachkommen sollte.

Ich habe auf Exmoor Stürme erlebt und Eiseskälte und Regen in allen erdenklichen Dimensionen, aber heiß, sommerlich heiß, fast afrikanisch heiß hatte es sich noch nie präsentiert.

Das Meet war bei Kings Wood südlich von Molland, und an die hundert waren gekommen. Schon im Schatten hatte es 25 Grad, die Sonne brannte unbarmherzig. Aber ein Gentleman reitet immer in voller Montur, mit Wollgilet, Jagdrock und allem, was dazugehört … ich war dem Hitzschlag nahe. Zum Glück weht oben auf den Hügeln immer eine angenehme Brise. Hitze bedeutet meist sehr schlechten Scent, und tatsächlich versinkt die Jagd im Chaos: einige schnelle Galoppaden, einiges Herumstehen, und der erste Hirsch geht auf League-Land verloren. Auch der zweite Hirsch geht verloren, und schließlich entschließt man sich, mit dem ganzen Pack zu tuften. Der nächstbeste Hirsch wird hochgemacht, es folgt ein langer, schneller Run, wo wir einen extrem steilen Abhang hinabjagen, die letzten Sprünge fast senkrecht, oder wir fliegen über das völlig ausgetrocknete Moor, das schon seit Wochen keinen Tropfen Regen gesehen hat, und wo mich eine starke Bodenwelle fast aus dem Sattel katapultiert: beim Reiten ist es nämlich wie beim Schifahren: Gegenhänge erzeugen Kompressionskräfte, die den unvorbereiteten Ski-Läufer zu Boden zwingen und welche auch das Pferd ruckartig verlangsamen, während der unachtsame Reiter dem ehernen Gesetz der Trägheit folgt. Landet der Reiter dabei auf dem Boden, spricht der Engländer alten Schlages despektierlich von einem *voluntary*[44]. Was ein rechter Jagdreiter ist, der mag zwar einen *fall* haben, und das heißt dann, daß das Pferd zu Sturz kommt, aber nie und nimmer einen *voluntary!*

Die Sonne glüht erbarmungslos, und es ist staubtrocken. Wo sonst Hohlwege im Dunst dampfender Pferde versinken, stehen sie nunmehr, wenn das ganze Feld über den Schotter galoppiert, voll Wolken braunen Staubes. Manchmal glaubt man sich in Operation Desert Storm, und Lawrence of Arabia hätte seine helle Freude gehabt. Wir halten uns ziemlich gut hinter der Meute, und diese wiederum bleibt hart am Hirsch, doch der Gejagte mischt sich unter eine große Herde von Tieren, und während wir zusehen, wie sich das Pack in unzählige Gruppen splittet, jede ein paar anderen Tieren nachjagend, verfolgen mehrere Hunde von allen unbemerkt den Hirsch, der hinter uns die Straße quert und sich auf der Flucht ins jenseitige Tal in einem Zaun verfängt. So etwas passiert kaum einmal, aber es war ein schwaches, stark abgekommenes Stück, dessen Leber mit Pusteln übersäht war, und das offenbar selbst nach kurzer Jagd nicht mehr die Kraft hatte, den nicht gerade hohen Zaun zu überfallen. Ein höchst sonderbares Ende eines ziemlich chaotischen Tages.

Es gibt Tage, die sind wie Händels Feuerwerksmusik, und solche wie Beethovens Fünfte oder Strauss' Zarathustra oder Orffs *Carmina Burana*, Tage von gewaltiger Monumentalität und Tiefe. Dann gibt es Tage vom Format des Donauwalzers, beschwingt und doch würdig, und es gibt Tage, die sind elegisch, melancholisch wie *The Flowers of the Forest*. Dies jedoch war ein Tag der Zwölftonmusik, hart an der Grenze zur Kakophonie.

Beim Meet von Long Holmcombe ist es noch heißer, und auch diesmal sind hundert gekommen. Die Jagd bewegt sich zwischen Holmcombe, Simonsbath und Landacre und dann hinüber nach Fife Crossways. Wir durchqueren imposante Schluchten und galoppieren über weite, rollende Moorhügel, deren langes Gras so trocken und gelb ist wie jenes damals

[44] Freiwilliger Abgang

auf den Somabhula-Flats im Highveld Rhodesiens, wo ich einen Riedbock und ein Steinböckchen erlegt und mir ein Pferd genommen hatte, um über die gelben Weiten zu reiten.

Piper hält sich trotz einiger langer Runs in der Gluthitze recht gut, und oft sind wir eindrucksvoll nahe am Gejagten, er keine fünfzig Gänge vor uns, dahinter die Meute in hohem Geläut, doch überall ist so viel Wild, daß die Hunde die Fährte schließlich nicht halten können.

Endlich hat es abgekühlt. Ein kalter, fast eisiger Sturmwind fegt über Exmoor, als wir uns bei Cussacombe Post treffen, auch diesmal wohl an die hundert. Noch immer ist das Land trocken, und der Wind wirbelt große Mengen Staubes in die Luft. Rasch ist der Hirsch angejagt, und wir können über weite Strecken die Arbeit der Hunde sehen, doch er verliert sich schließlich auf verbotenem Land. Erneut wird ein Hirsch angejagt, und wir folgen ihm über lange Zeit, ehe er sich in einer großen Waldplantage versteckt und nicht mehr aufgefunden werden kann. Es ist immer wunderbar, draußen zu sein in dieser weiten Landschaft und auf einem Pferd den Hunden zu folgen, ganz gleich wie sich die Jagd entwickelt.

All das hat Labour zu Fall gebracht. Und man gab sogar zu, daß es dabei um nichts anderes ging als um einen Rachefeldzug gegen das immer noch nicht ausgerottete alte Establishment. Mit ungläubigen Augen hatte man zusehen müssen, wie dieses Establishment trotz aller Frontalattacken, trotz zeitweise 98-prozentiger Erbbesteuerung, trotz völliger Entmachtung, trotz aller egalitaristischen Umerziehung und Gehirnwäsche immer noch und immer wieder ein deutliches Lebenszeichen von sich gibt.

Ein ganzes Jahrhundert schon währt dieser Kampf, und das erste, was ihm zum Opfer fiel, war Arkadien: das bukolische, das pastorale England, das England vor dem Großen Krieg, das England von Sassoons *Memoirs*[45], *The Passing Years*[46], *Cider with Rosie*, lange vor *Brideshead Revisited. The eternal image of serene tranquillity* – das ewige Abbild heiterer Ruhe.

---

[45] Siegfried Sassoon, *Memoirs of a Fox-hunting Man,* 1928
[46] Richard Greville Verney Lord Willoughby de Broke, 1924

Wie kein Maler vor oder nach ihm hatte Claude Lorraine im Siebzehnten Jahrhundert die Quintessenz des Bukolischen Ideals in seinen Bildern dargestellt, *where nymphs and shepherds blissfully passed their time in sylvan glades bathed in an eternal golden light*[47]. Was Vergil in seinen Eklogen besungen, vor ihm Theokrit und Bion im hellenistischen Griechenland, was Plinius über die Idylle seiner Villen auf dem Lande schreibt, das findet sich in Lorraines Bildern, und genau das hat man im England des 18. Jahrhunderts auf vollendete Weise architektonisch umgesetzt. Vor dem Hintergrund des Landhauses mit seinen Gärten und Parks pflegte man einen Lebensstil, dessen stoische Gediegenheit und klassische Reinheit später, im 19. Jahrhundert, noch bereichert wurde durch den Geist der Romantik. Es war die Zeit, wo sich die Kultur der Menschheit vollendet hatte.

Was wir heute sehen, wenn wir die zu Museen erstarrten Anwesen besuchen, sind nichts als Gräber aus einer lange schon toten Epoche, aber manchmal, wenn sich die Gesellschaft einer Fuchsjagd vor einem historischen Haus trifft, in diesen heute sehr seltenen Augenblicken, leuchtet jene Zeit noch einmal herüber als letztes Relikt, letzter Nachklang des bukolischen, des pastoralen Idylls, als das England der Nobilität die Reinkarnation Arkadiens war.

Es ging rasch zu Ende. Giles Worsley[48] zählt 1.200 Landhäuser auf, die dem 20. Jahrhundert zum Opfer fielen, und schätzt den tatsächlichen Verlust auf 1.700. Darunter alle großen Londoner Stadtpalais der höchsten aristokratischen Kreise: Dorchester House, Pembroke House, Devonshire House oder Norfolk House, jedes für sich ein künstlerisches Juwel ohne gleichen. Aber auch auf dem Lande: Paläste wie Trentham Hall, das der 4. Herzog von Sutherland schleifen ließ, oder Eton Hall des Herzogs von Westminster, Clumber Park des Duke of Newcastle. Tausende weitere wurden verkauft und wiederverkauft, und alle, aber auch alle, selbst jene, die sich nach wie vor im Besitz alter Familien befinden, haben ihre Beschaulichkeit verloren, weil in ihnen nicht mehr gelebt wird wie ehdem.

---

47 Roy Strong, *The English Arcadia:* wo auf Lichtungen im Walde, getaucht in ewig gold'nen Schein, sich Nymphen und Schäfer selig ihre Zeit vertrieben

48 *England's Lost Houses*

Denn diese Güter waren wie ein lebender Organismus: es waren die große Familie und das Heer der Dienstboten und die Pächter auf dem Gutsbesitz, welche ihnen Leben einhauchte. Es waren die Vielzahl der Pferde in den Stallungen und die Hunde für die Jagd. Und auf diesen Gütern wurde Kultur, die hohe Kultur, jene Kultur, welche sich über Jahrhunderte immer mehr verfeinert hatte, bis sie die absolute Klimax zu erreichen schien, auf diesen Gütern wurde solcherlei vollendete Kultur *gelebt!* Die Gemälde an den Wänden, die Gediegenheit des Mobiliars, die reiche Architektur der Gebäude und Gärten, das edle Porzellan beim Tee, die elegante Art sich zu kleiden, die makellose Uniform bei der Jagd, die Vornehmheit des sprachlichen Ausdrucks, die hohe Kunst der gebildeten Konversation, das alles eingebettet in die Idylle einer natürlichen Landschaft, und über allem ein Anflug von Grandiosität. „*When one lives in Paradise*", sagte Lady Cavendish, „*how hard it must be to ascend in heart and mind to Heaven.*"[49]

Arkadien ist tot. Und wir, wir haben nur mehr sein fernes Leuchten gekannt. Ja, die Meutejagd *ist* ein Symbol. Und es ist unleugbar, daß die progressivistischen Kräfte, die nun an der Macht sind, über alle Relikte Arkadiens eine *damnatio memoriae* verhängen und auch noch seine Schatten überwunden wissen wollen.

Exoriare aliquis nostris ex ossibus ultor![50] – Möge einst aus unseren Gebeinen ein Rächer erstehen!

---

49 Lady Cavendish, 1863, über den Landsitz Cliveden [sprich Kliffdn], damals im Eigentum des Herzogs von Sutherland: Wenn man im Paradies lebt, wie schwer muß es da wohl sein, von ganzem Herzen in den Himmel aufzusteigen.

50 Vergil, *Aeneis* 4, 625

R. I. P.

An einem beschaulichen Sonntagnachmittag, als der Sturm über das Moor peitschte, fuhr ich nach Simonsbath, zum Friedhof, in dessen Mitte die kleine, steinerne Kirche steht, um das Grab von Ronnie Wallace zu besuchen. Wallace war in England die vielleicht bedeutendste jagdliche Persönlichkeit des letzten halben Jahrhunderts gewesen. Ich erinnere mich noch gut, wie mich sein plötzlicher Tod so sehr erschüttert hatte, als hätte ich einen engen Freund verloren, und es war tatsächlich für uns alle, die ganze Gemeinschaft der Meutejäger, ein furchtbarer Verlust.

Ich hatte einen kleinen Blumenstock besorgt und stellte ihn auf sein Grab, und ich wünschte dem Captain, daß die Indianer recht behalten würden mit ihrer Vorstellung vom Jenseits als den Ewigen Jagdgründen. Es wäre romantischer als wenn der Tod das Große Aus ist, erfreulicher, als wiedergeboren zu werden, als Wurm vielleicht, oder als Wühlmaus, und es wäre vor allem auch nicht so entnervend, wie für alle Zeiten Engels-Chöre hören zu müssen, oder so langweilig und eintönig wie auf ewig das Ewige Licht zu schauen.

Ich hatte dem Captain also Blumen gebracht. Damit war ich sicherlich eine seltsame Erscheinung auf dem Friedhof von Simonsbath, denn wer sich heute in England noch für Gräber zu interessieren scheint, der besucht sie, um sie zu – schänden. Das ist mit den Grabmalen großer Jäger schon öfter geschehen, mit jenem etwa von John Peel oder von „Master“, dem 10. Herzog von Beaufort, dessen Schädel man an Prinzessin Anne zu schicken gedachte, und es ist wohl nur eine Frage der Zeit, bis ein paar vermummte Lemuren auch dieses einfache Grab hier heimsuchen werden. Die Antis wollen Krieg, und nichts, nichts ist ihnen mehr heilig, nicht Tote, nicht Lebende, nicht Eigentum und Besitz. Im Kampf „für das Gute“ ist ihnen jedes Mittel recht, bis hin zum Terrorismus. 2004 wurde das Grab der Schwiegermutter von Chris Hall, einem Meerschweinchenzüchter für die medizinische Forschung, geschändet und der Leichnam entwendet, nachdem Hall und seine Familie über Jahre hinweg Todesdrohungen, Gewaltakte, Benzinbomben und Vandalismus über sich hatten ergehen lassen müssen. Besonders diabolisch waren Drohungen gegen indirekt Beteiligte, etwa gegen die sechzigjährige Haushälterin, der man drohte, das Grab ihres verstorbenen Mannes zu schänden, sollte sie weiter für die Halls arbeiten, oder Drohungen gegen Zulieferer. Das Unternehmen mußte zusperren.

Der Tierrechtsaktivismus rangiert bei Scottland Yard an zweiter Stelle, was die terroristische Aktivität betrifft, vormals hinter der IRA und heute hinter Al-Kaida. Wohin sind wir eigentlich gekommen?

Von Jagd und Kunst

Experieris non Dianam magis montibus quam Minervam inerrare.
Du wirst sehen, schreibt Plinius Minor an Tacitus,
daß die Göttin der Künste sich nicht weniger
als Diana in den Bergen tummelt.
Epistulae I,6,3

Die große Einheit: der Mensch im Spannungsfeld zwischen Natur und Kultur, dessen Wesen von beiden Dimensionen in gleichem Maße bestimmt wird, beide in ständigem Wechselspiel, beide unabdingbar. Die edelsten Formen, die in der Malerei oder der Dichtkunst oder der Musik oder der Bildhauerei und Architektur erreicht wurden, vereint mit den urtümlichsten leiblichen Freuden: zu tafeln, zu trinken, zu lieben, zu jagen … das eben ist nicht *décadence,* es ist die höchste Vollendung im Sein, derer das Geschlecht des Menschen fähig ist.

Es war jener Herbst, als der 2. Regierungsantrag des britischen Unterhauses zum Verbot der Meutejagd vom Oberhaus zurückgewiesen wurde und man damit rechnen mußte, daß die Regierung den Parliament Act invozieren würde, um das Gesetz durchzudrücken. Auf Exmoor hatte man insgeheim alle Hoffnung aufgegeben, obwohl man sich nach außen optimistisch und kämpferisch gab. Über 52.000 hatten landesweit die Hunting Declaration unterzeichnet, wonach man das Gesetz selbst auf die Gefahr hin, inhaftiert zu werden, mißachten würde. Doch die Zeit schien abgelaufen. Man war daher sehr erleichtert, daß Tony Blair das Thema Jagd aus der Queen's Speech jenes Jahres heraushielt, und daß somit diese unendliche Geschichte, die seit 1992 immer wieder aufgerollt wurde, zumindest für ein paar Monate vom Tisch war. Ich hatte aus dieser ständigen Bedrohung längst meine persönlichen Konsequenzen gezogen: man muß gegen die Herrschaft des Progressivismus kämpfen, doch wenn man sich am Ende seiner Allmacht nicht entziehen kann, dann gibt es andere Orte und andere Länder.

Als ich zum Meet nach Long Holmcombe fuhr und den sanften Riesen Big'Un bestieg, auf dem mich John King so meisterhaft gemalt hatte, war es mäßig warm, eine abgemilderte Fortsetzung also des trockenen Sommers und heißen Frühlings; ganz Europa litt in jenem Jahre unter außergewöhnlicher Hitze und Trockenheit.

Bald war der Hirsch angejagt, und es ging flott vorwärts, bis drei Koppeln von Tufters gestoppt werden mußten, weil sie einer Gruppe von drei Hirschen und drei Tieren gefolgt waren, während der zu jagende Hirsch schon lange zuvor in einen Einstand eingezogen war. Dorthin begab man sich zurück und legte das Pack an. Nunmehr jagte man mit ziemlichem Tempo in einem großen Bogen um das Meet herum, galoppierte dann meilenweise die Straßen entlang, vor uns kam jemand auf einem Wiesenweg zu Sturz, blieb fünf Minuten wie tot liegen, und John Arnold, Zahnarzt und Field-Master, prüfte die Vitalfunktionen, ehe das Bewußtsein langsam wiederkehrte. *Commotio cerebri,* dachte ich, und als John das Leben zurückkommen sah, gab er ein paar kurze Orders, stieg auf, und die Jagd ging weiter. Es dauerte noch eine Stunde, bis der Hirsch knapp vor vier zur Strecke kam, doch ich stand weit oben auf einer Anhöhe und wußte nicht, wo die Hunde waren, als man mir aus einem Automobil heraus zurief, daß es vorbei sei. Ich trabte zurück zum Meet. Es war eine schnelle Jagd gewesen, mit viel Bewegung von Beginn an, aber man bekam den Hirsch nie und die Hunde nicht oft in Anblick, und man ritt zu viel auf Asphalt. So mochte man zwar von einer leidlich guten, aber sicherlich von keiner großen Jagd sprechen.

Selten trifft man auf der Hirschjagd Gäste deutscher Zunge, aber diesmal waren zwei ausgesprochen sympathische Teutonen hier, die im Crown wohnten, Jara, eine zarte, hübsche Blondine, fünfundzwanzig vielleicht, jedenfalls keine dreißig, die mit ihrem Freund Thomas, dem seinerzeitigen Vorstandsvorsitzenden von T-Online, gekommen war, beide sehr gute Reiter, die ein paar Stunden Galopp nicht aus der Fassung bringen konnten. Jara freute sich über meine Erklärungen während der Jagd, weil sie überhaupt nicht wußte, worum es geht, und abends erzählte ich den beiden von der Fuchsjagd in Irland und in den Cotswolds, und sie waren gleich hellauf begeistert und wollten sämtliche Adressen. Leider waren sie nur für diesen einen Jagdtag herübergekommen, ich hätte mich ihrer angenehmen Gesellschaft gerne länger erfreut.

Wie so oft, wenn man vom Dunkery Hill Gate aus jagt, war das Feld klein, dreißig vielleicht, und wir standen ein paar Stunden bloß umher, ehe ein kurzer Run von einer halben Stunde bis Bickham Farm führte, wo der Hirsch zur Strecke kam. Da Knowle House keine zehn Minuten entfernt liegt, brachte ich mein Pferd gleich in seinen Stall, und jemand vom Personal fuhr mich mit dem Wagen zum Meet zurück.

Auch jene Jagd, die von Five Crossways nahe Anstey Common ihren Ausgang nahm, war mühsam, und wir standen dreieinhalb Stunden um einen Wald herum, in dem sich die Tufters vergeblich bemühten, den vorbestimmten Hirsch hochzumachen. Es war einer, der schon eine Woche zuvor nach Baron's Down entkommen war, also auf Land, das der League[51] gehört, und man wollte diesen Hirsch unbedingt wieder jagen. Als er schließlich doch herauskam – wir hatten ihn auf nächste Nähe in Anblick, als er mit der Meute im Gefolge abging –, nahm er denselben Weg wie das letzte Mal, den Barle hinab bis Marsh Bridge, dann den Gegenhang hinauf und hinüber nach Baron's Down. Er gab uns einen ziemlich schnellen Run von vierzig Minuten, und dann hatte er sein Ziel erreicht und war in Sicherheit. Es gibt eine alte Regel bei der Jagd mit der Meute: für einen wirklich großen Tag muß man fünf gute, fünf mittelmäßige und fünf schlechte Jagden reiten.

Eines Tages hatte mich John King zu sich nach Hause eingeladen, und wir verbrachten einen netten Abend mit Dinner-Party, zu welcher ein paar Gäste aus der Jagd-Szene gekommen waren, und am nächsten Morgen zeigte er mir wohl hundert oder zweihundert Drucke von Gemälden aus den letzten vierzig Jahren seines Schaffens, und ich sah ihm in seinem wintergartenähnlichen Atelier zu, als er aus Plastilin das Gußmodell für einen Top-Eventer von Lucinda Green formte, wie er gerade zum Sprung über ein Hindernis ansetzt, und auf der Staffelei stand das Aquarell, das er für mich gemalt hatte und das er noch mit ein paar Pinselstrichen

[51] League Against Cruel Sports

korrigieren wollte. Kunst ist alles, was sich verändert, sagte man im 20. Jahrhundert, aber das war nichts weiter als eine Provokation. Dies jedoch, was John hier tat, war tatsächlich Kunst, sein Malstil ähnlich dem des großen Lionel Edwards, den er gut gekannt hatte, und so hingen im Haus auch ein paar Originale von Edwards, darunter ein Ölbild über dem Kamin, das John als jungen Mann zusammen mit seiner Schwester bei einem Ausritt zeigt.

Eben in jenem Herbst konnte man in der Königlichen Akademie der Kunst zu London die Gemäldesammlung von Andrew Lloyd Webber sehen. Sir Andrew hatte über die letzten vierzig Jahre eine beispiellose Sammlung viktorianischer Gemälde angelegt, die nun erstmals der Öffentlichkeit zugänglich gemacht wurde. Im 19. Jahrhundert erreichte das künstlerische Schaffen der letzten fünfhundert Jahre in Europa einen Höhepunkt sondergleichen. Maler wie Bouguereau, Waterhouse, Draper, Gérôme, Alma-Tadema, Dicksee, Blair-Leighton, Lord Leighton und Dutzende mehr hinterließen uns Werke von unsagbarer Schönheit und Vollendung. Doch über Jahrzehnte hinweg wurde über sie eine *damnatio memoriae* verhängt, wie sie die Kunstwelt noch nie erlebt hatte. In den Standardwerken zur Kunstgeschichte wurden nicht einmal ihre Namen erwähnt, und wenn, dann wurden sie mit ein paar diffamierenden Worten abgetan als Produzenten von Geschmacklosigkeiten. Nicht einmal an den besten Universitäten und Kunstschulen wurde man über ihr Schaffen unterrichtet. Die Vertreter der Moderne, Künstler wie auch Kunsthändler und Kunstkritiker, errichteten ein ideologisches Konstrukt zur Rechtfertigung ihrer eigenen Produktion, mit dem sie die Welt jahrzehntelang indoktriniert haben. Jeder, der sich dieser Auffassung von Kunst nicht anschloß, galt demnach als einfältig, verschroben, bürgerlich, reaktionär. Wenn nichts mehr half, wurde der Vorwurf erhoben, man sei gegen die Freiheit der Kunst. Dabei war es gerade die Moderne, welche die Freiheit der Kunst am meisten mit Füßen trat, weil sie alles, was nicht in ihr Konzept paßte, entwertet hat. Es war einfach absurd: ein Gemälde von Bouguereau sollte sentimentaler Kitsch sein, während jedes beliebige Wirrwarr von Farbklecksen als Meisterwerk galt. Ich möchte nicht mißverstanden werden: Es gibt auch in all den vielen Stilrichtungen der Moderne ganz außergewöhnliche Künstler, aber manchmal darf man sich fragen, ob nicht das eine oder andere moderne Kunstwerk nichts weiter als Scharlatanerie, Wichtigtuerei, ein pseudokreatives Ejakulat von Trivialitäten, eine gigantische Farce ist.

Erst seit den Achtzigerjahren sind jene großen Maler des 19. Jahrhunderts wiederentdeckt und langsam rehabilitiert worden. Heute ist es wieder möglich, auch als nicht-abstrakter Künstler ernstgenommen zu werden, so zum Beispiel Manfred Schatz, den man noch in den Neunzigern verunglimpft hat. Oder denken wir an den genialen Robert Longo. Ein wachsender Kreis von Menschen läßt sich nicht mehr vorschreiben, was ihnen zu gefallen hat und was nicht. Das Schöne an der postmodernen Gesellschaft ist, daß auch die Dogmata der Moderne, und zwar in allen Bereichen des Lebens, relativiert werden. Wenn alles relativ ist, kann sich jeder aussuchen, was ihm zusagt. Der Markt hat das immer schon ähnlich gesehen: Kunst ist, was gekauft wird. Nur die staatliche Kunstförderung, die immerhin von Steuergeld finanziert wird, bevorzugt weiterhin linientreue Werke des Progressivismus.

Man ist heute so weit gekommen, daß man Kunst gar nicht mehr definieren will. Denn *alles* ist Kunst! Man hat dieser Kunst-Theorie auch einen Namen gegeben: all-inklusiver Pluralismus. Die relativistische Weltsicht der Postmoderne wertet nicht mehr, um niemanden auszugrenzen. In ihr hat der Egalitarismus seine Vollendung gefunden. Doch leidet die Ideologie der Postmoderne an einer inhärenten logischen Inkonsistenz. Denn wenn alles relativ ist, muß auch der Relativismus relativ sein und verliert damit seinen Anspruch, das neue Maß aller Dinge zu sein. Es ist an der Zeit, daß wir beides hinter uns lassen, die Moderne wie die Postmoderne.

Wenn man Salisbury, in dessen Umgebung John King zu Hause ist, nach Westen verläßt, kommt man an Wilton House vorbei, dem prachtvollen Anwesen der Grafen von Pembroke mit seinen unermeßlichen Kunstschätzen, das man unbedingt gesehen haben muß, weil es eines der großen Juwelen des Königreichs ist, wo man überall sehen und fühlen kann, was Kunst wirklich ist und was wirkliche Kunst ist, und weil es ein Haus ist, das von der Familie noch bewohnt wird, und wenn man dann weiter fährt und nach Stourhead kommt, fühlt man den ganzen Gegensatz zwischen Leben und Tod. Das klassizistische Stourhead, dessen Landschaftspark

John Arnold, charmanter Field-Master und Zahnarzt

„Two Englishmen“ (O-Ton Kevin Lamacraft): Charles und der Autor

Der einzigartige Landschaftsgarten von Stourhead: palladianische Brücke und Pantheon

Wie in einem Gemälde von Claude Lorraine, das ewige Abbild heiterer Ruhe

Stourhead House

Verwunschenes Tempelchen im Park von Stourhead

als Inbegriff des Englischen Gartens gilt, mit seinen Tempelchen und Brücken rund um den See und dem artenreichen Baumbestand, das Haus selbst in palladianischer Strenge, mit zahllosen Gemälden und feinstem Mobiliar: es ist wunderschön und romantisch, mit jener hohen Vollendung an Stil und Geschmack, die dem Achtzehnten Jahrhundert zu eigen war, doch es ist tot, weil niemand mehr darin lebt, weil die Stallungen leer sind, weil keine Feste mehr gefeiert werden, keine Gartenpartys, weil sich keine Jagdgesellschaft mehr auf dem Rasen vor der Auffahrt trifft, wo das Personal den Reitern Sherry auf polierten Silbertabletts serviert, weil niemand mehr in den Gärten lustwandelt und Vergil rezitiert, oder Horaz, weil alles nur mehr Museum ist, versunken im Vergangenen. Es ist ein ungeheures Glück, daß einige der bedeutendsten Anwesen auf den Britischen Inseln auch heute noch in Privatbesitz stehen und von den alten Familien bewohnt werden.

Larkbarrow Corner: Hoffnung und Verheißung. Jagd über das offene Moor. *The rolling hills of Exmoor, the running of the deer.* Die Tufters finden sofort, und es geht flott vorwärts, zunächst nach Norden Richtung Mill Hill, und dann in einem großen Bogen bis Stowey Allotment. Nach einer Stunde schon wird das Pack angesetzt, es folgen ein paar harte Runs in südwestlicher Richtung, hinüber zu Warren Farm, den gegenüberliegenden Hang hinauf, wo sich der Hirsch in einem Dickicht versteckt und niedertut. Als er hochgemacht wird, kreuzt er zwanzig Gänge vor uns, läuft am Höhenrücken den Exe flußabwärts, weit hinunter bis Riscombe, dreht dort und kommt im Tal des Exe wieder flußaufwärts, geht hinauf auf das Moor, dreht nochmals hinüber nach Warren, wieder zurück aufs offene Moor, und immer die Meute hart auf den Fersen, wir im rasenden Galopp dahinter, es geht einen Graben entlang, wir parallel zu ihm diesseits, er und die Meute jenseits, welch phantastischer Anblick, er läuft ins Tal und versteckt sich im Ried, doch schon hört er den Leithund, ganz nah, springt auf und läuft hinüber nach Trout Hill, überfällt dort den Zaun, die Meute schon gleichauf und wir dicht dahinter, ein Gatter hält uns kurz auf, und schon umringen ihn die Hunde, die Flinte spricht, doch der Schuß ist nicht tödlich, Donald hechtet sich auf ihn, drückt ihn nieder und gibt ihm den Fangschuß. Es ist viertel vor vier.

Die Pferde dampften. Der Geruch von Pferdeschweiß ist wohl der großartigste Duft auf Erden. Ich erbat mir die Grandeln, reichte die Sattelflasche herum, die ich mit Port gefüllt hatte, gab Big'Un die Zügel hin und trat entspannt den Heimweg über das Moor an. Schade, dachte ich, daß ich mir nicht auch ein Stück Leber habe geben lassen. Scott hätte mir daraus sicherlich ein ganz besonderes Horsd'œvre bereitet, und schließlich gibt es kein tieferes und archaischeres Symbol für den transzendenten und totemistischen Charakter der Jagd, als von dem Wild zu essen, das man erlegt hat.

Was für ein Tag! Zunächst diese schnelle, harte Jagd über das offene Moor, bei welcher der Hirsch wieder und wieder in Anblick kam, *a very fine hunt over one of the best parts of the moor,* und dann erst der Abend!

Nach dem heißen Bade die Wahl des Weines: Château Cissac aus dem großen Jahrgang '90: wuchtig im Körper, im Abgang kräftige Tannine, nussig, schwarz, erdig, zugleich weich, rund, fruchtig. Ich kannte ihn. Ein würdiger Abschluß für einen großen Tag, vor allem, wenn man wußte, was auf den Tisch kommen würde, in einer Stunde, denn so lange müßte er atmen.

Der Dining-Room dessen rote Wände zwischen der weißen Sockel- und Deckenstuckatur dem Raum eine gediegene, viktorianische Schwere verliehen, dämmerte im Kerzenschein, bei klassischer Musik, die Tische elegant gedeckt und auf meinem Tisch das Grand-Cru-Glas von Riedel, das ich diesmal – welch ultimativer Snobismus – tatsächlich mitgebracht hatte. In Wahrheit war es einfach eine Geste der Würdigung großer Weine. Einen Bordeaux der Oberliga aus einem anderen Glas zu trinken ist pure Ignoranz und maßlose Verschwendung.

Am Kamin draußen hat man inzwischen Aperitif und Amuse zu sich genommen, und das Personal bittet zu Tisch. Schon die Verkostung des Weins ist ein Genuß; und das frische Brötchen des Gedecks. Dann würziger Ziegenkäse auf süßlichem Rotkohltörtchen, garniert mit Rucola, und als Hauptgericht Rossini: gebratene Foie gras zu blutrotem Filet vom Angus Rind, belegt mit Scheiben schwarzer Trüffel. Dazu lediglich etwas Püree von der Kartoffel mit Trüffelöl. Zum Abschluß Armagnac-Parfait mit marinierten Dörrpflaumen, verziert mit Earl-Gray Sirup. Mein Gott, wie habe ich das genossen. Das einzige, was diesem Tag zum krönenden Abschluß gefehlt hat, war eine Nacht mit einem schönen Mädchen.

Doch auch die übrige Woche: Filetstreifen vom Schwein auf Vanille-Knoblauch-Pfeffer Couscous, Terrine von Foie gras und Hühnerbrust, oder heißes Schokoladen-Fondant mit Karamel-Eiscreme, oder scharf gewürzte Kamm-Muscheln auf Linsen, oder Hummer-Ravioli auf Blattspinat ... jeder Tag ein Fest. Wie schrieb ich doch an eine alte Freundin: Rossini vom Black Angus, oder wenn die Götter tafeln ...

Aber der kalte Meeresfrüchte-, Austern- und Lachsteller im Caviar House am Flughafen vor dem Rückflug war auch nicht zu verachten. Wenn der Abschied schon weh tut, dann muß man nicht auch noch gleich darben ...

Die gehobene Küche zählt auch zu den Künsten, zu jenen, die man die volatilen nennt. Gott sei Dank hat aber dort die Moderne mit ihrem Faible für alles Groteske noch nicht Einzug gehalten, sonst bekäme man vielleicht gar – ganz im Sinne der Aktionskunst – Fäkalien serviert, um die Dekadenz der privilegierten Klassen aufzuzeigen oder auf die Diskriminierung von Koprophagie aufmerksam zu machen.

Heute muß Kunst in erster Linie gesellschaftskritisch im Sinne des Progressivismus sein, um ernstgenommen zu werden. Manchmal will sie überhaupt keine Aussage mehr tätigen und ist bloß eine spontane Umsetzung seelischen Empfindens, ähnlich wie bei der malerischen Selbstexpression psychiatrischer Patienten. Wirklich interessant wird es, wenn Moderne Kunst und das Gekritzel von Schimpansen nicht mehr voneinander zu unterscheiden sind. Schließlich gilt heute – ganz auf Linie mit der Tierrechtsphiolosophie – auch das Gekleckse von Schimpansen als Kunst. Nicht ganz zu unrecht, denn natürlich besitzt – *de nihilo nihil* – auch unsere kulturelle Dimension eine evolutionäre Gewordenheit. Daß aber das Gekritzel eines Schimpansen und, sagen wir, die Nachtwache von Rembrandt am Ende *gleichwertig* wären, das ist die große ideologisch verbrämte Lüge, mit der uns die Postmoderne in ihrem egalitaristischen Wahn indoktrinieren will.

Darüber dürfen wir jedoch nicht vergessen, daß es immer wieder moderne Ausdrucksformen gibt, welche von großartiger Genialität sind und das Wesen der Dinge berühren wie nichts zuvor, und daß sich andererseits auch unter den Werken der traditionellen Kunst sehr viel Minderwertiges findet.

Eines steht jedenfalls fest: die Menschheit hat fünf Millionen Jahre gebraucht, um vom Niveau des Schimpansen Congo, dessen Kunstwerke vor ein paar Jahren versteigert worden sind, zur Höhle von Chauvet zu gelangen, 25.000 Jahre, um von dort zu den ersten Hochkulturen zu finden, und weitere 5.000 Jahre bis zu Rubens oder Delacroix, und dann ist sie in nur 50 Jahren zum Niveau Congos, des Schimpansen, zurückgekehrt. Und man ist sogar stolz darauf: *back to the roots!*

Kultur beginnt, wo das Niedrige endet. Wieder einmal verließ ich Exmoor in tiefer Traurigkeit. Wieder einmal hatte ich das Dasein erlebt, wie es sein soll: ein Fest für alle Sinne: jagen, speisen, trinken, Musik, Malerei, Architektur, Literatur. Jenseits der Schimpansen, jenseits aller Lemuren.

Happy New Year

I've got no expectations
To pass through here again
Mick Jaggerl

Wenige Tage vor Jahresende war ich im altehrwürdigen Lygon Arms in Broadway abgestiegen, das zur Savoy-Gruppe gehört und dessen Service außergewöhnlich, wenn auch etwas unpersönlich war, doch es belustigte mich nicht wenig, daß man, als ich von der Jagd zurückkehrte und nach einem Stiefelknecht frug, einen solchen nicht aufzutreiben vermochte, ja daß man nicht einmal wußte, was ein Stiefelknecht sei! Der Concierge kam mit einem Schuhlöffel zurück, den er erst aus einem benachbarten Geschäft geholt hatte. Die Stiefel wurden dann zwar über Nacht geputzt, wenn man sie vor's Zimmer stellte, aber von Glanz, geschweige denn Hochglanz keine Spur. Sie waren ganz einfach nur abgewaschen worden. Hier konnte man wieder einmal sehen, wie tot das Alte England nun war.

Das Dinner in der beeindruckenden Great Hall, deren feine Holztäfelung von großen Wappenschildern und Vorschlagpräparaten von Hirschen überragt wurde, mit einem steinernen Kamin von sieben Fuß Höhe und Kronleuchtern aus Hirschgeweih, die von der fünf Meter hohen kassettierten Gewölbedecke hingen, das Dinner selbst konnte man keinesfalls schlecht nennen, aber es war zu sehr der traditionellen englischen Küche verhaftet, schwer und ohne besondere Phantasie. Die erlesene Qualität der wunderbar zarten und medium-rare-gebratenen Hirschlende wurde durch eine leicht sirupartige und zu süßliche Cassis-Sauce gemindert, ohne die klassische Kombination aus säuerlicher Fruchtigkeit, edlem Aroma von Wein, Wurzelgemüse- und Wildgeschmack, wie dies eine gute Wildküche hervorbringt. Die Räucherhuhnsuppe etwas zu kräftig gesalzen, die Desserts marginal zu süß, und überall zu wenig Geschmacksintensität, dafür um so mehr Langeweile. Perfekt und ein wahres Erlebnis dagegen das Bündnerfleisch (oder ein britisches Pendant dazu) auf pochierter Birne und Ziegenkäse-Fondant sowie die rotgebratene Ente mit knuspriger Kruste, mit scharfen Pfefferkörnern, Couscous, Rotkraut und Feige. Die Weinkarte bis hinauf zu den Premier Grand Crus wartete nicht mit den großen Jahrgängen auf und listete durchwegs nur Zweitweine der großen Châteaus. Ich war leicht enttäuscht, aber der La Réserve du Général des Château Palmer aus dem Jahrgang '96 war trotzdem ein schöner, ernster Wein mit einigem Tiefgang und komplexer Frucht bei noch genügend Tanninen für einen langen Abgang.

Eigentlich war ich ja zum Jagen gekommen, und nicht allein zum Tafeln, und so legte ich jeden Morgen die Rüstung an, wurde beim Frühstück von den Gästen bestaunt, von denen zumindest jene aus Übersee noch nie einen Jagdreiter, geschweige denn einen in erlesener Montur gesehen hatten, und brach auf zum Meet.

Die Cotswolds trafen sich bei Prescott nördlich von Cheltenham, es waren etwa dreißig Reiter gekommen, an einem trockenen Wintertag, und wir jagten mehrmals Prescott Hill auf und ab, wo es ein paar kleinere Sprünge gab. Ich ritt zunächst Rosie und wechselte später auf Big Ed, beides großrahmige Braune, leicht zu pilotieren und eifrig am Sprung, und obwohl es ein umtriebiger Tag war, kam kein Fuchs zur Strecke. Auch tags darauf, als ich mit der Meute der Heythrop ritt, das Feld klein, nicht einmal zwanzig, und es regnete etwas, ich auf Edward und Mary, welch letztere vor dem ersten Sprung aus Übermut senkrecht in die Luft stieg, daß ich schon glaubte, wir würden uns rücklings überschlagen, und die dann mit besonderer Freude und Beherztheit sprang, auch an diesem Tage ging man leer aus. Das Meet war bei Burley Lodge gewesen, unweit von Blenheim Palace, jenem großartigsten aller herzoglichen Anwesen, in dessen Park wir teils jagten, und in dem die Spencer-Churchills, Herzöge von Marlborough, residieren, Geburtsstätte des größten englischen Premiers aller Zeiten, Sir Winston, Monument der Geschichte sonder gleichen. Und obwohl die Heythrop nicht dem Herzog eignet, ist sie in gewissem Sinne so etwas wie seine Hausmeute, weil sie zu einem guten Teil auf seinen Gütern jagt, und zu besonderen Gelegenheiten findet das Opening-Meet vor dem Palast statt, nicht selten reitet auch der Hausherr selbst zu den

Auf Edward beim Meet der Heythrop bei Burley Lodge

Great Hall mit Weihnachtsbaum im Lygon Arms

Am Ende des Tages …

Hunden, das Jagdpersonal im grünen Livree. Mein Gott, es ist lange her, daß dies alles noch etwas bedeutet hat.

Die Tage waren nichts Großartiges gewesen, im Gegenteil, bloß ein paar Stunden equestrischen Exerzierens, und wenn man zwei Pferde im Rennen hat, wird ein solcher Tag leicht teurer als die Tagesrate einer Elefantenjagd. Da hört sich der Spaß auf, es sei denn man hätte einen wirklich erstklassigen Run Ich beschloß also, in England nicht mehr auf den Fuchs zu jagen. Irland bietet bei weitem besseren Sport, und das zu einem Bruchteil der Kosten. Aber nichts auf Erden läßt sich vergleichen mit der Jagd auf den Hirsch in Englands Südwesten, und so fuhr ich zum Jahreswechsel in mein geliebtes Exford.

Ich machte einen Abstecher nach Salisbury und besuchte meinen Freund John King, ehe ich einen stilvollen Silvesterabend mit fünfgängigem Menü im Crown verbrachte. Immer noch war das Essen dort tadellos, aber man hatte einen neuen Chef engagiert, und obwohl er auch eine Art englischer Nouvelle Cuisine kochte, fehlte ihm das große Talent und die Phantasie Scotts, und als ich gar eines Tages Ente bestellte, war diese, obwohl nur zart rosa, so zäh, daß ich sie kaum schneiden konnte. Das Silvester-Menü allerdings war vom Feinsten. Um Mitternacht begab man sich ins Pub, wo Live-Musik spielte, und dann war da noch dieses schlanke, atemberaubend laszive Mädchen aus London …

Es kam uns allen sehr entgegen, daß das Neujahrs-Meet ausgerechnet vor dem Hotel stattfand, und Big 'Un wartete draußen schon auf mich, damit ich nach dem späten Frühstück gleich in den Sattel steigen konnte. Es waren über hundert gekommen, und es gab Würstchen, Whiskey und Port. Was gibt es schöneres, als das Neue Jahr mit einer Parforcejagd auf Rotwild zu beginnen? Von November bis Februar wird nicht der Hirsch bejagt, sondern die Hindin, und weil es viel mehr davon gibt, bejagt man, nachdem die erste zur Strecke gebracht werden konnte, oft auch noch eine zweite oder dritte.

Wir ritten hinauf nach Alderman's Barrow, und bald war eine Hindin angejagt. Es ging in flottem Tempo über das Moor, das sich stellenweise als sehr sumpfig erwies, und das Hirschtier lief einen großen Bogen, bis es auf Trust-Land überwechselte und für uns verloren war. Bald hatte man eine zweite Hindin gefunden, die wieder in großen Kreisen lief, und immer wieder verloren die Hunde die Witterung, doch es gelang, das Pack erneut auf die Fährte zu setzen. Es war fast drei Monate her seit meiner letzten Jagd, doch als ich nun in langen Galoppaden über die flachen Hügel flog, hatte ich beständig das Gefühl, es wäre erst gestern gewesen, daß ich hier war, denn wir waren damals über denselben Teil des Moors geritten. Doch während seinerzeit der Hirsch zur Strecke kam, konnten die Hunde heute die Fährte nicht halten, und man gab schließlich auf.

Das kleine Feld, das sich zwei Tage später bei Scob Hill Gate traf, dort, wo ich vor Jahren im Schneesturm gejagt, war besorgt wegen des dichten Nebels, der sich auf den höheren Lagen hielt, und nachdem man endlich nach vier Stunden Stöberns in diversen großen Einständen, von denen man annehmen mußte, daß sie doch mit Massen von Rotwild bestückt seien, eine Hindin angejagt hatte, lief diese ohne einen Gedanken daran zu verschwenden, uns wenigstens einen einzigen guten Run zu gönnen, geradewegs die Hügel hinauf in den dichtesten Nebel und ward nie mehr gesehen. Das war's dann auch, und man ritt nach Hause. Trotzdem war es ein schöner Tag gewesen, weil es immer schön ist, zu Pferde draußen auf dem Moor zu sein, in den einsamen, rauhen Tälern und auf den weiten Heidehügeln, wenn der Nebel hereinhängt und der Wind bläst, und wenn man weiß, daß man da ist, um zu jagen.

Ein paar Tage später gab es dann das neueste Gerücht aus Westminster zur Abschaffung der Meutejagd. Der endlosen Geschichte Teil 978. Wenn es nicht ein so bitteres Thema wäre, müßte man anfangen, sich zu langweilen. Doch es geht hier um ein zentrales Dogma moderner Gesellschaftspolitik: die systematische Aberkennung existentieller Rechte für politisch inkorrekte oder non-progressivistische Minderheiten und für alle, die in irgendeiner Weise scheinbar oder tatsächlich elitär oder privilegiert sind, ob finanziell oder geistig oder kulturell oder im *modus vivendi.*

Mitte Januar saß ich wieder in meiner Heimstatt im Herzen Europas und beobachtete aus der Ferne, wie man sich auf der Insel in einer ideologischen Schlacht ohne gleichen um den kynegetogenen Tod von ein paar Füchsen stritt. Es war absehbar, daß am Ende die „Erleuchteten" siegen würden, und ich wußte, daß ich solche Tage alsbald nicht mehr würde erleben können. Ich hatte also, wie es in jener Ballade der Stones heißt, *no expectations …*

Days Unforgettable

The glorious country, the magnificent views, the bracing air on these high uplands, together with the expectation and the thrill of the prospect of a big run across this paradise of sportsmen, give stag-hunting its unfailing fascination and charm.
H. J. Marshall

Noch ist überall Ruhe. Der Engländer steht nicht gerne früh auf, und kaum wo beginnt das Leben vor neun. Doch es ist das Zeremoniell des Ankleidens, welche der morgendlichen Geruhsamkeit ein vorzeitiges Ende bereitet: die Verpflichtung, zum Meet wie aus dem Ei gepellt zu erscheinen, diese zweistündige Prozedur von der Dusche zur Rasur, von den Zehen zu den Zähnen, von der wärmenden Unterwäsche zum schweren Jagdrock, das Binden des kunstvollen Knotens beim Stock-Tie, die richtige Plazierung der goldenen Nadel, das mühevolle Zuknöpfen der Breeches mit dem Knopfhaken, das Anknöpfen der Hosenträger, die Bestückung der Taschen von Gilet und Jagdrock mit notwendigen Accessoires, das Füllen der kristallenen Sattelflasche mit Jahrgangs-Port oder Sherry, das Überziehen der Stiefel, das Festschnallen der Garter-Straps, das Anlegen der Sporen, nicht zu vergessen die Jagdkappe, Peitsche und Wollhandschuhe … und zwischendurch das Frühstück.

Man kann nicht behaupten, daß diese Uniform bequem ist. Vielmehr fühlt man sich zunächst wie eingepfercht und mit Blei beschwert. Erst nach stundenlangen Galoppaden durch widrigstes Wetter und schweres Gelände lernt man zu schätzen, was handgemacht und maßgefertigt bedeutet: gewöhnliches Outfit beginnt alsbald zu wetzen und zu reiben, ist bald durchnäßt und kalt, zerknittert und formlos, während diese Kleidung warm und trocken hält und immer sitzt, als wäre man eben aufgestiegen.

Wie im Jahr zuvor traf man sich zum Meet auf jenem Anwesen, das Simonsbath Barton genannt wird. Mehr als 250 Reiter waren gekommen, ein enormes Feld, weil man sich immer mehr bewußt wurde, daß es mit der Jagd zu Ende gehen würde. Das Wetter war ideal: um die zehn Grad bei mittlerem Wind, der Himmel bedeckt, und zuweilen fiel etwas Regen. Ich ritt Piper. Man jagte zunächst den Barle flußabwärts, wo uns nahe Landarcre der Hirsch in Anblick kam, worauf es in ziemlichem Tempo zurück nach Simonsbath ging und dann die Straße Richtung Poltimore Arms hinauf, hinüber nach Squallacombe und Mole's Chamber, fast bis Challacombe, und dann im Bogen nach Five Cross Ways, wo der Hirsch gegen halb fünf im Talgrund von Nutsby zur Strecke kam. Vom Wild und den Hunden hatten wir nicht viel gesehen, und trotz einiger langer Galoppaden kam nie das Gefühl der Erschöpfung auf, wo man sich dabei ertappt, wie der flehentliche Wunsch sich seiner bemächtigt, die Jagd möge bald ein Ende haben.

Ein kalter Nordwind wehte vom Moor herab, als sich hundert bei Hawkridge trafen. Auch diesmal saß ich auf Piper. Sonne, Regen und Hagel wechselten in rascher Folge, und im Galopp schlugen die Eiskörner wie Peitschenschläge ins Gesicht. Man findet sofort, ein Gabler und ein Zehner sind es, die man bei Guphill Common anjagt, und nach einem fulminanten Start geht es in flottem Tempo bis Twitchen, wo sich der Hirsch im Wald verbirgt, schließlich hochgemacht wird und einen hohen Zaun überfällt, dahinter die Meute, und in großem Bogen jagt man wie rasend zurück bis White Post, und dann wieder nach Westen, wo das Wild bei Mudway Cross zur Strecke kommt. Es ist erst zwei Uhr nachmittags. Eine wunderbare Jagd, sicher unter meinen zehn besten, sehr schnell, sehr kurz, und ständig der Hirsch und die Hunde in Anblick. *A short sharp hunt in hail and sunshine.*

Abends feiere ich den großartigen Tag bei gegrillten Wachtelbrüstchen auf Foie-gras-Terrine mit Birnen-Püree und Salat-Brötchen, und Hühnermedaillons auf Blattspinat mit Pilz-Risotto und Lauchschaum. Dazu ein '98er Pommard Les Vaumuriens, ein schöner Burgunder mit langem Abgang, prominenten Tanninen, mit wenig Frucht, doch leider auch mit wenig Körper. Tags darauf war ich zu Besuch auf Blenheim.

Blenheim Palace! Heimstatt der Spencer-Churchills, Herzöge von Marlborough. Niemals vorher oder nachher hat es ein derart grandioses und repräsentatives, ein derart staatsmännisches Beispiel fürstlicher Palastarchitektur gegeben. Jeder Meter Stein eine Verherrlichung seines Erbauers, jeder einzelne Raum eine Demütigung für dessen großen Widersacher, den Sonnenkönig. Blenheim strahlt ungeheuren Ernst aus, ist eingehüllt in eine Atmosphäre staatstragender Erhabenheit, gänzlich anders als Chatsworth, das kaum ein viertel Jahrhundert älter ist.

Chatsworth ist eingebettet in eine pastorale Idylle, die bis zum heutigen Tage ihren unwiderstehlichen Zauber bewahrt hat, am Fuße eines bewaldeten Hügels, an einem träge dahingleitenden Fluß, inmitten einer baumbestandenen Parklandschaft voll romantischer Lieblichkeit. Es ist seit der Mitte des 16. Jahrhunderts Erbsitz der Familie Cavendish, Herzöge von Devonshire, doch das heutige Haus datiert auf die Wende vom 17. zum 18. Jahrhundert, als William Cavendish, 4th Earl of Devonshire zum Herzog ernannt wurde. Es ist voll von überragender Kunst, seine reichhaltige Sammlung von Skulpturen findet kaum ihresgleichen. Die üppig ausgestattete Bibliothek, die glanzvolle Eingangshalle, die Vielfalt seiner 297 Räume sind von wahrhaft fürstlicher Dimension, und trotzdem bewahrt dieses Haus jene anheimelnde Aura, in der man sich augenblicklich geborgen fühlt.

Ganz anders dagegen Blenheim. Als Consuelo, Duchess of Marlborough und geborene Vanderbilt, die selbst in einem Palast, Marble House auf Rhode Island, aufgewachsen war, das erste Mal auf Blenheim schlief und am Morgen erwachte, glaubte sie, in ihrem eigenen, steinernen Sarkophag zu liegen. So streng und kalt, so ungeheuerlich monumental wirkt dieses Haus. Es ist das große Symbol für einen der bedeutendsten Siege im Europa der Neuzeit, und es war auch als solches gedacht. Als John Churchill 1704 in der Schlacht von Blindheim an der Donau die Truppen Ludwigs XIV. vernichtend schlug, bedeutete das nicht nur das Ende der Vorherrschaft Frankreichs über Europa, sondern auch die Rettung des Heiligen Römischen Reiches Deutscher Nation und des Thrones von England für die anglikanische Linie des Königshauses. Denn Ludwig hatte durch die im Grunde rechtmäßige Ernennung seines Enkels Philipp, Herzog von Anjou, zum König von Spanien dieses unter seine Herrschaft gebracht, und er trachtete auch danach, in England wieder das katholische Haus Stuart zu installieren, indem er den exilierten Sohn von James II. zum König über England und Schottland ernannte, während in England selbst die Thronfolge durch den Act of Settlement dem protestantischen Haus Hannover übertragen worden war. Obwohl Ludwigs Vorgehen durch und durch legitim genannt werden darf – wollte er doch den rechtmäßigen Thronfolgern zu ihrem Erbe verhelfen, allerdings mit der Absicht, sich dadurch den Großteil Europas untertan zu machen –, so hätte diese Politik eine Machtverschiebung bewirkt, welche jedenfalls für das Haus Habsburg, das seinerseits erbfolgemäßigen Anspruch auf den spanischen Thron erhob, ebenso untragbar gewesen wäre wie für Holland und das anglikanisch-protestantische England, jene Mächte, die am 4. Mai 1702 Frankreich und Spanien den Krieg erklärten.

Es war die Allianz von Prinz Eugen von Savoyen und dem Herzog von Marlborough, welche dem französischen Heer die entscheidende Niederlage beibrachte, obwohl der Krieg selbst noch mehrere Jahre fortschwelte und Marlborough noch öfter die Gelegenheit bot, Frankreich zu demütigen. Kaiser Leopold I. verlieh Marlborough die Fürstenwürde des Sacrum Imperium Romanum, weshalb sein Wappen auch den habsburgischen Doppeladler führt, und als Dank für jenen entscheidenden Sieg, der schließlich Queen Anne den Thron bewahrt hatte, schenkte sie dem Herzog eine ihm würdige Residenz, deren Bau sogleich begonnen wurde und fast zwei Jahrzehnte in Anspruch nahm. Mit Kosten von 300.000 Pfund war dies der aufwendigste jemals in England erbaute Adelssitz. Alljährlich zum Jahrestag der Schlacht von Blindheim muß das Haus Marlborough dem englischen Souverän eine symbolische Pacht in Form einer Kopie der französischen Standarte, die bei der Schlacht von Blindheim erbeutet worden war, übergeben, wobei auch heute noch diejenige aus dem Vorjahr verbrannt wird. Soviel zur innigen Beziehung zwischen England und Frankreich.

Schon wenige Jahre nach dem Tod des 1. Herzogs vereinten sich die Familien Churchill und Spencer in Ermangelung eines männlichen Erben, wodurch jener Doppelname zustande kam, den die Familie heute trägt.

John Churchill galt zusammen mit dem großen Turenne als einer der bedeutendsten Feldherren seiner Zeit, und ebenso als einer der

Meet an einem strahlend schönen Exmoor-Tag

Chatsworth, Stammsitz der Herzöge von Devonshire

Blenheim Palace, Stammsitz der Herzöge von Marlborough

und Geburtsort von Winston Churchill

Über alle Maßen grandios: Blenheim Palace

Gartenfront

einflußreichsten Politiker in jener schwierigen Zeit, als Englands Thronfolge im höchsten Maße umstritten war.

Doch dies sollte nicht das einzige Mal sein, daß das Haus Marlborough einen Politiker und Feldherrn von Weltbedeutung hervorgebracht hat. Am 30. November des Jahres 1874 wurde auf Blenheim jener Mann geboren, der später das alternde Imperium Britannicum gegen Hitler zum Sieg führen sollte. Als Sohn des jüngeren Bruders des 8. Herzogs von Marlborough stand er zwischen 1895 und '97 an erster Stelle in der Erbfolge um die Herzogswürde, bis die oben genannte Consuelo dem 8. Herzog einen Sohn schenkte.

Winston Spencer-Churchill wuchs zu einer Zeit auf, da das Empire am Zenit seiner Macht stand, im Sonnenlicht von Ruhm und Glanz, zu einer Zeit auch, als die Fortschritte von Wissenschaft und Technik Hand in Hand gingen mit einer letzten und atemberaubenden Klimax der hohen Kultur, ehe der erste Große Krieg sie hinwegfegen würde. Von früh an war er politisch und schriftstellerisch aktiv, schrieb um die 40 historische und zeitgeschichtliche Werke, wofür er auch den Nobelpreis für Literatur erhielt, nahm an Kitcheners Ägypten-Feldzug teil, als die Armee des Mahdi bei Omdurman geschlagen wurde, eine der symbolträchtigsten Episoden in der Geschichte des Empire, als man den Tod Gordons von Khartum sühnte, wo gar dem großen Sirdar, dem späteren Kriegsminister, der 1916 in der Nordsee sein kaltes und nasses Grab finden sollte, eine Träne der Rührung im Auge stand; sah auch den Burenkrieg und Indien, ehe er im Großen Krieg zwei bittere Schläge einstecken mußte, war er doch mitverantwortlich für das Desaster der Dardanellen und später für das Scheitern in Rußland, wo man die Oktoberrevolution nicht hatte verhindern können. Doch seine große Stunde kam, als er schon 70 war: die Kapitulation Deutschlands und der Sieg im Zweiten Weltkrieg. Zweimal also hat das Haus Marlborough das Schicksal Europas entscheidend und wirkmächtig geprägt.

Trotz dieses Triumphes mußte Churchill allerdings erkennen, daß die Welt nachhaltig und irreparabel Schaden genommen hatte. Es muß ihm, der er aus ganzer Überzeugung die imperiale Idee vertrat, von den Errungenschaften des Empire überzeugt war und für diese gekämpft hatte, sehr weh getan haben, am Ende seines Daseins noch den Zerfall des Reiches miterlebt haben zu müssen. Er war der letzte Staatsmann in England, der noch aus einer großen Dynastie stammte, wie das in früheren Zeiten selbstverständlich gewesen war, der letzte aus einer Zeit, da die Aristokratie im Oberhaus und ihre Nachgeborenen im Unterhaus saßen. Am 24. Januar des Jahres '65 starb Churchill hochbetagt und hochverehrt, und als man seinen Sarg aus Westminster Hall, wo er auf Wunsch Ihrer Majestät aufgebahrt worden war, hinaustrug, begleitet von den wehmutsvollen Bag-Pipe-Klängen von *The Flowers of the Forest*, war es, als ob die Totenglocken nicht nur für einen großen Sohn des Reiches, sondern für das Empire selbst geläutet hätten.

So aber haben sich die Zeiten gewandelt: Schon vor 50 Jahren erhielt man als Gegenleistung für derart große Dienste am Staat und an der Menschheit keinen Palast mehr, sondern bloß noch Ehren, Orden und – ein Staatsbegräbnis.

Heute aber könnte ein Mann dieser Abstammung nicht einmal mehr politische Karriere machen. Denn heute gibt es in England nichts, was besser gehaßt wird, als Mitglieder der ehemals herrschenden Kaste, deren völlige Entmachtung und Enteignung das höchste Ziel ist, welches sich die progressivistischen Kreise auf ihre Fahnen geschrieben haben.

Wieder einmal ritt ich den sanften Riesen, *the gentle giant,* und es sollte das letzte Mal gewesen sein, daß ich auf Big 'Un gejagt. Denn im folgenden Spätsommer verletzte er sich bei einem Sturz und fiel für mehrere Monate aus. Es ist das Gemälde von John King, das mich für immer an dieses wunderbare Pferd erinnern wird, und an die Jagd auf Exmoor, wie sie einst gewesen. Es hängt in der Roten Halle im Widum zu St. Jakob, inmitten viktorianischer Gediegenheit, und ich setze mich oft auf einen der beiden Chippendale-Stühle, die an der gegenüberliegenden Wand stehen, betrachte das Bild und denke zurück an die unwiederbringlichen Zeiten, da es das Alte England noch gab.

Etwa siebzig waren zum Meet bei Coppleham Cross gekommen, es war warm, windstill und trocken, und man jagte in großen Kreisen zwischen Winsford, Weddon Cross und Exford hin und her, im wesentlichen im Tal des Exe und auf den angrenzenden Hügeln. Wohl konnte man das Pack bisweilen gut bei der Arbeit beobachten, aber trotzdem verlief die Jagd chaotisch und inkonsistent. Am Ende verlor ich die Meute aus den Augen, doch war man, wie ich später hörte, gegen halb fünf am Exe oberhalb von Winsford erfolgreich gewesen.

Etwas kühler, aber immer noch trocken war das Wetter an jenem Tage, als wir bei Cussacombe Post zusammentrafen. An die zwanzig von den hundert Reitern waren Gäste im Crown, auch Joseph und Richard, jene beiden brillanten Köpfe, die ich schon von früher kannte. Ich ritt Rambler, und wir hatten einen verwirrenden und schleppenden Start, der sich bis zwei Uhr hinzog, dann einen schnellen Run den Barle flußabwärts bis Marsh Bridge, wo man den Hirsch schließlich verlor. *A hunt quite confusing.* Trotz dieses seltsamen Tages haben wir dann noch einen unterhaltsamen Abend in großer Runde verbracht, bei geschmortem Lamm mit gegrilltem Spargel und Portwein-Sauce, wobei das urenglischste aller Gesellschaftsspiele, nämlich der Small-Talk und die geistreich-humorvolle Konversation, bis zum Exzeß betrieben wurde, nicht ohne dabei dem Port kräftig zuzusprechen. Nirgends ist der niveauvolle Witz und unwiderstehliche Charme so zu Hause wie in Englands gehobener Gesellschaft.

Es waren wieder unvergeßliche Tage gewesen, um so mehr, als es bald nie mehr wieder möglich sein würde, nirgends und für niemanden, das zu erleben, was die Quintessenz alles Englischen ausgemacht hat.

Geschichte, Kunst und Böcke

Es war lange überfällig. Unzählige Male war ich nun schon im Königreich gewesen, doch auf den Brunftbock hatte ich dort noch nie gejagt. Und daß es ein paar *englische* Rehböcke sein mußten, die das Stiegenhaus des Widums zu St. Jakob zieren sollten, war unumgänglich. Nur sie würden sich zwischen den Geweihen der schottischen Hirsche zu Hause fühlen.

Also begab ich mich in den letzten Julitagen in das mir wohlbekannte Somerset, um dort und in der angrenzenden Grafschaft Dorset auf die Pirsch zu gehen. Es waren heiße, trockene Sommertage, Tage wie in Cider with Rosie, in derselben Landschaft, mit denselben Düften nach langem Gras und Getreidefeldern, doch das Land war nunmehr zerschnitten durch jenes erbarmungslose Netzwerk aus Asphalt, über welches Tag und Nacht der Verkehr rollt, und zu den Düften des Sommers kam der Gestank der motorisierten Welt. Aber dies sollte nicht der einzige Unterschied bleiben: war es zu Lees Zeiten noch etwas Selbstverständliches, ein Akt im Einklang mit dem Wesen des Menschen und der Natur, ein Stück Wild zu erlegen, so geschieht dies im modernen England nur noch heimlich und verstohlen. Es war selbst am frühen Morgen üblich, rasch die Büchse zu verhüllen, wenn wir eine Straße querten und ein Automobil entlangkam. *„People often get funny these days“*, pflegte mein Pirschführer Tim zu bemerken. Doch draußen auf den Feldern und Wiesen großer Anwesen wie des Sherborne Estate, des Gutsbesitzes von Lord Digby, ist der Fluch der Moderne noch gebannt, und das Pirschen macht Freude und Spaß.

Es hieß den Tag zeitig beginnen, um viertel vor vier war Tagwache, um halb fünf Abfahrt, denn mit dem ersten Schußlicht war um fünf zu rechnen. Da ich pirschen wollte, machte es keinen Sinn, noch früher an Ort und Stelle zu sein. Gleich am ersten Morgen kamen mir zwei eher geringe Böcke vor die Büchse, der erstere äste inmitten einer großen, ansteigenden

Wiese, und ich erlegte ihn auf 130 Gänge mit einem sauberen Blattschuß. Eine halbe Stunde später sehen wir, wie ein passender Bock gerade um die Ecke eines Feldes biegt, in das wir von etwas erhöhter Position einblicken. Ich kann nur seine Rückenlinie sehen, doch er zieht an einer Lücke in der Hecke vorbei, und ich trage ihm die Kugel blitzschnell an. Das Geschoß zerschmettert die Brustwirbel und der Bock liegt im Feuer. Es ist erst sechs, und wir kehren nach Hause zurück zum üppigen, englischen Frühstück.

Abends pirschten wir einen mit Laubwald bestandenen Hügel hoch, sahen droben die Wiesen ein, und beim Rückweg standen unten am Waldrand zwei Geißen im hohen Gras. Wir setzten uns nieder, um sie zu beobachten, bis eine auf Tims Blatten zustand, näher und näher kam, bis sie nur noch wenige Schritte entfernt war, uns schließlich bemerkte, wie wir regungslos im Gras lagen, und laut schreckend absprang.

Am nächsten Morgen schoß ich im ersten Dämmerlicht einen braven Bock, und später, gegen halb sieben sahen wir mitten auf einer Weide einen starken Fuchs. Es waren wohl hundert Gänge, aber ich hatte keine gute Auflage. Mit dem ersten Schuß unterschoß ich ihn, aber der zweite saß, und Reinecke fuhr in rasendem Tempo in die hohe Hecke ein, die das Grasland umgab. Dort fanden wir reichlich Schweiß, entdeckten aber, daß er die Hecke auf der anderen Seite verlassen hatte, um ein brachliegendes Feld zu überqueren. Wir fährteten ihn aus, doch die Schweißreste wurden immer spärlicher und führten schließlich in ein riesengroßes Maisfeld, wo an eine weitere Verfolgung nicht mehr zu denken war. An zwei Seiten gingen wir die Grenzen des Feldes ab, um zu überprüfen ob der Fuchs es verlassen hätte, doch vergeblich. Die anderen beiden Seiten waren nicht zugänglich. Spätestens jetzt hätten wir einen Hund benötigt, so aber mußten wir den Fuchs seinem Schicksal überlassen.

Nach dem Frühstück besuchte ich das elisabethanische Anwesen Montacute House, in dessen Fenstern noch das alte königliche Wappen prangte, wie es von Eduard III. 1340 gegründet worden war, nachdem er Anspruch auf den französischen Thron erhoben hatte, jenes Wappen, das die Fleurs de Lys[52], die französischen Lilien neben den dreifachen

52 Die goldene Lilie auf blauem Grund wurde in der zweiten Hälfte des 11. Jh. von

normannisch-englischen Löwen stellte, und welches auch im Widum zu St. Jakob in meiner Bibliothek hängt. Aus einem anderen Grunde jedoch interessierte mich Montacute besonders, weil es nämlich die Kulisse für eine Liebschaft bildete, die mir wohlbekannt war, jene zwischen Lord Curzon und Elinor Glyn.

Am Abend desselben Tages versuchten wir zunächst, einen am Waldrand stehenden Bock anzupirschen, der jedoch einzog und nicht mehr auffindbar war. Wir fuhren dann in ein anderes Revier, wo umgeben von weitläufigen Feldern und Wiesen ein Wäldchen von grob einer viertel Meile im Quadrat stand, durch das die Trasse der Eisenbahn führte. In einem großen Bogen entlang der Außenhecken der Felder umpirschten wir das Wäldchen, sahen drei Geißen im Korn stehen, und einen jungen Bock, später im Schutz der Hecke einen Jungfuchs, der eben einen Fasan erbeutet und ihm den Kopf abgebissen hatte, welcher nun neben ein paar Federn im Gras lag, während der kleine Fuchs sich stolpernd abmühte, das große Federvieh auf seiner Flucht mitzuschleppen. Als wir die vierte Seite des Wäldchens erreichten, stand draußen auf der Wiese unterhalb der Bahnstrecke ein starker, alter Bock, der uns sofort entdeckte und in den Schutz des Waldes absprang.

Morgen früh würden wir nochmals hierherkommen, schlug Tim vor, und unser Glück erneut versuchen. Gesagt, getan. Wir pirschten die lange

---

Philipp I. zum königlichen Wappen Frankreichs bestimmt. Sie geht jedoch zurück auf den Merowingerkönig Chlodwig I. (466–511), welcher auch die Lex Salica aufzeichnen ließ, das salisch-fränkische Stammesrecht, das u.a. ein streng agnatisch-patrilineares Erbrecht festlegte. Auf dieses Salische Recht berief sich Frankreich, als Eduard III., der sich nach dem Tode Karls IV. als einziger männlicher Nachkomme Philipps V. in direkter Linie sah (dieser war sein Großvater mütterlicherseits gewesen), den Anspruch auf den französischen Thron erhob. Viele europäische Dynastien gaben im Laufe der Geschichte die strenge Patrilinearität zu Gunsten des Fortbestandes direkter Linien auf. In Ermangelung eines männlichen Nachkommens konnte dann auch die jeweils älteste Tochter in die Erbfolge eintreten. Als Beispiel sei Victoria von England genannt: von 1714 an herrschte das Haus Hannover in Personalunion über England und Hannover. Victoria jedoch verlor das Königtum Hannover, da dessen Hausgesetze auf salischem Recht beruhen, während englisches Recht die weibliche Thronfolge ermöglichte.

Die Lex Salica LIX 6 im Original: „*De terra vero salica in mulierem nulla portio haereditatis transit, sed hoc virilis sexus acquirit, hoc est filii in ipsa haereditate succedunt.* Von Salischem Land aber geht kein Teil der Erbschaft an die Frau, sondern das männliche Geschlecht erwirbt es, das heißt die Söhne folgen in selbiger Erbschaft.“

Wiese hinunter, überquerten die Eisenbahntrasse, und sahen gleich, daß in der jenseitigen Wiese, ganz unten, der Bock vom Vorabend stand. Ein schwacher Rivale erschien aus dem Wäldchen, und der Starke nahm ihn an, lief auf ihn zu und mir in Reichweite der Büchse. Zweihundert Gänge, das Absehen ins Blatt gezirkelt. Ich dachte an gestern, an Elinor Glyn und ihr Tigerfell.

Wenige Meilen westlich von Yeovil liegt, wie ich vorhin erwähnt habe, Montacute House, dessen Errichtung zwischen 1588 und 1601 für die Anwaltsfamilie Phelips erfolgte. Es gilt als eines der herausragenden Beispiele des Elisabethanischen Stils, welcher gotische Elemente des mediävalen Kathedralbaus mit den damals neuen Ideen kontinentaler Renaissance in sich vereint. Aus goldbraunem Ham Hill Stein in der Form eines breitgezogenen, symmetrischen H erbaut, besticht es durch seine zahlreichen großen Fenster von mehr als zehn Fuß Höhe, die durch steinerne Hauptsprossen gefeldert sind, und deren einzelne Felder die bleigesproßten und vielfach mit Wappen aus Buntglas verzierten Scheiben tragen. Die großzügigen Räumlichkeiten von guten fünfzehn Fuß Höhe mit reich kassettierten Decken und getäfelten Wänden von vornehmer Strenge, mit überdimensionalen Kaminen und dunkel beplankten Böden strahlen jene erhabene Würde aus, die dem Stil des sechzehnten Jahrhunderts zu eigen war, und welcher nach dem Zeitalter der Hohen Eleganz des Barock und Klassizismus erst in viktorianischer Zeit mit der Neugotik und dem Baronial-Stil in abgewandelter Form wiederentdeckt wurde.

Nachdem die Phelips das Anwesen im Jahre 1911 aufzugeben gezwungen waren, wurde es 1915 von Lord Curzon gepachtet, ehe es 1931 an den National Trust ging. Lord Curzon, gleich wie sein großer Rivale Kitchener *the very embodiment of Empire,* die Inkarnation des britischen Weltreichs, eines Reiches, hinter dem kein System stand, sondern das von seinen Persönlichkeiten geprägt wurde und das auch von ihnen geschaffen worden war: Napier, Gordon, Wolseley, Baden-Powell, Rhodes, Delamere, allesamt Zeugen einer großen Zeit, der großartigsten vielleicht seit dem Untergang Roms; dieser George Nathaniel Curzon, 5th Baron Scarsdale, später ernannt zum Baron Ravensdale, Viscount Scaresdale, Earl Curzon of Kedleston und schließlich zum Marquess, dessen Familie über dreißig Generationen eines lückenlosen Stammbaums neunhundert Jahre zurückging auf das normannische Geschlecht von Robert de Courson, dieser Curzon, schon während seines Studiums in Oxford als einer der brillantesten Köpfe seiner Generation gepriesen, zwischen 1899 und 1905 zum Viceroy of India ernannt, welchen Posten er wie keiner vor oder nach ihm mit grandioser Würde und Magnifizenz bekleidete und dabei noch als großer Reformer fungierte, jener geniale und zugleich gnadenlos ehrgeizige Curzon, der in seinen allerhöchsten Ambitionen schlußendlich furchtbar enttäuscht wurde, war einer jener wenigen, die zu seiner Zeit erkannt hatten, daß aufgegebene Landhäuser als hochrangiges Kulturgut erhaltungswürdig sind, und er hat nach dem frühen Tode seiner geliebten Gattin auch drei solcher Häuser gepachtet und renoviert, darunter Montacute House, das er seiner damaligen Mätresse, der Schriftstellerin Elinor Glyn zur Verfügung stellte, welche die Räumlichkeiten opulent redekoriert und bis zum Tage, da Curzon sich völlig überraschend mit einer Anderen vermählte, bewohnt hat. Jene gereimten Zeilen aus der Anfangszeit ihrer Beziehung waren damals der Skandal schlechthin:

Do you want to sin with Elinor Glyn on a tiger skin?
Or do you prefer to err with her on some other fur?

Curzons Familiensitz allerdings war ein Haus ganz anderer Dimension als das romantische Montacute. Sein Erbsitz war Kedleston Hall, einer der großartigsten klassizistischen Paläste des Landes, von jener vollendet überhöhten Eleganz, deren unangefochtener Meister der große schottische Architekt Robert Adam war. Nordwestlich von Derby in einem 330 Hektar umfassenden Park von pastoraler Idylle gelegen, gelangt man über zwei Zufahrtswege von je einer Meile zu dem zwischen 1758 und 1765 erbauten Landsitz, dessen imposante Nordfront sich über hundert Meter spannt. Etwas abseits befinden sich die Stallungen und die kleine Kirche aus dem 13. Jahrhundert, in welcher alle Curzons begraben sind und auf deren Sonnenuhr das Wortspiel steht: *wee shall / sundial (soon die all).* Als der Vizekönig seinen letzten Gang antrat, fand sich in einer Nische seiner Gruft eine Karte mit seiner Handschrift: „Reserviert für die zweite Lady Curzon". Er war eben ein Mann, der nichts dem Zufall überließ.

Das Haus selbst, das man über einen grandiosen Stiegenaufgang betritt, birgt eine Reihe prunkvoller Staatsgemächer, zunächst die imposante

Rehböcke in Dorset

Montacute House

Kedleston Hall, Stammsitz der Familie Curzon

Der Eisenbahn-Bock

Marmorhalle mit 20 korinthischen Säulen von 25 Fuß Höhe, in den Wänden 16 Nischen mit Marmorskulpturen, dann das Musikzimmer, der türkise Drawing-Room von barocker Üppigkeit, die schlichte Bibliothek, der dem Pantheon nachempfundene Salon mit kassettierter Kuppeldecke, die Staats-Schlafgemächer und der herrliche Speisesaal. Alle Räume haben viel Licht und strahlen eine Atmosphäre apollinischer Heiterkeit aus. Abgesehen von den zahlreichen Skulpturen und erlesenem Mobiliar sind es vor allem die Gemälde, welche den Betrachter in Bann ziehen, und eines davon, es hängt in der Bibliothek, zeigt Daniel vor Nebukadnezar, dem mächtigsten Herrscher seiner Zeit, Erbauer der Hängenden Gärten zu Babylon, der einen Traum hatte, von einer Statue aus Gold, Silber, Bronze und Eisen, aber mit Füßen aus Ton. Daniel deutete den Traum als Vorhersage des Endes von Nebukadnezars Reich, und aller Reiche, die folgen würden, bis daß alles Irdische im Reich Gottes aufgehe. Deshalb die Redewendung „auf tönernen Füßen; *feet of clay*".

Und so sollte es kommen: Waren die steuerlichen Belastungen in der Folge des Ablebens George Curzons im Jahre 1925 schon nicht unbeträchtlich, so fegten 1977 die einer Enteignung gleichkommenden exorbitanten Erbschaftssteuern jegliche Hoffnung auf einen Verbleib des Anwesens in der Hand der Familie hinweg. 1986 ging das Haus an den National Trust. *Feet of clay* … Vizekönige, Imperien, Paläste, Adelshäuser, ein ganzer Way of Life mit allem, was dazugehört, nun gar die Fuchsjagd als letzte Erinnerung in der Stunde des Todes: Staub zu Staub, Asche zu Asche, alles aus, alles vorbei. Und nur, weil man den Schafen das Zepter überlassen hat, den Schafen, den Hyänen und vor allem – den Schweinen …

Der Bock lag im Feuer. Er machte einen senkrechten Luftsprung und fiel tot in sich zusammen. Es war ein starker Abnormer, dessen rechte Stange unverzweigt, kurz und wie eine Gamskrucke gebogen war, während er links hoch aufhatte, mit starker Perlung, großer Rose und langen Sechserenden. Mit regelrechten Stangen wäre er wohl nahe an die 500 Gramm gekommen. Doch die Trophäenstärke war mir nie wichtig gewesen. Klar freut man sich über eine kapitale Beute, aber viel mehr hat es mir immer bedeutet, wenn die Jagd *good sport and fair chase* bot. Erpirschen wollte ich mir meine Böcke, und nicht ersitzen, und eine Chance sollten sie haben, mich rechtzeitig zu entdecken, mir zu entkommen. In späteren Jahren bin ich in Afrika deshalb auch zur offenen Visierung übergegangen.

Ich konnte dann am folgenden Morgen noch einen guten Bock erlegen, nachdem ich im ersten Dämmerlicht auf gute hundert Gänge einen Jungfuchs mit einem sauberen Schuß ins Jenseits befördert hatte. Zuerst hatten wir nur einen schwachen, jungen Bock gesehen, der hier äste, als plötzlich ein Pärchen junger Füchse auftauchte und auf der Wiese zu spielen begann. Es war hart, dem fröhlichen Spiel ein Ende zu bereiten, doch in diesen Momenten sich selbst zu überwinden, das gibt der Jagd noch tieferen Wert.

Ich verließ England mit dem Vorsatz, im Winter noch auf Muntjak und das chinesische Wasserreh zu weidwerken, zwei exotische Arten, die inzwischen ganz Mittelengland überlaufen haben und die mir besonders begehrenswert erschienen, doch es sollte anders kommen.

Verklungen Horn und Geläut

Fuimus Troes, fuit Ilium et ingens gloria Teucrorum
Troer sind wir gewesen, gewesen ist Ilion
und der Teucrer gewaltiger Ruhm
Vergil, Aeneis 2, 325

Es sollte das letzte Mal gewesen sein, daß ich die Schönheit dieser Welt in ihrer ganzen Pracht erleben durfte: bei der Jagd zu den Hunden auf den Exmoor-Hirsch. Einmal noch war es mir gegönnt, das wahre Glück meines Lebens auszukosten. In wildem, rasendem Galopp über die Moore, Hügel und Wiesen Exmoors zu fliegen, stundenlang, dem Hirsch und der Meute hinterher, Schluchten durchquerend, Bäche auch, deren kühlendes Naß über die Köpfe der Reiter spritzt, herauf von den Dreitakt schlagenden Hufen, steile Hänge bergauf und bergab, im Galopp und im Trab, kaum je im Schritt, die rollenden Hügel in Nebel getaucht, oder durchflutet von den warmen Strahlen der herbstlichen Sonne, mit dem Blick auf die See in der Ferne, oder aber aufgeweicht vom nieselnden Regen, jeder Tag anders, jede Jagd neu, und immer das helle Geläut und das Tröten des Hornes, bis der Hirsch gestellt und der erlösende Schuß in den Weiten verhallt.

Doch auch dann, wenn ich den Fuchs jagte, mit den großen historischen Meuten, oben in Leicestershire, bei Melton Mowbray, oder beim Herzog von Beaufort oder im rauhen Irland, auch da *all the glory*, wenn die Meute *in full cry* dem Fuchs nachhetzt und das Feld wie rasend folgt. Es ist immer wieder ein besonderes Erlebnis, die Hunde zu sehen, wie sie, fast dreißig an der Zahl, stumm und lautlos eine Dickung durchstöbern, dann einzeln spurlaut werden, bis sie schließlich alle zusammen in den Hetzlaut einstimmen und mit tiefer Nase dahinfliegen, immer dem Scent folgend. Und wenn dann der Fuchs in Anblick kommt, gefolgt von der Meute, alle über einen Acker oder eine Wiese hinweg: die Gänsehaut läuft dir den Rücken hinunter, so faszinierend ist dieses Schauspiel. Oft, fast könne man meinen, allzu oft, erreicht der Fuchs die nächste Dickung, den nächsten Bau, und es fließt kein Blut.

Ich freute mich, Mr. Jeune wiederzusehen, *an Old Stoic*, wie man die Absolventen der renommierten Privatschule Stowe nennt, ein gebildeter und witzig-humorvoller Gentleman der alten Schule. Er hatte über die Jahre das Crown Stück für Stück renoviert, zunächst die Rezeption und den Speisesaal, und dann ein Zimmer nach dem anderen, hatte die Bäder modernisiert und die Räume liebevoll mit geschmackvollen Details ausgestattet. Was ich aber mehr geschätzt habe als jeden anderen Service im Crown, das war, daß Mr. Jeune persönlich meine Jagdstiefel geputzt und auf Hochglanz gebracht hat. Er pflegte sich in seinen Briefen an mich als *„head boot polisher"* zu unterfertigen, worauf er von mir das Attribut *„best head boot polisher of the British Empire"* erhielt. Auch er sah die Lage düster. *„The decent people, the people who really count in this country"*, pflegte er zu sagen, *„are in total despair at the demise of this once great and proud nation"*. Nur daß eben gerade diese Leute, *the people who really count,* nichts mehr zählten und auch nichts mehr zu sagen hatten in *Cool Britannia*. *„If they ban hunting"*, vertraute er mir eines Abends an, als ich gerade bei Stilton-Eiscreme mit Feigentörtchen saß, *„if they ban hunting I have decided that I shall relocate to the land of my ancestors"*, und damit meinte er Frankreich. Noch aber machte hier jedermann gute Miene zum bösen Spiel und tat so, als gäbe es einen Funken Hoffnung, doch ich wußte, daß das Ende bevorstand.

Seit langem saß ich wieder einmal auf Jim, der die ganze letzte Saison wegen eines hartnäckigen Virusinfekts auf der Koppel gestanden hatte. Es war ein kühler, windiger Tag, und Larkbarrow Corner versprach eine gute Jagd über das offene Moor. Rasch war ein Hirsch angejagt, und in einem großen Bogen folgten wir der Meute nach Warren Farm und Trout Hill, von dort hinüber auf Brendon Common. Stellenweise war es ziemlich sumpfig und so schloß ich mich drei Einheimischen an, denn die kennen, so sagt man, das Land wie ihre Westentasche, als plötzlich alle drei vor mir in ein Sumpfloch stürzen. Gerade kann ich Jim, der ohnehin pullt wie ein Ochse – ist er doch heute das erste Mal seit einem

Jahr wieder draußen auf dem Moor, und ein flotter Galopp macht ihm höllische Freude –, gerade noch kann ich ihn mit einer scharfen Parade zurückreißen, lenke ihn vorsichtig über den trügerischen Boden, fange das Pferd meines Vordermannes ein und halte es fest, bis dieser aufgestiegen ist. *„Thank you, this is very kind of you"*, bedankt er sich, worauf ich entgegne: *„It is me who has to be grateful. You have just saved me from a fall!"* Als wir Brendon Common erreichen, sehen wir, daß das Feld schon die Straße nach Lynton quert, und dann geht es hinunter bis zur Farm am Farley Water, wo der Hirsch überraschenderweise wieder über Brendon Common zurückwechselt. Daß er dies tut, ist unser großes Glück, wäre er weiter Richtung Lynton gelaufen, so hätte er Trust-Land erreicht und wäre für uns verloren gewesen. So aber ging es wieder den Hang hinauf und hinüber in die wildromantische Moorlandschaft des Doone-Country, wo das Wild eine viertel Stunde nach drei bei Hoccombe Water zur Strecke kommt. Es war dies, wie man so schön zu sagen pflegt, *a very fine moorland hunt.*

Donald brach den Hirsch auf, und ich erbat mir eine Scheibe Leber. Als ich sie entgegennahm, so frisch noch, daß das warme Blut über meine Hände lief und sie tief rot färbte, als ich so dastand, in Blut getränkt, *awash with blood*, und als ich sie später verschlang, diese rohe Leber eines Brunfthirsches mit ihrem strengen Geruch, da war mir, als fühlte ich die Vollendung der Transzendenz diesseits der Schattenwelt, die höchste Vereinigung von Jäger und Gejagtem. Was für ein unschätzbares Geschenk, ehe ich, wie ich schon ahnte, für immer würde gehen müssen!

Zu meiner großen Freude und Überraschung war Scott Dickson, der geniale Koch, für einen Monat ins Crown zurückgekehrt, nachdem der zwischenzeitliche Chef wegen einer Messerattacke gegen einen Mitarbeiter gekündigt werden mußte. Scott hat mir die Leber ziemlich kurzgebraten, fast roh serviert, dazu etwas Kartoffelpüree mit Zwiebelringen. Danach Pistazienparfait mit Schokoladen-Fondant, alles begleitet von einer Flasche des großen Cissac 1990. Was soll ich noch sagen!

Nur wenige Reiter, zwanzig vielleicht, waren nach Hawkridge gekommen, ich auf Piper, und rasch wurde ein starker Hirsch angejagt. Die Hunde gingen ab wie die Feuerwehr und waren nie mehr gesehen. Schließlich erreichte uns die Nachricht, daß der Hirsch nach Winsford unterwegs sei, und wir ritten die Straße nach Withypool hinab, von dort hinauf nach Comers Cross und dann nach Winsford hinunter. Doch noch ehe wir unten angekommen waren, erfuhren wir, daß der Hirsch wenige Minuten nach eins erlegt worden war. Ein extrem kurzer und ziemlich ungewöhnlicher Tag, an dem, so mußte ich zugeben, wir einfach den Start verpaßt hatten.

Ich fuhr dann, weil noch ein paar Stunden Zeit waren bis zum Five o'Clock Tea, hinüber zum Hügel von Porlock. Ich saß hier oben an jenem Aussichtsplatz über der Bucht, von wo ich so oft auf das Meer hinausgeblickt hatte, und ich wußte, daß ich nicht mehr zurückkommen würde. Man würde die Jagd in wenigen Wochen verbieten, und nichts würde mehr sein wie vorher. Das Leben wird weitergehen auf Exmoor, doch seinen Platz unter den Stätten, die man im Leben gesehen haben muß, würde es unwiederbringlich einbüßen. In den meisten Tourismusgebieten bemüht man sich verzweifelt, den Massentourismus mit seinen unzähligen negativen Seiten durch Qualitätstourismus zu ersetzen, und hier auf Exmoor, wo man mit der Jagd die Crème de la Crème unter den Gästen ansprach, würde man nun den umgekehrten Weg gehen müssen. Doch genau das will Labour: nicht nur ein paar wenige sollen das Land genießen, sondern die Massen. Daß aber der Reiz eines unberührten Fleckens Erde in dem Moment zerstört wird, da er seine Unberührtheit einbüßt, kümmert die großen Egalitaristen nicht. Hinab, hinab, so lautet ihre Devise, nieder mit allem, tiefer und tiefer.

Noch einmal fuhr ich all die Orte ab, mit denen mich so einzigartige Erinnerungen verbanden. Wenn ich zurückdenke, wie unbeschreiblich jener erste Tag mit den Hirschhunden war, dieser erste Eindruck, wo alles, wirklich alles neu ist; und wenn ich daran denke, daß niemand mehr einen solchen ersten Tag, überhaupt einen solchen Tag erleben darf: die Röte des Zornes steigt mir ins Gesicht. Ich wollte ich hätte dies alles hier noch einmal jemandem zeigen können, der mir am Herzen liegt, bevor es für immer verschwinden würde, aber es war zu spät.

Wie ein Zeichen an der Wand war auch die Liquidation und völlige Desintegration des Canarvon Arms vor zwei Jahren gewesen, des traditionsreichsten Field-Sport-Hotels auf Exmoor. Das war nicht bloß das Ende einer Ära oder einer Epoche, nein, es stand symbolhaft und stellvertretend für das Ende ganzer Jahrtausende. Denn der Dolchstoß, der gegen die

Fuchsjagd geführt werden sollte, galt weniger der Jagd *per se,* wie sie seit den Angeln und Saxen betrieben wurde, sondern er galt dem gesamten kulturellen und soziopolitischen Konzept des klassischen Abendlandes, dessen Geist zurückgeht bis auf die alten Reiche im Zweistromland, bis zu den Wurzeln der Hochkultur, zurück bis zur neolithischen Revolution. Und er war Teil jener allumfassenden Umgestaltung des Königsreichs während der vergangenen vierzig Jahre, welche Peter Hitchens[53] so treffend analysiert hat.

Olde Englande wurde zum Tode verurteilt. Irgendwann wäre es so und so gestorben, man hätte es nicht willentlich umbringen müssen. Ich hätte ihm noch ein halbes Jahrhundert, oder ein ganzes, gegönnt. *But it's all over now.*

Es war meine sechzigste Jagd zu den Hunden, und ich sah es als glückliche Fügung, daß sie wieder über das offene Moor zu gehen versprach. Wir hatten das Meet bei Prayway Head, ich ritt Jim, und obwohl beim Frühstück und dann auch wieder zur Tea-Time die Sonne schien, regnete es während der ganzen Jagd heftig, und ein eiskalter Wind blies über das Moor. Der erste Hirsch ging bei Cheriton auf Trust-Land verloren, doch der zweite Hirsch, den wir auf Exe-Plain hochmachten, läuft die Chains hinauf, in jene extreme Sumpflandschaft, welche schon so manches Opfer gefordert hat. Wir folgen dem Wild in flottem Tempo hinauf in die trügerischen Hügel, über steile Aufstiege immer höher bis zum Rücken, ein paar Amerikaner fallen in Sumpflöcher, doch es geht weiter und weiter, in einem weiten Bogen zurück und steil hinab nach Brendon Twogates, es gießt wie aus Badewannen vom Himmel, und in einer wahnwitzigen Galoppade reiten wir hinüber Richtung Badgeworthy Hill, ein ziemlich langer und harter Run ohne Pause, über Stock und Stein, durch Morast und Bäche, doch dann verlieren wir den Anschluß an die Meute, und niemand, auch nicht die Rotröcke, weiß mehr, wohin die Hunde entschwunden. Das Feld gibt auf. Jim hat ein Eisen verloren, und ich reite heim, von Kopf bis Fuß tropfnaß, und der kalte Wind bläst ohne Erbarmen. Wäre es nicht der Jagd auf das Wild wegen, freiwillig oder nur zum Spaß würde ich nie

---

53 *The Abolition of Britain*

über solches Terrain reiten, diesen Eskapaden des Wetters trotzen. Aber das kann nur verstehen, wer das Jagen im Blut hat. Der Hirsch war im übrigen eine halbe Stunde später keine Meile von jenem Ort, an dem wir Schluß gemacht hatten, zur Strecke gekommen, aber das erfuhr ich erst am Abend beim Dessert. Es war ein Mango-Reispudding, der unglaublich zitronig und wunderbar nach frischem Heu und nach einem Hauch von Pferdeschweiß schmeckte. Oder hatte ich immer noch den Geruch von Jim in der Nase?

16. Oktober *anno Domini* MMIV. Cussicombe Post. Meine letzte Jagd. Jim war nun angenehm zu reiten, pullte nicht mehr so sehr. *„Ten Americans and two Englishmen"*, stellte Kevin fest, als wir losritten, worauf Charles zu mir sagte: *„You have just been declared an honorary Englishman"*. Doch schon seit langem war ich hier integriert: *„You are a local"*, gab mir Ruth einmal zu verstehen. Es waren dies die schönsten Komplimente meines Lebens. Der erste Hirsch entkam auf League-Land südlich von Twitchen, der zweite lief fast bis Yarde Down und drehte dann Richtung Simonsbath ab, ging aber schließlich gegen halb sechs verloren. Es war ein langer, ereignisloser Tag, aber zum Schluß zeigte sich mir das Moor noch in seiner ganzen Schönheit, als ich die einsamen Hügel hinabritt zum Barle und eben an jener Stelle herauskam, wo John mich gemalt hatte. Es war vorbei.

Ich hatte mich zum Abendessen mit Jeremy und Amanda getroffen, und wir fuhren zum Dinner ins Poltimore Arms. Die beiden waren gleichermaßen besorgt wegen der politischen Entwicklung wie ich. Labour gab offiziell zu, daß es sich beim Jagdverbot um Klassenkampf handelte. Es ging hier in erster Linie um Demütigung: Demütigung des Oberhauses, Demütigung der letzten Reste des Adels, Demütigung der Tory-Partei, schließlich Demütigung der gesamten konservativen Stammwählerschaft. Nicht nur Jeremy wußte das, ganz England wußte es. Und *Cool Britannia* frohlockte.

Seit Mitte der Neunzigerjahre hatte in England ein Wandel des geistigen Klimas stattgefunden, wie man ihn sonst nur aus revolutionären Umstürzen kannte: dieser abgrundtiefe Haß auf das Establishment und die ehemals herrschende Klasse, der sich nun regelmäßig in den Kolumnen der Medien entlud, diese Umwertung aller Werte im Geiste des Bolschewismus, diese Bösartigkeit, die, käme sie von rechts und nicht von links, in nicht wenigen Ländern der westlichen Welt als Volksverhetzung unter Strafe gestellt würde: es war nicht mehr das England, das ich geliebt hatte, *Land of Hope and Glory, Mother of the Free …*

Seit dem Machtwechsel von 2010 hat sich dieses Klima zwar wieder gemäßigt, doch gerade der Tod Lady Thatchers im April 2013 hat nochmals deutlich aufgezeigt, welch ungezügelter, pietätloser Haß dem Konservatismus von Seiten der Linken und ihrem Elektorat entgegenschlägt. Es ist derselbe Haß, der sich auch gegen den Adel und die Fuchsjagd richtet.

Ja, ich habe England um seiner gelebten aristokratischen Kultur willen geliebt und nicht, weil dort Marx begraben liegt!

Als ich Exford tags darauf verließ, blieb ich auf einer Anhöhe in den Quantock Hills stehen und blickte zurück auf die Hügel, die ich so sehr geliebt, auf die bunten herbstlichen Laubwälder, die eben begannen, die Blätter zu verlieren, und ich wußte, ich würde das Moor nie mehr wiedersehen.

Einen Monat später war es soweit. Black Thursday, der Schwarze Donnerstag, der 18. im November *anno Domini* MMIV, der schwärzeste Tag in der Geschichte Englands seit der Enthauptung Karls I. Mit dem Notstandsgesetz des Parliament Act wurde das Verbot der Meutejagd durchgeboxt.

Alea iacta sunt. Die Jagd ist tot. *Time to say good bye, time to move on. Vive la France! Vive la chasse!* Und nach Frankreich ging ich dann auch.

Ex Ponto[54]

Ceux qui n'ont pas connu l'Ancien Régime ne pourront jamais savoir ce qu'était la douceur de vivre.
Niemand weiß des Lebens ganze Süße,
der nicht das Ancien Régime gekannt.[55]

Mit das Schönste, was ein passionierter Jäger und Reiter erleben kann, ist die Parforcejagd zu Pferde. Die höchste Vollendung jagdlicher Zelebration, die *Chasse à courre*[56], die *rote* Jagd, die französische Jagd auf den Hirsch.

Das sind die großen Augenblicke des Sieges und der Demut: wenn der Hirsch im Wasser steht, umstellt von den Hunden im Geläut, und der langberockte Jäger vom Roß steigt und den Hirschfänger aus der Scheide zieht … Nachdem sie ihn gejagt haben, über Stunden, über den halben Tag hinweg; und die feurigen Pferde dampfen ihren herben Schweiß in die kalte, herbstliche Luft.

Und wenn er das Schwert in des Tieres Brust stößt, und die stählerne Klinge und seine Hände rot werden vom Blut, vom wilden, warmen, sterbenden Blut; und Nebel über dem Schilf liegt wie das samtene Leuchten freudiger Tränen …

Und wenn, dann die Hunde genossen gemacht, die Fanfaren ertönen, zu Ehren des Wildes, zu Ehren der Jagd, in den letzten, schrägen Strahlen der tiefen Sonne auf laubbedeckter Lichtung …

Für unsereins sind alle Augenblicke des Sieges auch Augenblicke der Demut, der Dankbarkeit dem Fatum gegenüber, das es uns ermöglicht hat, derart Großes zu erleben, trotz gesellschaftlicher Unbillen, welche von solcher Art sind, daß alles Schöne, aller Luxus, alle Ekstase, alles Vergnügen

[54] Nach Ovid, *Epistulae ex Ponto,* Briefe aus der Verbannung am Schwarzen Meer
[55] Charles-Maurice de Talleyrand-Périgord (sprich Talrã), 1754–1838
[56] Die Hetzjagd

überhaupt, welchem ein Anflug des Immoralischen aufoktroyiert werden kann, extinguiert werde. Das sind die erschreckenden Zeichen der Zeit, die eine Zeit des „Letzten Menschen" ist. Eine Zeit voll Mittelmaß und Betongrau, wo alles Glück demokratisch diktiert und umverteilt wird. Aber allen Widrigkeiten zum Trotz gibt es auch weiterhin Länder, in denen der chthonische Takt des Lebens noch oben auf ist.

Als die Jagd in England zu Ende war, ging ich also nach Frankreich. Ich wohnte auf La Verrerie, dem Château der Grafen de Vogüé, das Ende des 15. Jahrhunderts von schottischen Stuarts erbaut worden war und dessen Architektur im 16. Jahrhundert durch einen Arkadenhof im Stile der italienischen Renaissance bereichert wurde. Das Château liegt an einem kleinen See in einer laubwaldbestandenen Talsenke, in einer Gegend, wo Wälder und landwirtschaftliche Flächen dem Wild einen abwechslungsreichen Einstand bieten. Der Graf unterhielt selbst eine kleine Hasenmeute, und das gesamte Schloß, besonders die lange Renaissance-Galerie im Südtrakt zierten unzählige Trophäen und Jagdgemälde. Das Schloß liegt unweit von Aubigny, südlich von Gien, jener Stadt an der Loire, dessen Château das größte Jagdmuseum Frankreichs beherbergt.

Ich jagte mit drei verschiedenen Meuten in der Sologne, einmal auf Rehwild mit der Rallye de la Futaie des Loges, zweimal mit der Rallye de la Brie im Forêt d' Orleans auf den Hirsch, und schließlich mit der Équipage Bouquin Berrichon des Grafen.

Es war Ende der Saison, das Wetter zu trocken und warm, sodaß die Hunde die Witterung kaum halten konnten, und so war es nicht verwunderlich, daß fast alle Jagden erfolglos blieben. Nur die Hasenmeute brachte das Wild zur Strecke, nach drei Stunden langsamer, diffiziler Jagd unweit des Schlosses, denn die Meute verlor immer wieder die Fährte des in großen Kreisen laufenden Hasen, und ich hatte das große Glück, zur rechten Zeit am rechten Ort zu sein, als das Ende über ihn kam: es war eine schmale Waldzunge, beidseits von großen, grünen Feldern beflankt, an deren Ende wir warteten, als der Hase den Wald heraufkam und, schon müde und langsam, hinaus in das Feld lief, wo er sich niedertat. Ein paar Minuten später kam die Meute, und weil ein abgekämpfter Hase kaum noch Witterung von sich gibt, fanden ihn die Hunde nicht sofort, sondern sie durchstöberten das Feld etwas planlos, bis einer der Hunde quasi über ihn stolperte und ein Ende machte. Man konnte zwei kurze Klagen hören, und dann war auch schon der Graf zur Stelle und nahm den Hasen an sich. Es war eine sehr kleine Jagdgesellschaft gewesen, mit nur fünf Reitern, und wir kehrten zu den Zwingern zurück, hatten ein kleines Mahl, und dann wurde das Curée geblasen: die Hunde, die zwischenzeitlich verwahrt worden waren, wurden aus den Zwingern geholt, und während sie im Geläut vor dem Hasen warteten, blies die Équipage alle Fanfaren, welche die Ereignisse der Jagd dieses Tages widerspiegelten, zum Schluß die La Vogüé, die Fanfare der Équipage, ehe man das Wild den Hunden zum Fraß freigab. Dann überreichte mir Graf Béraud die Ehrengabe, den Vorderlauf des Hasen.

Wenn man die Jagd in England und Frankreich vergleicht, so muß zuerst erwähnt werden, daß es in Frankreich an die 450 Meuten gibt, ebenso viele wie auf den Britischen Inseln. Ansonsten jedoch fallen ein paar wesentliche Unterschiede ins Gewicht. Zum einen wird in Frankreich vor und nach der Jagd ausgiebig dem leiblichen Wohl gefrönt. Ich habe nie in meinem Leben so viel gegessen und getrunken, so viel essen und trinken *müssen* wie hier in Frankreich. Die Grenzen des Verträglichen wurden, jedenfalls was meine Person anlangt, definitiv überschritten. Foie gras im Überfluß, Rotwein, Weißwein, Champagner, Wurst, Käse, Fisch, Salate, Kuchen, Obst …, und dabei soll es noch viel üppiger zugehen, wenn ein Stück Wild zur Strecke kommt! Dreimal mußte ich auf das Dinner am Abend verzichten, weil ich einfach nicht mehr fähig war, auch nur einen einzigen weiteren Bissen zu mir zu nehmen.

Dann ist da die Jagd selbst: Das berittene Feld ist im Vergleich zu England sehr klein, zehn bis zwanzig Jäger vielleicht, und diese nehmen allesamt aktiv an der Jagd teil, indem sie mit ihrem Horn die einzelnen Aktionen kommentieren: welches Wild gesichtet wurde, wo es einen Weg gekreuzt hat, wenn es zu Wasser ging etc. etc. Natürlich ist die Zeremonie des Curée ein außergewöhnlich stimmungsvoller Schlußpunkt, bei dem nochmals alles, was an diesem Tage vorgefallen ist, mit der entsprechenden Fanfare rekapituliert wird. Auch der elegante, lange Jagdrock, die hohen Stiefel, der breite Gurt mit dem Hirschfänger und der Hetzpeitsche, das große und kleine Jagdhorn unterscheiden die französische Jagd von der

Madame e Monsieur Poisson, Maitre d'Équipage der Rallye de la Brie

Château de la Verrerie, Stammsitz der Grafen Vogüé

Rallye de la Brie im Forêt d'Orleans

SAUF
VÉHICULES
AUTORISÉS

l'Équipage Bouquin Berrichon des Grafen Vogüé

le Compte de Vogüé mit seiner Meute, während die Bläser den Tag rekapitulieren

Amanda und Jeremy vor dem Schloß Cheverny

„Wenn das Wild zu Wasser geht“: zwei Hirsche queren einen See

Die Meute von Cheverny des Marquis de Vibraye vor dem Curée

Élégance fançaise

Kurz vor dem Curée: Der Aufbruch abgedeckt mit Decke samt Haupt des erlegten Wildes

puritanischen Schlichtheit der englischen. Der Hirschfänger ist im übrigen kein Ziergegenstand, sondern Hirsch und Reh werden damit tatsächlich auch heute noch in traditioneller Weise abgefangen, wie dies seit mehr als tausend Jahren der Brauch ist. Der Keiler wird mit der Saufeder getötet. Es ist also die französische Jagd noch kompromißloser in ihrer Traditionalität als es die englische Jagd auf den Hirsch gewesen ist, wo man im Jahre 1929 dem Hirschfänger leider entsagt hat. Die großartige Stimmung, welche die Jagd in Frankreich bietet, wird oft noch dadurch überhöht, daß ein Schloß die Kulisse bildet. Besonders die Équipage de Cheverny, mit der mein englischer Freund Jeremy zu reiten pflegt, und deren Master der Marquis selbst ist, beginnt und endet vor dem barocken Schloß, dessen hohe Eleganz in der heutigen Welt fast surreal wirkt, und man könnte beinahe glauben, die alten Tage wären noch nicht tot. Den Stallungen und Zwingern von Cheverny ist ein großer Trophäensaal angegliedert, der an die 2.000 Geweihe aus den letzten 150 Jahren birgt, und in dem nach jeder erfolgreichen Jagd ein Festgelage von statten geht. Zwei Jahre später hatte ich die Ehre, mit dieser berühmten Meute zu jagen; es kam ein Spießer zur Strecke.

Es gibt jedoch noch einen weiteren Unterschied zu England, und dieser betrifft die Pferde. In Frankreich werden fast ausschließlich Traber verwendet, weil die für den Rennsport zu langsamen Traber zum Schlachtpreis käuflich und somit äußerst günstig zu erwerben sind. Fünf, sechs oder gar acht Stunden im starken Trab zu reiten ist allerdings eine Tortur, die bei meinem schlechten Rücken nur mit Schmerzmitteln zu bewältigen war. Ich habe mir in diesen Tagen nichts sehnlicher gewünscht als ein Pferd, das galoppieren hätte können.

Das Gelände jedoch, das man bereitet, stellt keine wie immer gearteten Anforderungen, pflegt man doch ausschließlich auf einem ebenen Wegenetz zu reiten, welches die Wälder in strenger Dreiecksformation durchschneidet, und es war schon das höchste der Gefühle, einen Graben von einem halben Meter zu überqueren oder in einen Wald einzudringen oder durch einen See zu reiten. Eine sportliche Herausforderung ist also die Jagd in Frankreich nie und nimmer, ich würde sogar behaupten, daß es angesichts des katastrophalen Pferdematerials mehr Spaß macht, der Jagd per Fahrrad zu folgen, wie das in Frankreich ohnehin viele tun.

Mein Resümee aus diesen Tagen in Frankreich ist schlicht folgendes: die Jagd ist hervorragend, der Sport miserabel, und das Essen sprengt alle Dimensionen – auf Dauer wohl auch die meines dürren Gerippes!

Doch was mir abging, das war die herbe Maskulinität der englischen, will sagen der viktorianischen Seele, das Ideal des *English gentleman*, der Geist der Public Schools. Mehr als aufgewogen wird dies allerdings durch die reiche jagdliche Kultur. Bei den metallisch schmetternden Klängen der Trompes de Chasse läuft einem die Gänsehaut über den Rücken, wenn die großen Klassiker der französischen Jagdmusik ertönen: La Marche des Cerfs, Le Bonsoir des Chasseurs, Hommage aux Piqueux, La Saint-Hubert, Fanfare de Saint-Eustache, La Marche de Vénerie …, und es gibt wohl keine ergreifendere Hubertusmesse als jene, die 1954 vom Cercle Dampierre in Notre-Dame aufgeführt wurde, die Meßfeier damals noch im Tridentinischen Ritus und – welch himmlische Wohltat – in der Sprache aller Sprachen. Die Akustik, welche einen sogar auf der Plattenaufnahme noch erbeben läßt, muß damals atemberaubend gewesen sein und die tiefe Spiritualität des alten Ritus, diese Omnipräsenz des Göttlichen als Antithese zu all dem entnervenden Gequatsche in den heutigen Kirchen eine Wohltat …

Und dennoch: am Ende fühlte ich mich hier in diesen gallischen Gefielden wie im Exil – *aqua et igni interdictum.*

Una Salus Victis

Am Ende konnte jedoch das britische Jagdverbot die Meutejagd nicht verhindern. Die meisten Meuten jagen heute unter Ausnutzung der Ausnahmebestimmungen, manche haben auf Schleppe umgestellt. Traurig ist jedoch, daß man eine Meute nicht mehr wirklich jagend erleben kann, nur noch einzelne Koppeln. Damit ist die ganze gloriose Großartigkeit einer Meute im hohen Geläut, das sich erst voll entfaltet, wenn die Hunde zum letzten Akt übergehen, und etliche andere jagdlich faszinierende Details nicht mehr erlebbar.

Viele Meuten werden darüber hinaus fortlaufend von Jagdgegnern bedrängt und ständig mit Anzeigen konfrontiert. Es kam jedoch kaum je zu Verurteilungen, doch die Gerichtsprozesse sind für die Beschuldigten extrem belastend und kosten Unsummen an Steuergeld.

Es ist natürlich nicht ganz von der Hand zu weisen, daß dieses Gesetz umgangen und trotz aller gegenteiligen Beteuerungen auch gebrochen wird, wo es nur geht. Doch ein Gesetz, das so kompliziert ist und derart viele Ausnahmeregelungen enthält, bietet genügend Spielraum für die Verteidigung, im Falle einer Anzeige einen Freispruch zu erwirken. Doch hängt dies wohl auch gerade wegen der unklaren Gesetzesvorgaben sehr stark vom Ermessen des Richters ab, nicht zuletzt auch, trotz aller gebotenen Objektivität, von seiner allerinnersten Einstellung zu Jagd und Jägern. Insofern kann man das Gesetz sowohl als Musterbeispiel Blair'scher Unverbindlichkeit als auch als absolutes legislatives Desaster bezeichnen, das geradezu nach Revision schreit. Die Tierrechts-Szene und die Labourpartei würden sich dabei ein unmißverständliches und absolutes Verbot, die Landbevölkerung eine Einbindung in ein allgemeines Tierschutzgesetz wünschen, welches wie in Mitteleuropa die Jagd weitgehend ausklammert.

Im Grunde hat dieses Gesetz, haben all die endlosen parlamentarischen Debatten, all die Millionen Worte, all die Medienpräsenz so gut wie gar nichts bewirkt. Kein Fuchs, kein Hirsch, kein Hase wurde deshalb weniger mit Hunden gejagt, nur eben ein bißchen anders. Man hat lediglich den Leuten das Leben schwerer gemacht und die Jagd eines Gutteils ihrer Charakteristik beraubt.

Seit beinahe 15 Jahren hofft man nun auf eine Revision. Als 2010 die Konservativen wieder an die Macht kamen, reichte jedoch deren Mehrheit im Parlament bei weitem nicht, um eine solche Revision auch nur anzudenken. Auch 2015 errang man nicht genügend Sitze, und die Wahl von 2017 wurde ohnehin zum Desaster für die Tories. Damit gibt es für eine Revision auch weiterhin keine Chance. Ich denke sogar, daß angesichts der eklatanten Schwäche der derzeitigen Regierung bei den nächsten Wahlen wieder Labour an die Macht kommen könnte. Daß es jemals wieder eine satte Tory-Mehrheit geben wird, ist jedenfalls mehr als unwahrscheinlich. Somit wird man auch weiterhin mit diesem Gesetz leben müssen. *Una salus victis nullam sperare salutem*[57], darauf sollten wir uns einstellen.

Das Jagdverbot in England wirft jedenfalls einige grundsätzliche gesellschaftspolitische Fragen auf. 1.500 Jahre lang hat man außerehelichen Geschlechtsverkehr, Homosexualität, uneheliche Kinder, Pornographie, Promiskuität einzig und allein aus moralischen Gründen geächtet, bis die neue Ordnung der Nachkriegszeit langsam, über Jahrzehnte hinweg, eine Liberalisierung zuwege gebracht hat. Und nun gehen dieselben Leute, die für diese Freiheiten eingetreten sind, her und belegen alles, was nicht in ihr Weltbild paßt, mit einem neuen moralistischen Bann. Die grundlegendste aller Fragen lautet demnach:

Wollen wir den totalitären Humanitarismus, das aufgezwungene Gutmenschentum, die Gewaltherrschaft moralistischer Verblendung, oder wollen wir einen liberalen Humanismus, der dem Menschsein in seiner ganzen Breite und Vielfalt huldigt?

Und für England stellt sich noch eine weitere Frage: will man weiter das demokratisch verbrämte Diktat des bolschewistischen Klassenkampfes oder will man eine liberale Gesellschaft, in welcher Toleranz das oberste

[57] Vergil, Aeneis II, 354: Ein Heil bleibt den Besiegten allein, kein Heil mehr zu hoffen.

Prinzip ist? 1999 erklärte Tony Blair scheinheilig: „*The class war is over*", worauf ihm der aristokratische Journalist Peregrine Worsthorne humorvoll antwortete: „*We won*". Labour aber hatte wenig Sinn für Humor und schlug mit voller Wucht zu. In jüngster Zeit hat sich Labour unter dem Linksaußen Jeremy Corbyn sogar das Verbot der Niederwild-Treibjagd zum Ziel gesetzt. Wäre es nicht längst überfällig, den politischen Diskurs ideologisch zu entrümpeln und zu versachlichen? Sich auf das Dringliche und Wesentliche zu beschränken? Sich nicht andauernd in das Leben anderer einzumischen?

O FORTUNA VELUT LUNA STATU VARIABILIS

... ...

QUOD PER SORTEM STERNIT FORTEM, MECUM OMNES PLANGITE!

Carmina Burana[58]

[58] Oh Fortuna, gleich wie Luna wandelbar im Zustande ... ...
Mit mir klaget alle, da sie bringt zu Falle den Starken durch das Los.

Oft, in the stilly night,
Ere slumber's chain has bound me,
Fond memory brings the light
Of other days around me.

Thomas Moore

Literatur

Acland, Anne (1981): *A Devon Family – The Story of the Aclands*

Apsley, Lady (1936): *Bridleways through History*

Blow, Simon (1983): *Fields Elysian*

Collyns, Charles Palk (1862): *Notes on the Chase of the Wild Red Deer in the Counties etc.*

Dunn, Sir Robin (2008): *Staghunting on Exmoor*

Edwards, Lionell; Wallace, Harold Frank (1927): *Hunting and Stalking the Deer*

Evered, Philip (1902): *Staghunting with the Devon and Somerset*

Fisher, Arther O. (1930): *Exmoor and Other Days*

Fortescue, Hon. John (1887): *Records of Stag-Hunting on Exmoor*

Goss, Fred (1931): *Memories of a Stag Harbourer*

Halliday, Ursula (1995): *Glenthorne – a Most Romantic Place*

Hamilton, Archibald (1907): *The Red Deer of Exmoor with Notes on Those Who Hunted Them*

Hewett, H. P. (1963): *The Fairest Hunting*

King-Fretts, Paddy (2005): *Staghunter. The Remarkable Story of Ernest Bawden*

Lloyd, E. R. (1970): *The Wild Red Deer of Exmoor. Enlarged 2nd ed. 1975*

Luttrell, Claude (1925): *Sporting Recollections of a Younger Son*

MacDermot, E. T. (1936): *The Devon and Somerset Staghounds 1907–1936*

Marshall, H. J. (1948): *Exmoor – Sporting and Otherwise*

Noon, Charles (2000): *Parson Jack Russell*

Sabretache (Albert Stewart Barrow) (1948): *Monarchy and the Chase*

Sassoon, Siegfried (1928): *Memoirs of a Fox-hunting Man*

Strong, Sir Roy (1996): *Country Life 1897–1997. An English Arcadia*

Watson, Sophia; Watson, Julian (1999): *A Lazy Contentment. The Carnarvon Arms Hotel*

Whitehead, G. Kenneth (1980): *Hunting and Stalking Deer in Britain through the Ages*

Whitehead, G. Kenneth (1993): *The Whitehead Enzyclopedia of Deer*

Wiggin, W. W.; et al. (1936): *Deer, Hare and Otter Hunting*

Willinger, C. C. (2013): *Good Sport & Fair Chase – Weidwerk im Geiste ritterlicher Jagdkultur*

Willoughby de Broke, Richard Greville Verney Lord (1924): *The Passing Years*

Yeates, John (1992): *Michael Lyne, Sporting Artist*

Yeates, John (1995): *An Endless View. The Artist and Exmoor*

Alle glauben nämlich von sich, sie seien das Salz der Erde.

Der Fürst von Salina in *Der Leopard*

It would be pleasant of course for those who do like it if those who do not would not feel that they had to go to war against it or give money to try to suppress it, since it offends them or does not please them, but that is too much to expect and anything capable of arousing passion in its favour will surely raise as much passion against it.

Ernest Hemingway, *Death in the Afternoon*

Es ist die Nonchalance des Südens, die Leichtigkeit des Seins, diese unvergleichlich wertvolle Lebenseinstellung, sich aus Prinzipien nicht allzu viel zu machen, welche dort das verkrampfte Diktat des Moralismus zum Scheitern verurteilt. *Vive la France! Viva España!*

Drittes Buch

Al-Andalus

> Ich gebe zu, daß ich nie richtig Spaß dabei empfunden habe. Eigentlich bereitet es mir gar keinen Spaß, und ich vermute, daß es niemanden amüsiert, denn für einen Spaß ist es ein viel zu ernstes Espectáculo.
>
> Antonio Machado

Was ist die große Gemeinsamkeit zwischen Jagd und Tauromachie? Bei allen fundamentalen Unterschieden gibt es diese eine zentrale Schnittstelle, an der sich Jagd und Stierkampf treffen, und das ist der Akt des Tötens selbst. Warum muß man töten, um gejagt zu haben? Aus demselben Grund, weshalb der Torero den Stier töten muß: erstens, weil nur so die Befreiung aus jener ungeheuren Spannung erfolgen kann, die sich während der Auseinandersetzung mit dem Gegenspieler, dem man emotional neutral gegenübersteht, ja den man sogar achtet und liebt, aufbaut. Es ist dies eine Spannung, die weit über jene zwischen zwei Sportlern oder zwei wirtschaftlichen oder politischen Kontrahenten hinausgeht, denn schließlich ist der Tod das letztendliche Ziel. Darüber hinaus aber wohnt dem ritualisierten Tötungsakt eine transzendente Dimension inne, welche im Sinne zahlreicher animistischer Kulturen eine Überwindung des Todes und einen Übergang der Seelen ermöglicht, oder welche, wie Hemingway das gesehen hat, zumindest eine Art Rebellion gegen den Tod darstellt. Indem wir töten, zelebrieren wir das Leben!

Das rituelle Töten, so auch das Töten bei der Jagd und in der Arena, zeigt große Übereinstimmung mit dem rituellen Opfer und geht damit auf totemistische Vorstellungen zurück. William Robertson Smith und Sigmund Freud sahen im Opfer einen Teilaspekt des Totemismus: zwar ist das Totem streng tabuisiert, es wird jedoch bei feierlichen Anlässen geschlachtet und gemeinsam aufgegessen, wovon man sich die Übertragung der positiven Kräfte des Totems erwartet. Somit ist das Opfer ein Akt der Transzendenz: indem man durch das Töten die Seele des geopferten Wesens freisetzt, wird erst deren Übergang in die seelische Sphäre der Opfernden möglich. Solche Vorstellungen dürften archetypischer Natur sein und wären somit als Teil des kollektiven Unbewußten tief in der menschlichen Psyche verankert.

Ich darf mich hier erweiternd selbst zitieren: Der Jäger wie der Aficionado und der Torero empfinden beim Akt des Tötens, überhaupt bei all ihrem Tun, vor allem aber beim Töten selbst weder Lust noch Haß noch Aggression. Eher noch Schmerz und Trauer, auch Selbstüberwindung, aber nicht im geringsten und auch nicht im Allerinnersten so etwas wie Lust oder Haß. Es ist ganz anders, als würde man einen Feind, gar seinen Todfeind töten, oder als Sadist sexuellen Trieben folgen. Es gibt hier keinen Lustgewinn und auch kein Ressentiment. Weder mit dem einen noch mit dem anderen hat das ritualisierte Töten irgend etwas zu tun. Das vorherrschende Gefühl ist jenes der Erlösung, Erleichterung, die Auflösung einer ungeheuren Spannung, wenn man das Töten sauber hat vollziehen können. Ein wenig ist es, als würde man eine bis zur Unleserlichkeit vollgekritzelte Tafel löschen, deren verwirrende Überfülltheit unerträglich geworden ist, als würde man eine *tabula rasa* schaffen, von der aus ein neuer Anfang möglich wird. Mit einem Wort: das ritualisierte Töten ist ganz im Sinne der griechischen Tragödie eine *Katharsis*.

Eine kurze Geschichte der Stierkulte

Die Corrida ist ein emotionales Naturereignis,
das nur geistig erfaßt werden kann.
Rainer Bischof

Einleitend zu diesem für den Großteil der Menschen schwer verdaulichen Thema Stierkampf ist es hilfreich, die komplexe Kultur- und Religionsgeschichte der mediterranen Stierkulte sowie ihre psychologischen Hintergründe zu betrachten.

Kommen wir nochmals zum Opfer zurück. Zweck des Opfers ist meist, die höheren Mächte positiv zu beeinflussen:

- sie gnädig zu stimmen (Jagdglück zu erbitten, gute Ernte, Heilung etc.),
- sich bei ihnen zu bedanken (für Jagdglück, Ernte, Heilung etc.),
- sie um Verzeihung zu bitten (für eine Tötung, für einen Frevel etc.),
- ihnen ihren Anteil zukommen zu lassen (an Jagdbeute und Ernte),
- ihre lebenspendenden Kräfte zu steigern oder zu regenerieren.

Das letztgenannte Motiv spielt vor allem bei Fruchtbarkeitskulten eine zentrale Rolle. Im Opfer wird durch den Tod des Geopferten neues Leben gespendet. Die Natur etwa soll durch das dargebrachte Opfer an Fruchtbarkeit gewinnen und neues Leben hervorbringen. An diese Vorstellung knüpft auch das Christentum an: Nur durch seinen Opfertod kann Christus mit der Auferstehung zu neuem Leben gelangen und so der Menschheit die Hoffnung auf das Ewige Leben geben.

Doch Opferhandlungen werden, wie schon erwähnt, auch vollzogen, um den Opfernden selbst positiv zu beeinflussen: durch die Aufnahme der Kräfte oder der Seele des Geopferten, oder aber durch eine reinigende, erlösende, kathartische Wirkung der Opferhandlung.

Die ungeheure Faszination, welche vom Stier ausgeht und die der Grund ist, weshalb gerade dieses Tier bei zahlreichen Kulturen im Zentrum verschiedener Kulte und Riten stand und steht, liegt darin begründet, daß er unter allen domestizierten Tieren den Inbegriff von Kraft, Potenz, Wildheit, Unzähmbarkeit, also von Maskulinität darstellt. Der Stier steht gewissermaßen für das Urbild, den Archetypus des Männlichen, des Befruchtenden.

Wie kaum ein anderes Wesen symbolisiert er körperliche Stärke und sexuelle Kraft, weshalb der Stier dem frühen agrarischen Menschen als das ideale Opfer im Rahmen eines Fruchtbarkeitskultes erscheinen mußte: im Stieropfer vollzieht sich symbolisch eine heilige Hochzeit – *ἱερὸς γάμος* – zwischen der weiblichen Muttergottheit als Schöpferin und dem virilsten ihrer Geschöpfe, aus dessen Potenz sie ihre Fruchtbarkeit erneuert, um den ewigen Zyklus vom Werden und Vergehen sicherzustellen. Im Opfer versucht also der Mensch, der schaffenden Natur ihre Fruchtbarkeit zu erhalten, indem er ihr die Kraft eines ihrer Geschöpfe zuführt.

Aus den alten Fruchtbarkeitsgöttinnen vorhistorischer Zeit sind schließlich (unter anderem) in Vorderasien und Griechenland Kybele, die Große Mutter (*μεγάλη μήτηρ*), und Artemis, die Herrin der Tiere (*πότνια θηρῶν*), hervorgegangen, die beide das zyklische Wesen der Natur repräsentierten. Der im Römischen Reich sehr prominente Kybelekult war mit Stieropfern, dem Taurobolium[59], verbunden und wurde letztlich im 5. Jahrhundert vom Marienkult absorbiert, der in Spanien bis heute eng mit Stierläufen assoziiert ist. Es ist kein Zufall, daß das Konzil von Ephesos (431), in welchem Maria von der Mutter Jesu zur Gottesgebärerin (*Θεοτόκος*) aufgewertet wurde, ausgerechnet dort stattfand, wo sowohl Artemis als auch Kybele bedeutende Heiligtümer hatten, und daß Maria der Legende nach ebendort verstorben sei. In Ephesos wurden Artemis mutmaßlich Stiere geopfert; ihr Beiname *Ταυροπόλος*[60] bedeutet wörtlich stierumkreist.

Überhaupt war für die Griechen der Stier das Opfertier *κατ᾽ ἐξοχήν*. Schon bei Homer wurden ganze Hundertschaften – Hekatomben – von Stieren (aber auch Schafe und Ziegen) zu Ehren der Götter, vor allem Zeus und Hera, geopfert, um sie positiv zu stimmen, sie zu bitten oder ihnen zu danken. Dahinter steht die Idee des Essen-Anbietens als Mittel zur Beschwichtigung und Zeichen der Gastfreundschaft.

---

[59] Wörtlich Stierwurf, Stier(nieder)werfung, von *βάλλω*, werfen

[60] von *πέλω*, sich drehen, davon auch Pol; Der Stierbezug Artemis' gilt als umstritten.

Im Gegensatz zur schöpferischen Kraft tauriner Potenz stand bei anderen Kulten die Aggression des Stieres, seine zerstörerische Kraft, die es zu überwinden gilt, im Vordergrund. So symbolisiert der Kampf mit dem Stier auch den Kampf des Menschen als Geistes- und Kulturwesen gegen die rohen, wilden, bedrohlichen Urkräfte der Natur. In diesem Sinne hat auch die Bändigung des Kretischen Stieres durch Herkules eine zivilisatorische Bedeutung. Desgleichen besiegt im Gilgamesch-Epos der Held seinen bösartigen Widersacher, den Himmelsstier. Beim Mithraskult, der im gesamten Römischen Reich weit verbreitet war und im vierten Jahrhundert als Konkurrent des erstarkenden Christentums galt, wurde im Taurobolium die Heldentat des persischen Licht- und Sonnengottes Mithras nachvollzogen, der den Stier als Symbol der Finsternis und des Bösen besiegt hatte und den Beinamen Sol Invictus (unbesiegte Sonne) führte. Gläubige wurden mit dem Blut des getöteten Stieres getauft und das Fleisch gemeinsam in einer Art Abendmahl verzehrt, womit sich Anklänge an die totemistische Opfertheorie ergeben. Davon abgesehen hat das Opfer hier eindeutig eine kathartische Bedeutung. Auch heute noch findet in Spanien bei manchen dörflichen Stierläufen oder auch bei Corridas zum Johannisfest, das wohl nicht zufällig Johannes den Täufer am Tag der Sommersonnenwende und somit an einem Feiertag des Sonnengottes ehrt, ein gemeinsames Aufessen des getöteten Stieres statt. Hier sehen wir wieder die Inkulturation einer ganzen Reihe von Elementen einer Konkurrenzreligion durch das Christentum. Solche christlichen Inkulturationen finden sich sehr häufig und weltweit, doch nur im iberischen Kulturkreis erhielt sich dabei auch der kultische Umgang mit dem Stier.

Daß der minoische Stierkult, der auf Kreta vom dritten vorchristlichen Jahrtausend bis zum Untergang der minoischen Kultur um 1400 AC gepflegt wurde, über seefahrende Völker einen gewissen Einfluß auf der Iberischen Halbinsel hinterlassen haben könnte, gilt als wenig wahrscheinlich. Eher schon wäre vorstellbar, daß zu römischer Zeit der stierzentrierte Mythenkomplex Zeus – Europa – Minos – Minotaurus – Theseus – Ariadne – Dionysos, etwa in Form des Dionysoskultes, auch in Iberien eine Rolle gespielt habe. Im tumultösen, mit Alkoholexzessen und Enthemmung verbundenen Charakter der dörflichen Fiesta lassen sich jedenfalls Anklänge an antike Bacchanalien erkennen – Dionysos in seiner Doppelgestalt als

Stier und Rebstock, als Zivilisationsauflöser und -erneuerer. Interessant ist auch, daß es noch im 18. Jahrhundert in einigen spanischen Dörfern üblich war, zu Ehren des Heiligen Markus einen trunken gemachten Stier in die Kirche zu führen. Fakt ist jedenfalls, daß eine Vielzahl verschiedener Stierkulte über lange Zeit im gesamten Mittelmehrraum verbreitet waren.

Andere Herleitungen sehen in der Tauromachie allerdings einfach nur die Fortführung und Abwandlung der Stierkämpfe, die einst schon in römischen Arenen stattgefunden haben, und besonders spanische Autoren wollen überhaupt eine rein autochthone Herausbildung des Stierkampfes aus der Jagd auf den Auerochsen erkennen. Tatsächlich findet sich der Ur zahlreich in den prähistorischen Höhlenmalereien Spaniens dargestellt, bei den Keltiberern gab es nachgewiesenermaßen Rinderverehrung, und von Gaius Julius Cäsar wird berichtet, daß er in Spanien einen Stier vom Pferd mit der Lanze getötet und so erst diesen spanischen Kampfsport in die römischen Arenen gebracht hätte. Der Charakter eines Kampfsports habe sich dann seit dem 18. Jahrhundert vollkommen verloren.

Es ist für ein besseres Verständnis der Herkunft und Entstehung des Stierkampfes hilfreich, drei verschiedene Phänomene auseinanderzuhalten, welche gemeinhin unter dem Begriff Stierkampf subsumiert werden. Wohl haben sie sich wechselseitig beeinflußt, sind aber dennoch separate Entitäten.

Erstens die berittene Tauromachie als turnierartiger, ritterlicher Kampfsport des Adels, für welche ein autochthoner Ursprung durchaus plausibel ist und die im 18. Jahrhundert weitgehend aus der Öffentlichkeit verschwand, obwohl im 19. Jahrhundert wieder vereinzelt höfische Feste dieser Art gefeiert wurden. Die berittene Tauromachie überlebte auf den Haciendas; aus ihr ging um 1920 der Rejoneo hervor, der jedoch wie die moderne Corrida eine Neuschöpfung darstellt, die mit der ursprünglichen Version nicht viel gemein hat.

Zweitens dörfliche Stierfeste, also Marienfeste, Heiligenfeste, Sonnwendfeiern und Hochzeitsriten, welche mit Sicherheit als langzeitliche, volkskulturelle Umformungen uralter, jedoch christlich inkulturierter Opferrituale zu verstehen sind, deren ursprüngliche Bedeutung nur im kollektiven Unbewußten fortlebt. Bei diesen Festen finden Stierläufe (Encierros, ursprünglich das Eintreiben der Stiere von den Weiden durch die Dorfgassen zum Kampfplatz) und improvisierte (heute eher formelle) Stierkämpfe statt, nicht selten werden die Stiere dann gemeinsam verspeist. Fackel- und Feuer-Stiere finden sich insbesondere bei Sonnwendfeiern. Fast all diese Feste werden zu Ehren des Ortspatrons und ganz besonders zu Ehren der Gottesmutter im Rahmen der örtlichen Marienverehrung veranstaltet, welche in Spanien besonders tief verwurzelt ist. Daß in der *Mater Dei* die archaischen Muttergottheiten und deren Abkömmlinge samt ihren Stierkulten fortleben, offenbart sich anhand unzähliger Details. Den großen Stellenwert dieser Dorffeste mag man daran ermessen, daß ihre Anzahl jene der formellen Corridas um das Zehnfache übersteigt und in Summe doppelt so viele Stiere getötet werden.

Allerdings haben sich diese Riten manchenorts sehr weit von ihren Ursprüngen entfernt und zu reinen Volksbelustigungen und Mutproben für junge Männer gewandelt, mit Kampfkühen, Mietstieren, angeseilten Stieren, Feuerwerk-Stieren, früher gar mit brennenden Stieren oder über Klippen in Schluchten gestürzten Stieren und anderen oft ziemlich grausamen Absonderlichkeiten. Angeseilte Stiere, Feuerwerk-Stiere und Absturz-Stiere gab es jedoch auch bei höfischen Festen des 17. Jahrhunderts, bei denen gelegentlich selbst Kämpfe von Stieren mit Löwen, Tigern, Leoparden und Elefanten dargeboten wurden. Solche Tierkämpfe existierten vereinzelt noch bis zum Beginn des 20. Jahrhunderts.

Drittens die moderne Corrida, wie wir sie seit 250 Jahren kennen, die eine bewußte, rationale Neuschöpfung durch einen kleinen Personenkreis um die Familien Romero, Rodríguez und einige andere im 18. Jahrhundert darstellt. Nachdem in jenem Jahrhundert die Stiere völlig chaotisch einfach irgendwie abgemurkst wurden, stellte Francisco Romero aus Ronda erste Regeln auf, die in der Folge immer mehr verfeinert wurden. Elemente des aristokratischen Kampfsports wurden dabei mit Elementen dörflicher Stierfeste und lokaler Hochzeitsriten zu einer festgelegten Prozedur kombiniert, die sich dann in ihrer strengen Formalisierung und Professionalisierung als eigenständige Tradition etabliert hat. Zur Rolle der Hochzeitsriten sei angemerkt, daß bei spanischen Hochzeiten oft ein Stier vom Bräutigam mit bunt verzierten Pfeilen beworfen und das Laken des Hochzeitsbetts mit dem austretenden Stierblut besprengt wurde – eindeutige Hinweise auf ein Fruchtbarkeitsritual, das die Potenz des Stieres auf das eheliche Gemach übertragen sollte. Aus den Pfeilen, so glaubt man, seien die Banderillas hervorgegangen, aus dem Laken die Muleta.

Die Schule von Ronda und die zweite richtungsweisende Schule von Sevilla, welche von der Familie Rodríguez begründet wurde, setzten sich allerdings erst allmählich durch. Im 19. Jahrhundert hielten sich noch unzählige Varianten mit Hunden, Feuerstäben, zirzensischen, komischen oder grotesken Manövern. Als letzte bedeutsame Modernisierung des Toreo wurden 1928 die Schutzdecken für die Pferde der Picadores eingeführt.

Wesentlich bleibt festzuhalten, daß sich auf emotionaler und psychologischer Ebene auch in der modernen Corrida sämtliche tieferen Bedeutungsschichten dörflicher Stierfeste und damit alter Opferkulte offenbaren. Karl Braun hat dies in seiner Abhandlung *¡Toro!* brillant aufgezeigt.

Es ist jedenfalls unbestreitbar: die Stierbegeisterung liegt, wie schon von Philipp II. behauptet wurde, den Spaniern „im Blut". Natürlich nicht genetisch, doch vielleicht als kollektives Unbewußtes, zumindest aber durch kraftvolle Sozialisationsprozesse über drei oder mehr Jahrtausende.

Die Corrida läßt zahlreiche metaphorische Deutungen zu. Für das menschliche Individuum ist der ewige Zyklus von Werden, Vergehen und Wiedergeburt, wie er sich im Jahreslauf, in den Mondphasen, in der Vegetation oder im Geweih des Hirsches zeigt, durch den eigenen Tod durchbrochen. Im Kampf mit dem Stier wird, so eine der Deutungen, dieser Bruch zu überwinden versucht: der Matador, der den Stier tötet, gewinnt das Leben und hat somit den Tod, dem er ins Auge blickt, nicht nur symbolisch, sondern für den Moment auch tatsächlich überwunden. Aus der Rebellion gegen den Tod resultiert im „Augenblick der Wahrheit" ein flüchtiges Gefühl der Unsterblichkeit von ekstatischem Charakter.

Andererseits thematisiert die Corrida die untrennbare Einheit von Leben und Tod in einer Art realistischen Mysterienspiels: Wie alles Leben zwangsläufig mit dem Tod endet, so endet auch die Corrida zwangsläufig mit dem Tod und hebt so das Bewußtsein für die eigene Endlichkeit. Sie ist damit ein existentialistisches Lehrstück par excellence, in welchem Heideckers Sein zum Tode unmittelbar begreiflich wird.

Aus der Sicht der Freudschen Psychoanalyse wurde die Tauromachie als Versuch der Überwindung männlicher Urangst vor weiblicher Dominanz gedeutet, eine Urangst, die sich aus der Rolle der Mutter als ambivalentes Wesen ergibt: sexuell stimulierend wie frustrierend, liebend wie auch bestimmend. Im Laufe des Kampfes gewinnt der Matador, der anfänglich gegenüber der ungeheuerlichen, der brutalen Vitalität des heranstürmenden Stieres schwach und nichtig erscheint, immer mehr an Maskulinität, während sie der Stier Schritt für Schritt verliert, bis er völlig effeminiert vernichtet wird.

Umgekehrt sah man in der Corrida auch eine Parabel für die Unterwerfung des Männlichen (des Stieres) durch die verführerische Kunst des Weiblichen (des Matadors). Wie die Gottesanbeterin ihren Beschäler bei der Vermählung verschlingt, endet auch für den Stier der Augenblick seiner Vereinigung mit dem Matador im Tod. Wenn gerade zu Hochzeiten oftmals Stiere getötet oder gelaufen wurden, so symbolisiert der Tod bzw. die Erniedrigung des Stieres das Ende der Freiheit des Mannes, wenn er sich vermählt.

Aus feministischer Sicht wird bei der Corrida – wie könnte es auch anders sein – die Unterdrückung der Frau (= Stier) durch den Mann zelebriert.

Bemühungen, den Stierkampf zu verbieten, hat es in der Geschichte Spaniens schon öfter gegeben, doch sind sie allesamt gescheitert. In der zweiten Hälfte des 16. Jahrhunderts waren es päpstliche Bullen, im 18. Jahrhundert königliche Dekrete, unter Franko der Versuch, die Dorffeste zu disziplinieren, und nun in diesen so ungeheuer erleuchteten Zeiten sind es fanatisch-misanthrope Lobbygruppen, deren Führungszentralen sich in Washington oder London befinden und die in allen Ländern der westlichen Welt ein einflußreiches Netzwerk aufgebaut haben. Wird es im 21. Jahrhundert der unheiligen Allianz aus NGOs, alten und neuen Medien sowie progressivistischen Parteien gelingen, die Orwell'sche Vision zu verwirklichen und alles auszumerzen, was nicht in ihr Weltbild paßt? Oder werden auch sie scheitern, wie am Ende noch alle gescheitert sind, die sich erdreistet haben, den Leuten vorzuschreiben, wie sie ihr Leben zu leben hätten?

Um nochmals den Bezug zur Jagd herzustellen: Die Jagd wurde dem Menschen in die Wiege gelegt. Sie ist primär ein biologisches, ein evolutionäres

Phänomen, das über fünf Millionen Jahre die evolutionäre Entwicklung des Menschen vom pflanzenfressenden, vierbeinigen Waldbewohner zum allesfressenden, zweibeinigen Steppenbewohner vorangetrieben hat und insbesondere während der letzten ein oder zwei Jahrmillionen seine Gehirn-, Sprach- und Sozialentwicklung überhaupt erst ermöglichte. Nur sekundär wurde sie auch zu einem kulturellen Phänomen, frühestens vor 200.000, möglicherweise aber erst vor 40.000 Jahren, und im großen Maßstab dann nach der neolithisch-agrarischen Revolution, also während der letzten 10.000 Jahre. Die Stierkulte hingegen sind rein kulturelle Phänomene, die vielleicht erste Wurzeln in der steinzeitlichen Jagd auf den Ur hatten, aber sich in ihrer eigentlichen Form erst nach der Domestikation des Rindes und der agrarischen Revolution entwickeln konnten. Sie sind wohl kaum älter als 5.000 Jahre. Wie schon eingangs erwähnt, besteht der wesentliche und einzige Schnittpunkt mit der Jagd im Akt des Tötens und seiner Bedeutung. In diesem Zusammenhang werde ich mich in meinem nächsten Werk mit dem Phänomen des sogenannten Kicks, den man bei verschiedenen Handlungen erlebt, etwa bei Risikosportarten, aber auch auf der Jagd und beim Stierkampf, näher auseinandersetzen und seine kathartische Wirkung erklären.

Ich leugne es nicht: ja, der Stierkampf ist grausam, bisweilen sogar sehr grausam, und dem Außenstehenden, dem Nicht-Spanier kaum zu vermitteln. Ohne sich mit der Materie aus anthropologischer, kulturhistorischer, religionsgeschichtlicher, soziologischer, psychologischer und zoophysiologischer Sicht befaßt zu haben, bleibt die Corrida unverständlich. Es sei jedoch darauf hingewiesen, daß der Kampfstier fünf Jahre seines Lebens auf großen Ländereien in völliger Freiheit inmitten der Herde verbringt, also im Vergleich zu Fleischrindern ein langes, freies und artgerechtes Leben führt, für das er am Ende mit zwanzig Minuten – auf diese Zeit ist ein Kampf beschränkt –, mit zwanzig Minuten Pein bezahlen muß, welche sich durch den Schockzustand, in dem er sich dabei befindet, und durch den hohen Pegel an Adrenalin relativiert.

Spiel mir das Lied vom Tod

Death is a sovereign remedy for all misfortunes
Ernest Hemingway

Es war Anfang der Neunziger in der Dominikanischen Republik, daß ich zum ersten Male einen Stierkampf gesehen hatte, damals, als ich aus Rhodesien zurückgekehrt war und beschlossen hatte, den tristen Spätherbst der Alpen durch ein paar Wochen karibischer Sonne zu ersetzen. Wir wohnten, nachdem wir aus der kolonialromantischen Bleibe des Hostal Nicolas de Ovando ausgezogen waren, weil wir uns dort nach ein paar abenteuerlichen Erlebnissen mit der dominikanischen Unterwelt nicht mehr sicher fühlen konnten, im Jaragua, das damals als das beste Hotel der Stadt galt. Der Boy kam eben mit dem Servierwagen, auf dem sich unter großen Silberkuppeln diverse Teller mit gegrillten Garnelen und anderen Köstlichkeiten befanden, ins Zimmer, wo wir kurz zuvor den Fernseher angeschaltet hatten und die Programme durchgingen, und als wir uns zum Essen setzten, stießen wir auf das Programm mit dem Stierkampf. Ich war augenblicklich zutiefst erregt und konnte vor lauter innerer Spannung kaum das vorzügliche Mahl genießen, hing ich doch wie gebannt mit den Augen am Schirm und folgte dem blutigen Geschehen. Es war nur ein einziger Kampf, den ich damals gesehen hatte, und diesen nur am Bildschirm, aber ich fühlte mich zutiefst erschüttert. Erschüttert, nicht anders kann ich das beschreiben, was ich damals empfunden habe. Erschüttert von der ganzen ungeheuerlichen Dramatik des Geschehens. Erschüttert nicht mit einem negativen Beigeschmack, und auch nicht im positiven Sinne, im Sinne einer Euphorie, sondern als eine urgewaltige Eruption archaischer Gefühle.

Viele Jahre waren seitdem vergangen, und ich dachte kaum jemals an dieses Erlebnis zurück, bis ich dann plötzlich, einem inneren Drange folgend, der sich aus der massiven Bedrohung der Meutejagd in meiner großen Geistesheimat England geradezu zwanghaft meiner bemächtigte, den Entschluß faßte, ich müsse nach Spanien, die letzte Bastion des klassischen Abendlandes, reisen, um die Tauromachie hautnah und in ihrer ganzen Realität kennenzulernen.

Ich hatte in den Monaten zuvor Hemingways *Tod am Nachmittag* gelesen, das ich schon zehn Jahre früher einmal kurz angefangen hatte. Damals kam es mir ziemlich langweilig vor, und im Grunde hatte ich es in seiner ganzen Breite wie auch im Detail nicht im Geringsten verstanden. Ich wußte damals ja nicht einmal, was ein Grand Cru ist, geschweige denn ein Château Margaux oder Haut Brion, auf die der Autor im ersten Kapitel dieses Werkes anspielt. Diesmal aber hatte ich es geradezu verschlungen, und bei der Lektüre schien es mir stellenweise, als hätte Hemingway meine eigenen Gedanken zu Papier gebracht.

Zehn Tage zuvor war ich noch in England gewesen, und nun war ich in Madrid, in einer unbekannten Stadt, in einem unbekannten Land, mit einer Sprache, die mir nur wegen meiner bescheidenen Kenntnisse des Lateinischen nicht gänzlich fremd war, als ich spätnachmittags die Metropole verließ und noch weit über fünfhundert Kilometer Fahrt nach Sevilla vor mir hatte.

Die Hacienda San Ygnacio im Vorort Castilleja de la Cuesta mit ihrem großen Innenhof präsentierte sich selbst während der Feria de Abril als eine Oase der Ruhe, ein ehemaliges Kloster mit gediegenen Räumlichkeiten und einer würdevollen Architektur.

Ich besorgte mir am nächsten Morgen die Karten, was gar nicht so einfach war, weil niemand an den Ticket-Schaltern in der Arena, der Plaza de Toros, Englisch sprach und am gleichen Tage noch Rejones, berittene Stierkämpfe stattfanden, was wiederum ich nicht realisiert hatte, denn nichts hätte ich lieber gesehen als diese Inkarnation höchster Akrobatik, und so wollte der Mann am Schalter immerzu wissen, ob ich zu Mittag die Rejones oder am Abend die Corrida zu besuchen beabsichtigte. Ein Spanier neben mir fing heftig an zu gestikulieren und ahmte einen Reiter nach, und darauf einen Stier, bis mir ein Licht aufging und ich die Karten für die Corrida und gleich auch die für die nächsten beiden Tage in den Händen hielt. Die wirklich guten Plätze waren leider alle längst ausverkauft, aber ich habe dann noch bei einem Straßenhändler einen guten Platz erstanden, drei Reihen über den Barreras, den Plätzen an der Bande, in der Halbsonne allerdings, was jetzt Anfang Mai nicht sonderlich bedeutsam war. Trotzdem brannte die Sonne noch ziemlich herunter, obwohl es schon sechs, sieben Uhr schlug, und man konnte erahnen, wie unerträglich Sonnenplätze später im Jahr sein würden, wo doch schon jetzt die Sanitäter immer wieder Touristinnen aus der Arena geleiten mußten, die von der Hitze und beklemmenden Enge und vom Anblick des in Strömen fließenden Blutes in Ohnmacht gefallen waren.

Nach einem kurzen Stadtbummel aß ich in der Altstadt zu Mittag, wobei mittags in Spanien drei Uhr nachmittags bedeutet, genoß dann einen *café con leche* im kleinen, verrauchten Stierkämpfer-Café gegenüber der Arena, ehe ich erregt durch die Ungewißheit meiner eigenen emotionalen Reaktion das hohe Tor durchschritt, welches den Zugang zu meinem Platz bot.

„Der Stierkampf ist kein Sport im angelsächsischen Sinne des Wortes". „Der Stierkampf ist eine Tragödie. Die Tragödie ist der Tod des Stieres. Sie hat drei festgelegte Akte". Mit diesen Worten definierte Ernest Hemingway die Tauromachie, und niemand hat es seitdem trefflicher formuliert. Der erste Akt, *tercio de varas*, das Drittel der Lanzen, ist jener der Picadores. Den zweiten Akt, *tercio de banderillas*, gestalten die Banderilleros, und im dritten, *tercio de la muerte*, wird der Stier vom Matador getötet.

Eine Corrida besteht in der Regel aus sechs Kämpfen, wobei drei Matadores jeweils zwei Stiere töten. Sie beginnt mit dem Paseíllo, dem feierlichen Einzug der Toreros: Zuerst bitten zwei berittene Alguacilillos den Präsidenten symbolisch um den Schlüssel zur *puerta de los toriles*, zum Tor also, durch welches die Stiere in die Arena kommen. Dann marschieren die Toreros auf, also die Matadores mit ihrer jeweiligen Mannschaft von Capeadores, Banderilleros und berittenen Picadores, dahinter folgen dann die beiden Maultiergespanne, welche die toten Stiere aus der Arena schleifen.

In einer Art Vorspiel wird der Stier, der in die Arena stürmt und augenblicklich alles angreift, was sich im Ring bewegt, von den Capeadores und dann vom Matador selbst auf seine Reaktionen getestet: einige Veronicas mit der Capa, dem schweren, meist rosa-gelben Umhang, nehmen dem Stier, der ja nun noch seine ganze unbändige Kraft besitzt und jede Bewegung, jede Drehung rasch und mühelos und mit eleganter Leichtigkeit vollführt, den Atem und somit den initialen Elan. Zugleich sieht der Matador, wie der Stier instinktiv auf die Bewegungen der Capa reagiert.

Dann winkt der Präsident mit dem weißen Taschentuch, die Fanfare ertönt und die Tragödie beginnt und nimmt ihren unerbittlichen Verlauf. Zwei Picadores reiten ein, in der Rechten eine lange, starke Eschenholzlanze, deren stählerne Spitze nach Handesbreite einen Stop in der Art eines Pariertellers aufweist. Der Stier wird auf das Pferd gelenkt, das durch einen schweren Umhang vor den Hörnern geschützt ist, während der Picador dem angreifenden Stier die Lanze in den Nacken stößt. In der Regel werden zwei, maximal vier solcher Stöße gesetzt. Sie sind entscheidend für den folgenden Verlauf des Kampfes: ohne sie wären die weiteren Manöver erst gar nicht möglich, denn ihr Zweck ist, die autochthone Nackenmuskulatur des Stieres so weit zu schwächen, daß er für den Rest des Kampfes das Haupt gesenkt hält. Ab diesem Zeitpunkt auch setzt beim Stier ein Schockzustand ein: der Atem geht schwer und schnell, er verliert unablässig Harn, all seine Reaktionen werden durch eine Art Tunneleffekt auf ein einzelnes Ziel konzentriert und eingeschränkt. Wird der Stier allerdings durch die Picas zu sehr geschwächt, ist er für den weiteren Kampf verdorben: völlig ermattet, erschöpft oder gar verängstigt reagiert er kaum noch auf die gesetzten Reize, der Kampf ist zu Ende, ehe er noch begonnen hat und ist nur mehr ein blutiges Schlachten. Wie der Stier aus diesem ersten Akt herauskommt, legt auch seinen Charakter offen: den schlechten Stier mit wenig Aggressivität und Ausdauer bezeichnet man gerne in anthropomorpher Manier als feige, den guten, also den aggressiven und unermüdbaren als tapfer.

Das Taschentuch und die Trompeten kündigen nun den zweiten Akt an. Alle Akteure verlassen die Arena, in der sich der Stier nun ganz alleine befindet und nach seiner schweren Prüfung Mut faßt, weil er annehmen muß, alle in die Flucht geschlagen zu haben.

Dann kommen die Banderilleros heraus, jeder mit zwei Banderillas bewaffnet, Holzstäben, die mit farbigen Papierbändern umwickelt sind und eine harpunenartige Stahlspitze tragen. Der erste läuft mitten in die Arena, reizt den Stier zum Angriff, und während dieser auf ihn zurast, läuft der Mann im Bogen auf den Stier spitz von vorne zu, springt hoch und stößt ihm die beiden Stäbe in den Nacken, während er sich seitlich über die Hörner wegschwingt. Es gibt dabei zahlreiche Arten und Varianten, wie dieses Manöver durchgeführt wird, und dreimal hintereinander wird jeweils ein neues Paar Spieße plaziert. Der Stier wird in diesem Akt gereizt, weil ihm ein einzelner Mann, den der Stier als nichtigen Gegner ansehen muß, schnell und behend ein paar für einen kurzen Augenblick schmerzhafte, aber zunächst nicht weiter folgenschwere Stiche versetzt. Erst später werden die Stäbe ihre Wirkung entfalten, weil sie bei jeder Bewegung des Tieres schwingen und schmerzhaft im Nacken stechen und reißen. Der Stier wird also immer mehr dazu gebracht, das Haupt tief zu tragen und sich möglichst wenig zu bewegen, ohne jedoch von diesen neuen, im Grunde geringfügigen Verletzungen substantiell geschwächt zu werden.

Wenn die Trompeten erneut erschallen, ist es Zeit für den letzten Akt. Der Matador tritt dem weitgehend erschöpften Stier gegenüber und reizt ihn mit der Muletta, dem roten Tuch, um ihn mit typischen Figuren wie *veronica, pase natural, pase de pecho* um seine Achse zu drehen und ihn dazu zu bewegen, am Ende einer Serie von Drehungen der Muletta nach oben zu folgen, das heißt, daß der Stier sein Haupt hochnehmen und mit der Vorhand hochspringen muß, um nach der Muletta stoßen zu können. Dieses Manöver und auch die Drehungen ermüden den Stier völlig, weil er dazu seine schwer verletzte und schmerzende Nackenmuskulatur benötigt. Sobald der Stier so weit geschwächt ist, daß er bewegungslos und breitbeinig auf allen vier Läufen dasteht und schwer atmend die Muletta fixiert, die der Matador mit der Linken vor sein Haupt hält, kann er dem Stier den Todesstoß antragen, den man die Estocada nennt. Dies ist der Augenblick der Wahrheit, die Suerte suprema, die Klimax des ganzen Kampfes, und in der Arena wird es totenstill. Der Matador steht dem Stier frontal gegenüber, bannt ihn mit der Muletta in seiner Linken an Ort und Stelle, geht mit dem Degen, Estoque genannt, über die Hörner zwischen den Schulterblättern hinein und versenkt die Waffe bis zum Heft. Bricht der Stier daraufhin nicht binnen kurzem zusammen, läßt sich der Matador einen Degen mit leicht abgewinkelter Spitze und einer daran anschließenden Parierstange reichen, mit dem er den Stier durch den Descabello, den Genickstoß tötet Das Maultiergespann prescht herein, und unter Peitschenknallen wird der Stier aus der Arena geschliffen. Schon ertönt die Fanfare erneut, und der nächste Kampf beginnt.

Bei außergewöhnlichen Kämpfen erhält der Matador vom Präsidenten als Trophäe ein oder zwei Ohren oder gar noch den Schwanz des Stiers.

Das also ist der prinzipielle Ablauf des blutigen Rituals, doch will ich nun erzählen, wie es wirklich war bei den Kämpfen, die ich gesehen habe.

Gleich mein erster Stier war eine einzige Katastrophe. Er war feige, wollte nicht kämpfen und wurde von Finito de Cordoba erst nach sechs oder sieben Descabellos hingeschlachtet. Nach jedem Versuch pfiff das Publikum noch lauter, bis der Stier endlich unter dem Stoß zusammenbrach. Es war grauenvoll, und ein Spanier in der Reihe vor mir, der mitbekommen hatte, daß ich meinen ersten Stierkampf sah, entschuldigte sich bei mir: *„I am very sorry for this"*, sagte er mit seinem mediterranen Akzent, aber ich war trotz allem nicht abgestoßen. Ich wußte, daß es ein schlechter Kampf war, und daß man die Tauromachie nicht nach einem einzigen Kampf bemessen kann. Und als der zweite Stier hereinkam, war es wahrhaftig schon etwas ganz anderes. Mutig und aggressiv kämpfte er gut, und Manuel Caballero tötete ihn sauber. Es war einer der besseren Kämpfe gewesen, und ich war nun sehr gespannt, was ich an diesem Abend noch sehen würde.

Auch der dritte Stier hatte viel Mut, aber es war der Matador El Fandi, der durch die vollendete Ästhetik, durch unglaubliche Rasanz diesen Kampf zu einem ganz großen Erlebnis werden ließ und den Stier rasch und elegant tötete. Der nächste Kampf war wieder eine einzige Katastrophe, aber es war der fünfte Stier, der an diesem Abend alles Negative in sich vereinte, was man in der Tauromachie zu sehen bekommen kann: schon durch den Pikador wurde er so zugrunde gerichtet, daß er kaum noch kämpfen wollte, im dritten Akt gar einen Salto schlug und etliche Male zu Boden ging, sodaß er schon vor dem Finale halbtot war, und trotzdem wurde er dann auch noch sehr schlecht getötet.

Doch der letzte Stier entschädigte uns für alles, was bisher geschehen war: schon im Vorspiel bot El Fandi brillante Manöver mit der Capa, der Stier ungewöhnlich schnell und aggressiv, auch nach der Arbeit des Picadors, dessen Stöße kurz und schnell waren, sodaß der Stier nur wenig geschwächt wurde und seine Schnelligkeit und Aggressivität mit hinüber nahm in den weiteren Kampf. El Fandi plazierte selbst die drei Paare Banderillas, und dies mit jener famosen Brillanz, für die er berühmt ist. Niemand kann es so wie er. Er läuft hinaus in die Mitte der Arena, provoziert den Stier, bis er in vollem Tempo angreift, kreuzt im Bogen seine Bahn und plaziert die Spieße mit Vehemenz und Präzision, ehe der Stier dreht und ihn voll Wut verfolgt, mit den Hörnern bloß einige Handbreit hinter ihm, bis El Fandi mit einem eleganten Schwung über die Barrera setzt oder der Stier von den Capeadores abgelenkt wird. Dann die Arbeit mit der Muletta. El Fandi dreht und wendet den immer noch sehr agilen Stier mit unglaublicher Eleganz und tötet ihn dann in einer fulminanten Art mit einem einzigen Stoß, auf den hin der Stier nach wenigen Sekunden zusammenbricht. Das Publikum johlt und tobt, und der Applaus kennt keine Grenzen. „*Artista grande*" rief ich aus, und alles drehte sich nach mir um und nickte Beifall. Es gefiel den Spaniern, daß ein Novize, ein Fremder noch dazu, auf Anhieb sah, daß es sich bei diesem Kampf um Kunst in höchster Vollendung gehandelt hatte. Der Präsident allerdings schien nicht ganz dieser Meinung und belohnte El Fandi nicht gebührend. Wieder tobte das Publikum, aber nunmehr mit Pfiffen, und die Sitzpolster flogen in die Arena zum Zeichen des höchsten Mißfallens. Als aber El Fandi die Ehrenrunde drehte, erhielt er Standing Ovations, die kein Ende nehmen wollten.

Der Stierkampf ist nicht nur eine Tragödie, man muß ihn zu den Künsten zählen, zu jenen, die man die volatilen, die flüchtigen, die vergänglichen nennt, wie die Zirkusartistik oder die Hohe Schule in der Reiterei oder vielleicht auch die Haute Cuisine: Wenn ein tapferer Stier wirklich gut bekämpft wird, nicht nur mit Mut, sondern mit Anmut, mit Eleganz, und wenn er rasch und sauber getötet wird, dann wird ein solcher Kampf zweifellos zu einem großen künstlerischen Ereignis.

Am nächsten Tag besuchte ich den königlichen Palast Alcázar, dessen Grundstein auf das Jahr 913 zurückgeht, der jedoch von Peter I. im 14. Jahrhundert seine heutige Gestalt erhielt und in den folgenden Jahrhunderten noch erweitert wurde. Der Palast Peters stellt ein Musterbeispiel des Mudéjar-Stils dar, bei dem maurische und abendländische Elemente in einer großartigen architektonischen Einheit miteinander verbunden sind. Dem Palast angeschlossen sind die weitläufigen königlichen Gärten mit Alleen, Wasserspielen und Hecken-Labyrinthen. Hinter dem Palast liegt das Viertel Santa Cruz mit seinen engen, verwinkelten Gassen, die sich stellenweise zu baumbestandenen Plätzen erweitern, wo dann im Schatten des Grüns die Restaurants ihre Tische aufgebaut haben, und ich aß dort köstliche, mit Meersalz bestreute, gegrillte Königsgarnelen, deren wunderbar zarte Schalen und Beine der Kenner niemals verschmäht, trank dazu eine halbe Flasche kühlen Pescadors, und dann noch *una copa de Fino,* und ging schließlich zurück zur Arena, ins besagte Café, und wartete auf die Stunde des Todes.

Sobald die Tore geöffnet wurden, betrat ich die Arena und suchte mir meinen Platz, weil ich mich später nicht durch die Massen kämpfen wollte und weil ich die Leute beobachten wollte, wie sie nach und nach in die Arena kommen würden. Die Sonne brannte auf die steinernen Sitzreihen, die im Schatten viel zu kalt und in der Sonne glühend heiß sind, sodaß jeder ein Sitzkissen mitbringt, nicht weil der Stein so hart und unbequem wäre, sondern in der Hauptsache wegen der Temperatur. Die Leute nehmen meist die kunststoffbezogenen Polster des Roten Kreuzes, die unten in den Eingangs-Gewölben der Arena zu Tausenden gestapelt sind, weil man sie bei Bedarf aus Protest auf den Sand hinausschleudern kann, anstatt der Flaschen und des Mülls, wie das früher der Brauch war, aber angenehmer ist es, wenn man sein eigenes Pölsterchen mitbringt, das man überall kaufen kann, und das einen hübschen ledernen Tragegriff hat und mit Stoff bezogen ist, sodaß man darauf nicht so sehr schwitzt. Überall kletterten Hut- und Getränkeverkäufer herum und brachten ihre ziemlich überteuerten Waren an den Mann, was unter der Wirkung der unbarmherzigen der Sonne immer ein leichtes Spiel ist. Langsam füllten sich die vierzehntausend Plätze der Arena, und dann war es wieder soweit und die Fanfare ertönte.

Da lag sie nun vor mir, die Plaza de Toros, und entfaltete ihre opulente Farbenpracht: das satte Ocker-Gelb des Sandes, das blutrote Holz der Barrera, der reine, blaue Himmel, das tiefe, glänzende Schwarz des Stieres, über dessen Schultern das Blut strömt, das glitzernde Gold an der Tracht der Toreros, die bunten Capas, deren Rückseite gelb, die vordere altrosa ist, dieses Kaleidoskop kräftigster Farben: welch unglaublicher Kontrast zum sanften Grün des englischen Frühlings, den ich erst wenige Tage zuvor in seltener Sonnigkeit genossen hatte.

Hacienda San Ygnacio

Casa de Pilatos

Plaza de Toros, Sevilla

„Full House“ in der Arena von Sevilla während der Feria de Abril

Der Pasillo: „Einmarsch der Gladiatoren“

Tercio de varas: die Arbeit der Picadores

Tercio de banderillas: Die Arbeit der Banderilleros

Tercio de la muerte: die Faena, die Arbeit mit der Muletta

Tercio de la muerte: die Estocada

Mißlungene Estocada, der Estoque traf wohl auf Knochen

Das Maultiergespann schleift den toten Stier aus der Arena

An diesem Abend gab es keinen wirklich schlechten Kampf und auch keinen wirklich guten. Die Stiere waren alle ziemlich tapfer. Der dritte Stier warf Fernando García Robleño zu Boden, als er schon den Degen in sich hatte und Robleño ihm den Genickstoß versetzen wollte. Robleño hat ihn dann schließlich doch noch getötet. Auch der vierte Stier brachte den Matador zu Boden, während einer Suerte im letzten Akt, doch auch Pepín Liria blieb unverletzt und tötete schließlich gut. Der sechste Stier warf das Pferd des Picador und blieb auch danach noch sehr schnell und mutig. Selbst nach zwei Todesstößen verließ ihn sein Kampfgeist nicht, bis ihm Robleño ein Ende machte. Und doch war es ein Kampf ohne Höhepunkte, ohne große Ästhetik geblieben, wie auch sonst alle Kämpfe an diesem Abend. Es war eine Corrida, wo die Stiere gewissermaßen technokratisch bekämpft worden waren, und nicht mit künstlerischer Überhöhung.

Anfang Mai sind die Nächte noch kühl in Andalusien und man schläft gut, und doch kann man bis Mitternacht im Freien sitzen und Tapas essen, und nachdem man den ersten Durst mit Bier gelöscht hat, sich dem Studium des Sherrys widmen: Fino, Manzanilla, Amontillado, Oloroso, Cream sind die Grundsorten, und sie sind auch grundverschieden. Der Fino leicht, hell und trocken, zu jeder Tageszeit gut verträglich, am schwersten und süßesten dagegen und sehr dunkel der Cream, ein Dessert-Wein *par excellence*, oder aber für die Sattelflasche an einem naßkalten Jagdtag, wenn die Meute die *line* verliert und man im Regen wartet, eine Stunde vielleicht, oder zwei, und das Pferd klatschnaß ist und die Breeches eisig auf den Schenkeln kleben, und das Wasser vom Helm in den Nacken rinnt, während dir vorne Sturmböen ins Gesicht peitschen, und man sich nur mit Mühe eine Zigarillo anzünden kann, tief unter dem Aufschlag des Jagdrocks, die dann keine fünf Züge hält, ehe sie sich auflöst: das ist der rechte Zeitpunkt für einen kräftigen, vollen Schluck schweren, süßen Sherrys aus der kristallenen Flasche, welche in einem ledernen Köcher am Sattel hängt.

Wenn man abends in einer Tapas-Bar sitzt, oder davor, dann ißt man nicht zu Abend, sondern man trinkt und kostet sich durch den Abend. Hier drei Bällchen gebackenen Ziegenkäses, dort ein paar würzige Fischchen, da ein Nierenragout, oder ein Brötchen mit Jamón, oder einige Happen Meeresfrüchte, und so fort. Es ist ein Jammer, daß man irgendwann einmal satt ist und aufhören muß.

Tags darauf spazierte ich zur Casa de Pilatos, dem Stadtpalast der Herzöge von Medinaceli, deren Geschlecht zurückgeht auf das königliche Haus von Kastilien-León-Burgund-Palatin und Alfonso X., auch der Weise genannt, der Kastilien von 1252 bis 1284 regierte, dessen Ururenkelin Isabel de la Cerda dann den illegitimen, aber einzigen Sohn jenes Gaston Phoibus, Graf von Foix, ehelichte, welcher mit seinem *Livre de la chasse* das bedeutendste Jagdbuch eines ganzen Jahrtausends verfaßt hatte, vielleicht das bedeutendste der Weltgeschichte, weil es, abgesehen von der reichen künstlerischen Ausgestaltung, seitdem nie mehr ein universelles Buch über die Jagd gegeben hat, das eine derart nachhaltige Wirkungsgeschichte entfalten konnte. Mit dieser dynastischen Verbindung Isabels ging 1368 das Grafentum Medinaceli an das königliche Haus von la Cerda, das später, im Jahre 1625 noch die alten Linien der Häuser Ribera, Enriquez und Portocarrero in sich aufnahm und sich schließlich fünfzig Jahre später mit der Familie Fernández de Córdoba vereinigte. Das Familienoberhaupt hält heute die Primogenitur über vier königliche und fünfzehn weitere Häuser und trägt sieben Herzogwürden, zwanzig Markgrafenwürden, zwanzig Grafenwürden und vier Würden eines Vicomte.

Der Stadtpalast wurde 1483 von der Familie Enriquez de Ribera erworben, im Mudéjar-Stil ausgestaltet und über die Jahrhunderte hinweg erweitert. Er gilt als eines der schönsten Beispiele des maurisch-christlichen Mischstils, und seine hohen Mauern umschließen zwei romantische Gärten mit Palmen, Orangenbäumen, Rosenbeeten und Hecken, die dem Palast in den Sommermonaten Kühle spenden. Unzählige Büsten, Statuen und Reliefs griechisch-römischen Ursprungs, Pallas Athene von einem Schüler des Phidias, oder das jedem Humanisten bekannte, hocherotische Leda-Relief, und zahlreiche Plastiken aus der Renaissance zieren die Höfe und Säle, deren Wände mit einem hohen Sockel aus feinsten geometrischen Kachelmustern versehen sind, darüber reichgestalteter, filigraner Stuck, und schließlich die imposante Holzdecke mit Schnitzwerk und Intarsien. In diesem Palast wurde mir vollends bewußt, was ich schon immer empfunden hatte, daß nämlich die Decke das wichtigste architektonische Element eines Raumes ist. Die Fenster mögen lediglich Löcher in der Mauer sein, der Fußboden aus groben Brettern oder Kacheln bestehen, die Wände nur aus weißem Kalk, aber die Decke muß ein Monument sein. Und sie muß hoch sein. Sehr hoch. Erst die Höhe macht den Raum. Und erst das Ornament an der Decke befreit sie von ihrer Unnatürlichkeit als künstliche Barriere zwischen Himmel und Erde, die dort eigentlich nichts zu suchen hat. Deshalb auch wurde die Decke so häufig und in tausendfacher Abwandlung als Sternenkuppel gestaltet, deshalb auch ist jeder moderne Wohnraum bloß ein nichtssagendes und beengendes Loch, weil die Decke kahl ist und ihr die nötige Höhe fehlt.

Nachmittags aß ich wieder in Santa Crus, und dann ging ich in eine kleine Seitengasse hinter der Arena, keine dreihundert Schritte von dieser entfernt, wo sich das Hospital de la Caridad befindet, in dessen Kirche des Heiligen Georg, San Jorge, ein Gemälde des Spaniers Valdés Leal aus dem Jahre 1671 hängt, das wie kein anderes in der gesamten Geschichte der Kunst auf beklemmende Art und Weise die furchtbare Nähe und alles zerstörende Gewalt des Todes verbildlicht. Es zeigt den Tod als gelbes Gerippe, das aus der absoluten Finsternis der ewigen Nacht hervortritt, in der Linken die Sense und unter dem Arm einen hölzernen Sarg, wie er den Fuß auf einen Globus stellt und mit der Rechten eine Kerze auslöscht, deren Lichtschein die lateinischen Worte IN ICTV OCVLI, im Augenblick eines Lidschlags, in das Dunkel malt. Darunter auf einem Marmorpodest und auf dem Boden alle Insignien der Macht, des Ruhmes, der Kunst, des Wissens: die Bischofsmitra wie die königliche Krone, Purpurroben und Kriegsgerät, Bücher über Architektur, Wissenschaft und Theologie: alles nichtig, alles vorbei. Nur Spanien, das einzige Land, dessen Nationalschauspiel der Tod ist, wie Federico Garcia Lorca befand, konnte einen Künstler hervorbringen, der den Tod in seiner ganzen Wucht und Grausamkeit, in seiner alles auslöschenden Monumentalität darzustellen vermochte.

Lange haben wir geglaubt, es sei das dynastische Prinzip, welches den Tode in gewisser Weise zu besiegen vermag, die dynastische Idee als Weg zur Unsterblichkeit auf Erden, doch das Zwanzigste Jahrhundert hat uns vor Augen geführt, wie man ein ganzes Jahrtausend in den Abgrund der Verdammnis stürzt: aller Illusionen beraubt sind wir heute zu nichts anderem mehr fähig, als zur Demontage auch noch der allerletzten Relikte einstiger Größe. Heute haben wir die Lehre gezogen aus zehntausend Jahren menschlichen Strebens, daß es nämlich keinen Sinn macht, nach irgend etwas im Leben zu streben, weil dir das Diktat der Politik noch im Diesseits alles zerstört, was du schaffst. Die Abolition der Primogenitur und des Fideikommisses sowie die Steuer- und Sozialpolitik des Progressivismus, vor allem aber die Ideologie des Egalitarismus haben der dynastischen Idee ein Ende gemacht. Selbst das Ewige Reich Gottes, des „transzendenten Tyrannen", wie ihn ein Philosoph der Moderne apostrophiert hat, haben wir gestürzt, wir, die Mörder Gottes, wir, die Heutigen, die große Mehrheit der Irreligiösen, die Masse der Geistlosen, die Kinder der Französischen Revolution. Einzig die Kunst, vielleicht auch die Wissenschaft, mag eine bescheidene Form terrestrischer Unsterblichkeit verleihen, wenn man als Künstler oder Forscher mit etwas Glück wenigstens bei ein paar Gelehrten nicht in Vergessenheit gerät. Nur der allerhöchsten Kunst jedoch und den allergrößten Künstlern und Denkern ist es gegönnt, über Jahrtausende zu wirken. Doch ich befürchte, daß mit ihrer postmodernen Demontage als *„Dead White Males"* auch deren Stunde geschlagen hat. Heute kennen Homer oder Vergil doch nur noch ein paar verschrobene Bücherwürmer.

Aber das Grundproblem der Sterblichkeit des Einzelnen löst sich nicht dadurch auf, daß wir das Fortwirken unserer Werke und Taten sichern. Das Grundproblem ist das endgültige, persönliche Aus, das jeden von uns trifft. Um damit fertig zu werden, haben verschiedene Teile der Menschheit unterschiedliche psychologische Strategien entwickelt. In der modernen westlichen Welt ist die verbreitetste Strategie jene der Verdrängung all dessen, was mit dem Tode zu tun hat, nicht nur mit dem eigenen, sondern mit dem Sterben schlechthin, und man läßt gerne anonym sterben, in Altenheimen, Krankenhäusern, und selbst der Gedanke, daß das Fleisch, welches man verzehrt, den Tod eines Lebewesens voraussetzt, erzeugt unangenehme Emotionen, sodaß man dieses Thema in vielen Kreisen ganz einfach für nicht gesellschaftsfähig hält. Andere wiederum bewältigen die Vorstellung von der eigenen Endlichkeit, indem sie in strenger Dogmatik einem religiösen Konzept Glauben schenken, und wiederum andere sehen sich angesichts der eigenen Sterblichkeit veranlaßt, den Tod zu bekämpfen, indem sie etwa als Ärzte ihr Möglichstes zu seiner Verzögerung tun, und jene, die selbiges auch dem Tiere gegenüber angewandt wissen wollen, suchen sich im ideologischen Kampf wider alles Töten zu bestätigen. Aber dann gibt es noch jene, die sich gegen die Allmacht des Todes in einer Art Rebellion erheben, indem sie ihn herausfordern und indem sie ihn austeilen. Letztlich aber, und dessen sollten wir uns bewußt sein, ist der Tod auch eine Erlösung, die endgültige Erlösung von Krankheit, Leid und Unglück aller Art, er ist – ein Geschenk.

Hier also stand ich nun, in der Iglesia San Jorge, ein paar Steinwürfe von der Plaza de Toros entfernt, wo das Ritual um den Tod immer wieder neu zelebriert wird, und begriff, was die Tauromachie so besonders macht: daß man sich wieder und wieder des Sterbens und des Todes bewußt werde, und daß man, indem man den Tod austeilt, wo man ihn zugleich empfangen kann, dem Tode ein Stück seiner Macht entreißt, die er ohnehin und in jedem Falle gegen uns ausspielen wird. Daß zu töten, und erst recht zu töten, wenn man dabei selbst getötet werden kann, die einzige trotzige Rache ist, die uns wider das allerletzte Schicksal bleibt. Und daß wir, indem wir gut töten, sauber töten, uns selbst und der Welt beweisen, daß wir sehr oft auch besser töten als jener Tod, der von Natur aus kommt. Sauber zu töten: Das ist auch fast die einzige Gemeinsamkeit, welche zwischen Tauromachie und Jagd besteht. Es ist der beinahe einzige und doch wesentliche Schnittpunkt zweier sonst völlig unterschiedlicher Konzepte. Denn während die Tauromachie aus einer unerbittlichen Folge vorgegebener, grausamer Manöver besteht, gegen die der Stier nicht die geringste Chance hat (denn selbst wenn er den Matador tötet, bedeutet das nichts für sein Schicksal, das ihn in jedem Falle in wenigen Minuten ereilen wird), ist die Jagd, ganz abgesehen von ihrer ökologischen Bedeutung, im Idealfall eine insofern faire und sportliche Auseinandersetzung zweier Kontrahenten, als das Wild eine gute Chance hat, völlig unverletzt zu entkommen, während es im Falle der Niederlage nur dann wirklich leiden muß, wenn es verletzt entkommt. Doch es gibt einen weiteren Schnittpunkt zwischen Stierkampf und Jagd: wenn man wehrhaftes Wild jagt, oder wenn man sich auf andere Weise einer Gefahr aussetzt, wie etwa bei der berittenen Fuchsjagd, so ist es derselbe Stolz, der den Jäger wie den Torero erfüllt, wenn der Moment der Wahrheit kommt, wo er diese Gefahr meistern muß, und wenn er sie dann auch mit eisernen Nerven meistert.

„Ein großer Töter muß gern töten;", schreibt Hemingway zur Psychologie des Tötens am Beginn des 19. Kapitels in *Tod am Nachmittag*, „Wenn er nicht spürt, daß dies das Größte ist, was er tun kann, wenn er sich nicht dessen Würde bewußt ist und fühlt, daß es seine eigene Belohnung in sich birgt, wird er der Selbstverleugnung unfähig sein, die beim richtigen Töten erforderlich ist. Der wahrhaft große Töter muß ein Gefühl für Ehre haben und ein Gefühl für Ruhm, welches das des gewöhnlichen Stierkämpfers weit übersteigt. In anderen Worten, er muß ein wenig einfältig sein. Auch muß er Vergnügen daran finden, nicht einfach daran, daß er durch einen Trick des Handgelenks, durch seine Augen und durch die Handhabung seiner linken Hand es besser macht als andere Männer; dies ist die einfachste Form jenes Stolzes, die er natürlich als primitiver Mann haben wird, sondern er muß den Augenblick des Tötens als spirituelles Hochgefühl empfinden. Sauber zu töten und auf eine Art und Weise, die einem ein ästhetisches Vergnügen und ein Gefühl von Stolz gibt, war immer einer der stärksten Genüsse für einen Teil der menschlichen Rasse. Weil der andere Teil, der kein Vergnügen am Töten hat, immer der ausdrucksfähigere ist und fast alle guten Schriftsteller gestellt hat, gibt es nur sehr wenige Aussagen über den wahren Genuß am Töten. Eine der größten Freuden dabei – außer den rein ästhetischen, wie Vogelschießen und denen des Stolzes, wie Anpirschen von schwierigem Wild, wo die unverhältnismäßig gesteigerte Bedeutung des Bruchteils einer Sekunde, die der Schuß benötigt, das erhebende Gefühl erzeugt – ist das Gefühl der Rebellion gegen den Tod, das man erlebt, wenn man ihn verursacht. Wenn man einmal die Herrschaft des Todes bejaht hat, ist ‚Du sollst nicht töten' ein leicht und natürlich zu befolgendes Gebot. Aber wenn ein Mensch sich noch in Rebellion gegen den Tod befindet, macht es ihm Vergnügen, sich eines der gottähnlichen Attribute anzueignen: den Tod zu verursachen. Dies ist eines der allerstärksten Gefühle in jenen Menschen, die Genuß am Töten haben. Solche Dinge werden aus Stolz getan, und Stolz ist natürlich eine Sünde für den Christen, wenn auch eine heidnische Tugend. Aber Stolz macht den Stierkampf und wahrer Genuß am Töten macht den großen Matador." Soweit Hemingway.

Es ist also nach seiner Sicht die Rebellion gegen den Tod und der archaische Stolz, den die ursprüngliche, die einfache Seele empfindet, wenn sie gut tötet, welche die grundlegende Psychologie allen Tötens ausmacht.

Wir leben in einer Zeit, in der es verpönt ist, über das Töten zu schreiben, und von Jahrzehnt zu Jahrzehnt wird die unerträgliche Guttümelei und politische Korrektheit, der jedes Töten, jedes Leiden, jedes sogenannte Unrecht ein Greuel ist, immer mehr zum ganz normalen Geisteszustand des modernen Menschen, der sich vorlügt, das Leiden auf der Welt würde weniger, wenn es nur Lämmer und keine Wölfe mehr gäbe.

Es war kurz nach meiner Rückkehr aus Spanien, als einer meiner besonders guten Freunde in das Reich der Schatten einging. Er war ein Mensch, der eine unendliche Weite in sich trug, ein Lebemann, ein Gourmet, ein Genie von einem Koch, dem man einst zwei Hauben verliehen hatte, ein Falstaff und ein Mann von Welt, mit dem man sich über Dinge unterhalten konnte, die für die meisten unverständlich bleiben. Jemand auch mit dem Charme und dem trockenen, dem harten, sarkastischen, dem schwarzen Humor der Angelsachsen.

Als er ging, viel zu früh ging, war ich so erschüttert, als würde ich soeben einen Teil meiner selbst verloren haben, und trotzdem war ich froh darüber, daß es ihm gegönnt war, ohne größeres Leiden zu sterben, und daß er nicht ein unwürdiges Dasein des Siechtums über sich ergehen lassen mußte, oder auch nur ein Leben in völliger Abstinenz aller Dinge, die ihm so viel Freude bereitet haben, nur um das eine oder andere Jahr herumzubringen. Wenige Tage zuvor waren wir noch zusammengesessen und hatten unseren Geburtstag gefeiert, denn, welch seltsame Fügung, wir waren am gleichen Tage geboren. Von fünf Uhr nachmittags bis sechs Uhr morgens saßen wir da, mit seiner Gattin Marita und den Kindern, aßen und tranken und erzählten und plauderten, und nun war er tot. An jenem Abend hatten er und Marita vieles aus ihrem gemeinsamen Dasein Revue passieren lassen, und das war, *a posteriori* betrachtet, wie eine letzte Rekapitulation seines Lebens.

Wie grausam uns doch der Tod beraubt! Eben deshalb ist es von so eminenter Bedeutung, daß wir uns dem Tod stellen, wieder und wieder, und daß wir ihm ein klein wenig von seiner Allmacht entreißen, indem wir ihm trotzen, ihm ins Auge blicken, schließlich ihm sein Vorrecht streitig machen und uns selbst seiner Methoden bedienen. Wir müssen lernen, mit den Grausamkeiten des Lebens fertig zu werden, und keinem bleibt die allerletzte Grausamkeit erspart. Größe zeigt sich darin, wie man erlittenes Leid verkraftet, aber mehr noch darin, daß man Leid mit ansehen kann, ja zufügen kann, ohne daran zu zerbrechen. Nicht aus Sadismus oder um

Aggressionen abzubauen oder aus einer destruktiven Laune heraus, noch weniger infolge eines Ressentiments und aus Rache und Vergeltung – alles Zeichen von Schwäche, Unbeherrschtheit oder Neid, alles Ausdruck des persönlichen Versagens –, sondern aus überschäumender Stärke, aus einem Glücksgefühl heraus, als Ausdruck einer überreichen Seele. Den Tod zu bringen, wie man ein Geschenk überreicht.

Ich verließ die Kühle des Gotteshauses und ging hinaus in die nachmittägliche Hitze der Gassen, ging hinüber zur Plaza de Toros, hinüber ins überfüllte Café, und wartete auf die Kämpfe, denen ich an diesem Abend beiwohnen würde.

Während die ersten beiden Stiere in gutem Stile, aber ohne Genialität bekämpft wurden, waren die nächsten beiden Kämpfe mittelmäßig, und dann folgte die große Katastrophe: der fünfte Stier stößt sich schon beim Einlaufen beide Hörner an der Barrera stumpf, sodaß die ausgefransten Spitzen wie ein Pinsel aussehen, er verweigert den Kampf und läuft dem Ausgang zu, bis er schließlich doch sein Ende findet. Was aber dann passiert ist, spottet jeder Beschreibung: der sechste Stier, noch kampfunwilliger, wird vom Präsidenten nach der Suerte de Varas abgewinkt. Die *puerta de los toriles* öffnet sich, der Stier flieht hinaus, mißtraut jedoch dem Dunkel der Gewölbe, macht kehrt, stößt das Tor, das man hinter ihm zugeworfen hatte, wieder auf, und stürmt erneut in die Arena. Nunmehr wird eine Handvoll Kühe hereingetrieben, denen der Stier nach draußen folgen soll, aber er schließt sich der kleinen Herde nicht an. Wieder versucht man, ihn mit Capas durch das Tor zu locken, wieder macht er kehrt, nochmals kommen die Kühe, erneut schlägt der Trick fehl, und schließlich wird der Stier in der Arena getötet, indem ihm von der Barrera aus, an die er durch das Bewegen von Capas quasi fixiert wird, ein Dolch immer wieder ins Genick gestoßen wird, bis er endlich im Rückenmark getroffen zusammenbricht. Eine nicht gerade erhebende Szene. Der Ersatzstier aber übertrifft seine beiden Vorgänger noch an Feigheit, ist nach den Lanzen völlig kampfunwillig, reagiert auf keinen Reiz, legt sich gar im letzten Akt zweimal hin und ist kaum mehr auf die Beine zu bringen. Schließlich verzichtet der Matador auf die Suerte suprema und sticht den Stier einfach mit dem Genickdegen ab. Noch ehe der Kampf zu Ende ist, verläßt das

Publikum scharenweise die Arena, und dann folgt eine wahre Pfeiforgie und tausende Sitzkissen fliegen in den Sand. So schlechte Stiere hatte man offensichtlich selten erlebt. Wäre dies meine erste und einzige Corrida gewesen, ich wäre wohl bloß angeekelt gewesen von so viel unwürdiger Schlächterei.

Als ich nach Hause ging, war ich vollkommen erschöpft. Aber ich war auch an den Vortagen, war nach jeder Corrida vollkommen erschöpft gewesen. Erschöpft vom angestrengten Hinsehen, weil die Dinge oft so schnell geschehen, daß man mit höchster Konzentration hinsehen muß, um die Bewegungsfolgen nur halbwegs erahnen zu können, erschöpft vom eingepferchten Sitzen, vor allem aber erschöpft von der unvorstellbaren emotionalen Anspannung, unter der ich jedesmal stand, wenn ich einen Kampf verfolgte. Das ungeheuerliche Leid, das über ein so edles Tier gebracht wird, wurde mir ebenso in voller Tragweite bewußt wie die unbeschreibliche Kunstfertigkeit, welche darin besteht, einen Stier gut und elegant zu bekämpfen. Ja, ich habe den Stierkampf oft als grausam empfunden, nicht immer, aber sicherlich sehr oft, denn die Hälfte der Kämpfe sind schlecht, sind unter aller Würde, nur abgeschmackte Schlächterei, aber wenn ein Kampf wirklich gut ist, dann ist er ein großartiges Schauspiel, die höchste Vollendung edler Kunst. Wenn aber das Schauspiel miserabel war, dann ist es die Überwindung des Mitleids, die Akzeptanz des Grausamen beim Zuseher, was das eigentlich Essentielle des Stierkampfs ausmacht. Zu lernen, den Anblick des Grausamen zu ertragen, nicht wegzuschauen, zu begreifen, daß das Grausame dem Phänomen des Lebens, jedenfalls allen Lebens, das ein Nervensystem hat, inhärent ist. Eben diese Vielschichtigkeit der Gefühle brachte jedesmal eine totale Erschöpfung in mir hervor, wie ich sie sonst nirgends noch erlebt hatte.

Ich verließ Spanien mit Eindrücken von seltener Tiefe, und ich wußte, daß ich dorthin würde zurückkehren müssen, weil ich dieses archaische Schauspiel als essentiell für mein Dasein empfand. Spanien, das Spanien der Corrida bedeutete für mich nicht nur die nationale Inkarnation der Rebellion gegen den Tod, sondern mehr noch der Rebellion gegen den Geist der Moderne. Eben darum habe ich dort, als das alte England in den letzten Zügen lag, eine zweite spirituelle Heimat gefunden.

Arunda

Arunda, Arunda
In weißgleißend Glut
Erhabenes Wunder
Voll Schweiß und voll Blut

Herbst. Die sommerliche Hitze war vorbei, und eine angenehme Milde lag über den Bergen, welche die Stadt umgeben. Ronda, das keltisch-römische Arunda! „*There is only one town that would be better than Aranjuez to see your first bullfight in if you were only going to see one and that is Ronda. That is where you should go if you ever go to Spain on a honeymoon or if you ever bolt with any one.*"[61]

Nun, ich sah in Ronda zwar weder meinen ersten Stierkampf, noch war ich dort – Gott behüte – in den Flitterwochen gewesen. Aber ein Wochenende mit einer attraktiven Gespielin, das hätte ich mir in Ronda schon vorstellen können. Denn es gibt wohl keine Stadt, die romantischer ist, zugleich spektakulärer, und die noch dazu glüht von der Hitze des südländischen Temperaments. Doch auch ohne Begleitung: nicht in Ronda gewesen zu sein, zur Zeit der Feria de Pedro Romero, im September, wenn es nicht mehr heiß ist, dieses Ronda nicht gesehen zu haben, bedeutet in der Tat ein großes Versäumnis.

Arunda wurde im 6. vorchristlichen Jahrhundert von den Kelten gegründet und stand vom Zweiten Punischen Krieg um 200 AC bis zum Fall Roms im Jahre 476 fast 700 Jahre unter römischer Herrschaft. Für weitere 700 Jahre, von 713 bis 1485 war Ronda muslimisch, bis es in der Reconquista durch das Königspaar Fernando und Isabel dem christlichen Abendland rückgewonnen wurde. Ronda liegt 700 Meter über dem Meer auf einem Plateau, das nach Westen hin auf mehrere Meilen durch einen senkrechten Felsabsturz begrenzt wird, und welches durch die El Tajo

[61] Ernest Hemingway, *Death in the Afternoon*

genannte Schlucht des Flusses Guadalevín zweigeteilt wird. Die Altstadt La Ciudad liegt südlich der Schlucht, die Neustadt, El Mercadillo, nördlich, und beide verbindet der Ponte Nuevo, jene dreibögige steinerne Brücke aus dem 18. Jahrhundert, welche zwar nur 70 Meter lang, jedoch allein an den Pfeilern fast 100 Meter hoch ist. Sie stellt das Wahrzeichen Rondas dar, und wenn man in der Altstadt auf der Terrasse des Restaurante Albacara, das eine wunderbare geschnitzte Decke aus dunklem Holz und ein gediegenes Ambiente hat, direkt über dem Abgrund sitzt, von dem dich einzig das hüfthohe Schmiedeeisen trennt, am Nachmittag, bei frischen Gambas oder hausgemachter Foie gras, dazu ein Glas Amontillado, hat man einen schönen Blick auf die Brücke und den Parador, der auf der gegenüberliegenden Seite auf dem Felsen thront und wo man am Abend nach der großen Corrida zu Ehren des Pedro Romero ein wundervolles Menú de la Goyesca mit fünf verschiedenen Vorspeisen bekommt, und an jenem Abend waren vor allem die Gambas und Langustinos sowie die Pimientos ein herausragendes kulinarisches Erlebnis, ebenso das Dessert, ein Käse-Kaffee-Kuchen in Schoko-Sauce, ein wahrer Traum.

In der Altstadt liegt auch das Hotel San Gabriel, wo man absteigen sollte, wenn man nach Ronda fährt, ein kleines, feines Hotel mit nur 16 Zimmern, alle individuell gestaltet, das ganze Gebäude erfüllt von der traditionellen Eleganz eines noblen Stadthauses. Von ganz besonderem Charme ist weiters das Hotel Montelirio, welches mit seiner Lage an der Schlucht und seinem gediegenen Interieur punktet. Doch ich wohnte im altehrwürdigen Reina Victoria droben in der Neustadt, eine halbe Meile nördlich der Arena, auch am Felsabsturz gelegen, ein äußerlich unscheinbares Haus im englischen Stil, dessen verblichener Glanz in geradezu wehmütiger Weise das Flair der alten Zeit ausstrahlt, als Rilke hier wohnte, ehe der Große Krieg Europa in Schutt und Asche legen sollte, und in Bronze, mit einem Buch in der Hand, blickt er immer noch vom Park des Hauses hinaus auf die Ebene und die Berge der Sierra de Grazalema; das Reina Victoria, jenes Grand Hotel, wo im Salon über den offenen Marmorkaminen noch die großen goldgerahmten Ölgemälde hängen, und die schweren Kristallüster und dunkelgrünen Samtvorhänge mit Bögen und Schärpen und Kordeln und Fransenborten, und im Stiegenhaus das Ölbild einer Fuchsjagd, und wenn man am Abend nach dem Stierkampf zurückkommt und unter den

Fächerpalmen auf der Terrasse oder an der Bar, deren Wände behängt sind mit den Bildern von *toros y toreros,* ein kleines Bier trinkt, dann weht vom Tal herauf eine kühle Brise, wie sie immer schon geweht hat, auch vor einem Jahrhundert, und man wollte, es wäre wie einst, als das Edle noch angesehen war, Helden noch ruhmreich und Kunst noch ästhetisch. Ich hatte lange schon kein Hotel mehr bewohnt, wo die Aura des Imperialen so lebendig, so nahe, so spürbar war wie hier an diesem Ort.

Unweit von der Plaza Duquesa de Parcent befindet sich auf der Hauptstraße der Altstadt das Museo de Caza, das Jagdmuseum, welches eigentlich nichts weiter ist als eine sehr gute Trophäensammlung mit Vollpräparaten aus allen Kontinenten, und man kann dort auch abgesehen von ein paar jagdlichen Utensilien und Souvenirs einige dramatische Bronzen erwerben, einen Hirsch etwa, der im Riedinger-Stil von der Meute gestellt wird, doch leider bietet das Museum keine lehrreiche oder intellektuelle, im Grunde überhaupt keine Aufarbeitung des Themas. Ein paar Tafeln hätten genügt, um den hohen Stellenwert zu beleuchten, den die internationale Trophäenjagd für die Erhaltung gefährdeter Arten innehat. Aber Spanien, Andalusien, der tiefe Süden ist vielleicht noch nicht so degeneriert, daß Jagd einer Erklärung bedürfte. Daß der urbane Lebensstil zu bizarren geistigen Entgleisungen führt, daß er zum Nährboden für Neomoralismen aller Art wird, ist wohl ein nordisches Phänomen, dem die Nonchalance der romanischen Seele, auch ihre Heißblütigkeit, oder auch der ernste Stolz des Spaniers, sein gelebter Katholizismus, seine Verbundenheit mit der Tradition einen effizienten Riegel vorschiebt.

Wenn man den Ponte Nuevo von unten sehen will, und die ganze Front der Felswand, wie sie sich über zwei Meilen vom äußersten Nordwesten bis zur Iglesia del Espíritu Santo im Süden erstreckt, dann muß man in der Altstadt den steilen Pfad von der Plaza de María Auxiliadora zum Camino de los Molinos hinuntersteigen, oder, was reizvoller ist, die Altstadt über die Hauptstraße im Süden verlassen und vom Camino dem Pfad aufwärts folgen, weil man dann die Brücke immer vor sich hat, und man kommt zu einem der alten Stadttore, einer Steinruine, die einen malerischen photographischen Rahmen für die Brücke im Hintergrund abgibt und von wo man, wenn man gutes Schuhwerk hat, einem schmalen Pfad tief in die Schlucht hinein zu den Ruinen des alten Kraftwerks folgen kann,

Der Ponte Nuevo, welcher die El Tajo genannte Schlucht des Guadalevín überbrückt

Eingang zum Hof der Plaza de Toros de Ronda

Casa del Rey Moro

Bukolische Idylle: Pavillon am Rande des Abgrunds

Der zwei Meilen lange Felsabsturz von Ronda, rechts der Ponte Nuevo

Parador de Ronda, wo man hervorragend speist und wohnt

Festlich geschmücktes Kutschenpferd

Antonio Ordonez, einer der größten Toreros des 20. Jh., wurde in Ronda geboren

Die Plaza de Toros von Ronda, eine der sieben ältesten Spaniens, erbaut 1785

68 doppelstöckige Sandsteinarkaden auf toskanischen Säulen umschließen das Rund

Der Rejoneo oder berittene Stierkampf: Reitkunst jenseits aller Vorstellungskraft

Die verschiedenen Manöver erfordern vom Pferd höchste Wendigkeit und Durchlässigkeit

umgeben von üppig wuchernder und grünender Vegetation, und wenn man dann wieder hochsteigt und schweißgebadet vom Aufstieg unter der glühenden Sonne zur Altstadt kommt, kann man sich auf eine schattige Parkbank setzen und den Blick in die Ferne genießen.

Reizvoll ist auch ein Besuch der Jardines Ciudad de Cuenca, an deren unterstem Ende man die Schlucht über die Alte Brücke, Puente Viejo, queren kann, ehe man durch das Tor Philipps V. kommt, jenes Enkels des Sonnenkönigs, der nach dem Aussterben der spanischen Habsburger zum König ernannt wurde, weshalb es zum Spanischen Erbfolgekrieg kam, in dessen Verlauf Marlborough die Vorherrschaft Frankreichs brach. Wenn man dann nach diesem Tor die steile Gasse hochgeht, kommt man alsbald zur Casa del Rey Moro, dem Haus des Moorenkönigs, dessen üppig bewachsene Terrassengärten in den Wänden der Schlucht hängen. Von den Jardines Ciudad de Cuenca aus sind diese Gärten und die verschachtelte Architektur der Casa besonders gut zu sehen. Man kann im Inneren des Hauses über gut zweihundert ziemlich hohe Stufen eine grottenartig im Fels verborgene, feuchte Steintreppe bis zum Fluß hinuntersteigen, von wo die Stadt im 14. Jahrhundert im Falle einer Belagerung ihr Wasser bezog.

Im September, wenn die Goyescas, die Stierkämpfe in historischen Kostümen stattfinden, feiert man in Ronda den Geburtstag Pedro Romeros, der Ende des 18. Jahrhunderts den modernen Stierkampf begründet hat, indem er die Regeln festlegte, nach denen der unberittene Torero einen Stier zu töten vermag. Damals auch, 1785, um genau zu sein, wurde die Plaza erbaut, eine der ältesten und zugleich schönsten Arenen des Landes, deren doppelstöckige, ringsum überdachte Sandsteinkonstruktion aus je 68 Arkaden auf toskanischen Säulen besteht, und welche fünftausend Sitzplätze zählt. Am Samstag, an dem die Corrida stattfindet, säumen Zehntausende die Calle Virgen de la Paz, wenn die Matadores in ihren prächtigen Kostümen in Kutschen vom Reina Victoria zur Arena hinabfahren, und es herrscht ein Jubel als würde man einen Triumphator feiern. Und zwei, drei Stunden später, wenn die siegreichen Matadores, jene, die mehrere Trophäen errungen haben, die Plaza durch das imposante frühklassizistische Hauptportal verlassen, werden sie von der Menschenmenge gefeiert, wie man sonst nur Heroen und Halbgötter feiern würde.

Ich habe mir am Freitag vor der großen Corrida die Novillada ohne Picadores angesehen, wo ein paar recht gute Novilleros, also Nachwuchstoreros kämpften, und es erfordert sicherlich außergewöhnlichen Mut, Stiere, die nicht durch Picas geschwächt sind, sodaß sie in ausgezeichneter Verfassung, aggressiv und wendig in das Finale gehen, durch zahlreiche Suertes so lange zu drehen und zu wenden, bis sie schließlich doch noch auf berechenbare Weise getötet werden können. Aber man muß wissen, daß es allesamt sehr junge Stiere sind, ältere Kälber gewissermaßen, Novillos genannt, die ohne Picadores bekämpft werden. Mit ausgereiften Kampfstieren, die in der Herde lange genug Zeit hatten, den Gebrauch ihrer Hörner zu lernen, könnte man so nicht umgehen. Das heißt aber nicht, daß ein Novillo ungefährlich wäre, so mancher angehende Torero ist dabei schon zu Schaden oder gar zu Tode gekommen. Sowohl der dritte als auch der sechste Novillero arbeitete extrem nahe am Stier, drehte ihn ausgezeichnet und oftmalig, wendete ihn so eng um sich, daß er sich immer wieder mit dem Stier, der äußerst agil war, in Körperkontakt befand, bot gewagte und eindrucksvolle Figuren und arbeitete gefährlich nahe am Horn. Beide wurden mit zwei Ohren belohnt.

Doch es war die große Corrida am Samstag, die alles in den Schatten stellen sollte, was ich bislang in Spanien gesehen. Der zweite Stier wurde von El Fandi mit einer fulminanten Estocada noch vor den Picas begnadigt, und dem folgenden Stier, der nur einen Stoß durch den Picador erhält, setzt El Fandi brillante Banderillas, ehe er ihn in gewohnt perfekter Art tötet. Jose Maria Manzanares wird von seinem Stier, der ebenfalls nur einen Pica-Stoß erhalten hat, zu Boden gestoßen, ehe er ihn mit wunderbar langsamen Suertes quasi in Zeitlupe dreht und ihn möglichst schont, um ihn mit einer sauberen Estocada zu töten. Er erhält dafür zwei Ohren. Als El Fandi seinen nächsten Stier kunstvoll bekämpft, fordert das Publikum zwei Ohren, doch der Präsident gewährt ihm nur eines. El Fandi ist unbestritten der begabteste Banderillero der Gegenwart, wenn nicht aller Zeiten, und ein ebenso brillanter Töter. Was die Arbeit mit der Muletta betrifft, so wage ich kein Urteil, jedenfalls war er um nichts schlechter als die anderen, die ich gesehen habe, doch sagt man ihm nach, daß er die Faena oft nur sehr kurz und phantasielos gestaltet. Von allen Kämpfen war kein einziger schlecht, und ich hatte das Gefühl, eine perfekte Corrida erlebt zu haben, ohne unschöne Szenen oder enttäuschende Auftritte. Ein großer Abend, ganz so, als würde man zur Premiere der Festspiele in Salzburg gehen und eine einmalige Aufführung sehen, und dann beim Goldenen Hirschen oder in der Riedenburg dinieren, nur alles viel spektakulärer, das Blut, der Ort, die Schlucht, das Klima, die Atmosphäre. Ich wollte ich könnte dies alles jemandem zeigen, den ich liebe, aber ich befürchte, daß man es nicht verstehen würde, vor allem nicht das Mysterium des Blutes. Die Intellektuellen begreifen nicht die Ästhetik des Blutes und die Blutrünstigen lassen den intellektuellen Anspruch missen. So lebe ich zwischen den Welten, da jene, die beides in sich vereinen, immer schon rar waren und heute noch rarer geworden sind. Ich kenne kaum jemanden, dem der Wert der hohen Kultur und die Bedeutung der Geschichte ebensosehr bewußt wäre wie die Dimension des Blutes, des Tötens, der Grausamkeit, des Animalischen im Menschsein. Diejenigen, die noch den Geist des Universalismus in sich tragen und das Humane in seiner ganzen Breite verstehen könnten, sind selten geworden. Wie heißt es doch im *Nachtlied?* „Dies ist meine Einsamkeit, daß ich von Licht umgürtet bin".

Der Tod ist Prinzip und Inbegriff des Lebens. Ohne den Tod gäbe es kein höheres Leben, kein Leben jenseits von Keimen und Protozoen. Deshalb müssen wir den Tod feiern, anstatt ihn zu beklagen und zu verdammen, ihn zu leugnen und zu verdrängen! Das ist die Kernbotschaft der Corrida, und ich habe nirgends ein Fest erlebt, das dem gleicht, was ich in Ronda gesehen.

Am Sonntag bin ich dann noch zu den Rejones gegangen, wo sechs Rejoneadores mit je vier Pferden Stiere bekämpften, deren Hornspitzen zum Schutze der wertvollen Rösser abgesägt waren. Die Pferde waren nur je fünf Minuten im Einsatz, und das Spektakel hatte sehr viel mehr den Charakter einer Show als die traditionelle Corrida. Die Pferde beherrschten sämtliche Lektionen der hohen Schule auf und über der Erde, bis hin zu fulminanten Kapriolen unter dem Reiter, Piaffe, Passage, Einerwechsel, fünffache Pirouetten, extreme Seitengänge, alles wurde geboten, allerdings nicht von der akribischen Art der Schulreiterei, sondern auf höchste Schnelligkeit, Geschmeidigkeit, Reaktionsfähigkeit getrimmt. Zuerst wird anstatt der Pica die sogenannte Straflanze, *rejón de castigo,* gesetzt, dann bis zu acht verschieden lange Banderillas, die kürzesten nur ein oder zwei Hand breite Rosetas, die längeren oftmals doppelhändig plaziert, wobei die Zügel an einem Knopf des Gilets befestigt sind, das Pferd nur mit Schenkeln und Gewicht geritten, und schließlich erfolgt die Estocada, wobei der *rejón de muerte,* die Todeslanze, nicht selten einfach zufallsbestimmt irgendwo im Rücken des Stieres versenkt wird, was zu ziemlich unschönen Szenen führen kann. Nur wenige Rejoneadores beherrschen eine korrekte Estocada, die rasch tötet. Aber wie die Banderillas gesetzt werden, das ist einfach spektakulär. Um die nötige Reaktionsfähigkeit und Wendigkeit zu erzielen, müssen die Pferde in höchster Versammlung mit maximal aktivierter Hinterhand geritten werden, wobei eine deutliche Sporeneinwirkung unvermeidlich ist. Was Pferde und Reiter bieten, ist wahrhaft beeindruckend, doch eine tatsächliche Gefahr besteht für beide angesichts der getrimmten Hörner nur dann, wenn der Stier ein Pferd zu Sturz bringt oder dieses bei einer der fulminanten Lektionen stolpert.

Der Rejoneo hat übrigens eine sehr lange Tradition und war bis zur Formalisierung der klassischen Corrida de Toros, welche im 18. Jahrhundert erfolgte, die vorrangige Art, Stiere zu bekämpfen, und zwar schon seit maurischen Zeiten. Nach zwei Jahrhunderten Schattendaseins wurde er um 1920 wiederbelebt.

Unter manchen spanischen Equestrikern wird übrigens die Hypothese vertreten, daß sich die Reiterei nicht vor 3.000 Jahren in Zentralasien, sondern schon vor 6.000 Jahren im ibero-nordafrikanischen Raum entwickelt hätte, indem hellhäutig-blauäugige keltische Völker von Spanien aus nach Nordafrika vorgedrungen seien und dort als Vorläufer der Berbervölker das Reiten erfunden hätten, von wo sich diese Kunst allmählich auch retrograd unter ihren keltischen Stammesbrüdern in Spanien ausgebreitet haben soll. All diese Völker hätten sich bei der Jagd auf das Urrind quasi als frühe Rejoneadores betätigt und so ihre Reittechnik für den Krieg verfeinert. Für diese Hypothese ist allerdings offenbar der Wunsch nach einem schönen Mythos der Vater des Gedankens, denn es gibt dafür mit Ausnahme einzelner, äußerst dürftiger Hinweise keine gesicherten Belege, ganz abgesehen davon, daß sich eine solchermaßen hoch entwickelte Reitkunst militärisch binnen kürzester Zeit im Rest der damals bekannten Welt hätte verbreiten müssen. Bei vielen eloquent ausformulierten Details dieser Hypothese handelt es sich um rein spekulative Konfabulationen, die wir getrost der durchaus sympathischen Neigung der Spanier zum Machismo zuschreiben dürfen.

Wahrscheinlich ist hingegen, daß sich einfache Vorformen des Rejoneo möglicherweise schon in der Antike entwickelt haben. Es ist unklar, ob die berittene Tauromachie aus den Venationes der Amphitheater hervorgegangen oder umgekehrt von Spanien aus in die römischen Arenen gelangt ist. Zur ersten Jahrtausendwende jedenfalls war der berittene Stierkampf schon etabliert. Das jedoch, was man bei modernen Rejones zu sehen bekommt, ist mit älteren Formen des Stierkampfes zu Pferde nicht zu vergleichen und hat einerseits die equestrischen Entwicklungen des 18. und 19. Jahrhunderts zur Voraussetzung, insbesondere auf dem Gebiet der Hohen Schule, und andererseits die Formalisierung der Corrida de Toros, an die sich der Rejoneo bei seinem Revival angeglichen hat. Stilistisch muß man den Stars unter den aktuellen Akteuren, insbesondere Pablo Hermoso, Diego Ventura und Leonardo Hernández zugestehen, daß sie den Rejoneo in seiner fulminanten Eleganz erst vollendet haben.

Im Gegensatz zur Corrida gibt es übrigens nur wenige überzeugende Umsetzungen des Rejoneo in der bildenden Kunst. Mir ist bislang keine malerisch-zeichnerische Darstellung bekannt, welche mit den Mitteln des Realismus zu einem befriedigenden Ergebnis gelangt wäre. Möglicherweise liegt dies daran, daß sich nur nachrangige Künstler darin versucht haben, nicht aber Meister der Bewegung wie Lionel Edwards, Richard Catton Woodville, Manfred Schatz oder Frederick Remington. Möglicherweise jedoch verschließt sich die ungeheure Fulminanz des Geschehens prinzipiell jeglicher realistisch-naturalistischen Darstellung. Im Gegensatz dazu gibt es eine kleine Zahl expressionistisch-abstrahierender Kunstwerke, welche das Wesen des Rejoneo ziemlich präzise erfassen. Dazu zählen *Rejoneadora III* von Lou Thissen und *Rejoneo* von Antonio Soria.

Ronda. Ich verließ die Stadt mit Wehmut. Ich hatte hier ein paar genußvolle Tage verlebt, Tage in einem Land, das meine politisch inkorrekte Seele wärmt, und ich sehnte mich schon nach dem Frühsommer im kommenden Jahr, wenn ich Andalusien wiedersehen würde.

Léa Vicens

Eine Liebeserklärung

Als nach dem Tode des letzten spanischen Habsburgers im Jahre 1700 Ludwig XIV. seinen Enkel, den siebzehnjährigen Herzog von Anjou als Philipp V. auf den spanischen Thron setzte, kam ein Jüngling an die Macht, der von spanischer Kultur wenig hielt, was angesichts der damaligen europaweiten Dominanz französischer Kultur wenig verwundert. Zu jener Zeit wurden Stiere in Spanien fast ausschließlich zu Pferde bekämpft, und das konnte sich praktisch nur der Adel leisten. Philipp fand wenig Gefallen an solchen Spektakeln und ließ den Stierkampf als Darbietung bei Hofe untersagen. Dies hatte, wie schon in den vorangehenden Kapiteln erwähnt, zwei wesentliche Folgen: erstens wurde der Stierkampf zu Fuß, die Domäne des einfachen Volkes, forciert, weiterentwickelt und reglementiert, und zweitens wurde der berittene Stierkampf auf die großen Landgüter des Adels zurückgedrängt, wo er für zwei Jahrhunderte ein Schattendasein führte, ehe es 1923 zu einer Wiederbelebung – eigentlich einer Neuschöpfung aus der Doma Vaquera heraus, also aus der andalusischen Arbeitsdressur – durch den Oberstleutnant und Rittmeister Antonio Cañero Baena kam. Cañero orientierte sich dabei stark am Ablauf der modernen Corrida.

Ihm folgte 1934 Alvero Domecq y Díez, doch es waren die Gebrüder Peralta, welche den Rejoneo in den Nachkriegsjahrzehnten revolutionierten. Der ältere der beiden, Don Ángel Peralta y Pineda, gilt als der größte Rejoneador aller Zeiten und war auch Schriftsteller und Dichter. In der Tat wurde damals rasanter geritten als heute, und die Hörner der Stiere waren nur minimal gerundet, zu Zeiten Cañeros gar nicht. Andererseits läßt die damalige Reitweise jenen extrem hohen Grad an Selbsthaltung vermissen, den die jetzigen Pferde im Rejoneo zeigen. Es ist absolut fabelhaft, wie sie sich in jeder Situation selbst zu tragen vermögen, immer in korrekter

Léa Vicens in Alicante 2018

Léa auf ihrem Pferd Bach nach dem Setzen des rejón de castigo

In der Levade auf Deseado im tercio de banderillas

Haltung und in optimaler Versammlung. Es kommen fast ausschließlich Andalusier zum Einsatz, deren Gebäude jenen Grad an Aufrichtung überhaupt erst ermöglicht.

Unter den heutigen Rejoneadores genießt eine Französin meine besondere Bewunderung: ihr Name ist Léa Vicens. Die studierte Biologin zählt zu den besten berittenen Toreros der Gegenwart und läßt dabei die konventionelle Dressurreiterei weit hinter sich. Beim Rejoneo sind allerdings nicht exakte Lektionen gefordert, sondern Tempo, Wendigkeit und absolute Durchlässigkeit. Es ist dies Reitkunst der Extraklasse, jenseits aller sterilen Langeweile, welche üblicherweise den Dressursport kennzeichnet.

Daß diese Frau zugleich eine der bestgehaßten der Welt ist, erhebt sie darüber hinaus in geradezu olympische Sphären – so stellen wir uns eine Göttin vor: attraktiv, talentiert, erfolgreich, selbstbewußt, überlegen, stolz. Galaxien entfernt von jenem *vallis lacrimarum,* in dem ihre Verächter vegetieren.

Es ist doch so: Historisch gesehen oblag die Deutungshoheit über die Sicht dieser Welt und über die in ihr gültigen Werte den Religionen, den Herrschern und spätestens seit Beginn der Neuzeit auch der Wissenschaft. Seit dem Ende des Alten Europa oblag sie dann für ein ganzes Jahrhundert der progressivistischen Ideologie, die von einschlägigen politischen Parteien, von den Universitäten und vor allem von den Medien gepuscht wurde und zu ungeheuren, zu ungeheuerlichen Verwerfungen führte, die unendlich viel Schönheit zerstört haben. Heute jedoch ist es zunehmend der Mob, welcher über moralische Entrüstungsstürme in den Sozialen Medien zu bestimmen droht, wie die Welt zu sein hat, und zwar in wechselseitiger Verstärkung mit konventionellen Medien und politischen Parteien, ja oft sogar ideologieübergreifend. Diese Entrüstungsstürme werden begleitet von geifernden Haßtiraden und verbaler Lynchjustiz, insbesondere wenn es um sogenanntes Tierleid geht.

„May you rot in hell. You imbecilic ugly Spanish cunt", so einer der unzähligen „charmanten“ Youtube-Kommentar über die bezaubernde Léa, die im übrigen, wie schon erwähnt, gar keine Spanierin ist. *Seems to be a lot of odium generis humani out there, and even more ignorance …*

Ob Rejoneador, Matador, Meuteführer, Jäger, Falkner oder Reiter, ob Pelzträger oder Fleischesser, ob Mann oder Frau, jeder, der Tiere in irgendeiner Form nutzt, zieht sich den Zorn der Gerechten zu, und je attraktiver und erfolgreicher, desto mehr wird man gehaßt, allein schon, weil Schönheit und Talent die „ungerechtesten" aller Privilegien darstellen, sind sie doch weder umverteilbar noch verhinderbar. Also muß man entwerten. Dekonstruktion heißt das Zauberwort, mit dem alles vernichtet werden kann, was einem nicht gefällt. Nachdem man heute niemanden mehr physisch vernichten darf, wird auf subtilere Methoden zurückgegriffen: psychische und moralische Diskreditierung und soziale Ächtung. Dabei agiert der internationale Entrüstungsterrorismus in der Regel Hand in Hand mit linkem Gesinnungsterror.

Das Problem sind dabei nicht die Shitstorms *per se* – sollen die Leute doch denken, was sie wollen –, das eigentliche Problem liegt vielmehr in der massiven Propaganda der konventionellen Medien und letztlich darin, daß sich die Legislative diesem Druck irgendwann beugt. Und genau in diesem Phänomen erkennen wir die Crux der heutigen Zeit: die eklatante Übermacht der *emotio* gegenüber der *ratio.* Facebook, das nicht zu Unrecht als erste global vernetzte Gefühlsmaschine bezeichnet worden ist, spielt hier eine besonders unrühmliche Rolle: ein einziges Photo kann plötzlich weltweit millionenfach ähnliche Emotionen erzeugen, wodurch suggeriert wird, daß all jene, die diese Emotionen teilen, auf der Seite der Guten und Gerechten stehen und folglich die ganze Welt so denken müsse.

Noch ist das traditionelle Spanien stark. Noch haben die vernünftigen Leute das Sagen. Aber es gibt genug Beispiele auf der Welt, wo sich in den vergangenen Jahrzehnten die ach so Erleuchteten durchgesetzt haben.

Léa Vicens wird das nicht sonderlich berühren. Sie kann sich jede Woche im tosenden Applaus Tausender baden, die ihr zujubeln. Sie hatte über Jahre Ángel Peralta als Trainer, hinter ihr steht eine professionelle PR-Maschinerie, und sie ist auch wirklich außerordentlich begabt. Diego Ventura und Leonardo Hernández arbeiten allerdings weit näher am Stier, ihr Spiel bietet viel mehr Nervenkitzel, und sie sind wohl zusammen mit Routinier Pablo Hermoso das unbestreitbare Trio Exceptionnel des Rejoneo. Ventura ist überhaupt einzigartig und erhielt, was es bei Rejones noch nie gegeben hat, 2018 in Las Ventas, der allerersten Plaza Spaniens, *dos orejas y rabo* – zwei Ohren und den Schwanz. Seine Suertes sind atemberaubend, jenseitig, nicht von dieser Welt. Jenem großen Trio folgen dann mit etwas

Abstand Andy Cartagena, der durch Zirzensik besticht, Léa Vicens und Sergio Galán. Ein Dutzend weitere Rejoneadores (von insgesamt etwa hundert) bieten ebenfalls außergewöhnliche Leistungen; wie immer kommt es allerdings auch auf den Stier an: kein Torero vermag zu zeigen, was er kann, wenn der Stier kampfunwillig ist.

Vicens reitet ihre Manöver und Lektionen sauber, verzichtet auf übertriebene Showelemente, tötet sehr gut und zählt absolut berechtigt zu den großen Stars des Rejoneo. Sie ritt von Kind an turniermäßig Dressur, bildet all ihre Pferde selbst aus und sitzt täglich zehn Stunden im Sattel. Ihre erste Saison bestritt sie 2010, als sie 25 Lenze zählte und ihr Studium abgeschlossen hatte. 2013 fand in ihrer Heimatstadt Nimes die Alternativa statt, also die formelle Ernennung zur Torera. Sie ist nicht nur die einzige Frau, die es an die Spitze des Rejoneo geschafft hat, sondern dort auch seit nunmehr acht Jahren mitmischt. Weibliche Eintagsfliegen gab es immer wieder, doch entscheidend ist, ob man auch nach schweren Stürzen und heftigem Stierkontakt seinen Mut wiederfindet und die Nerven unter Kontrolle bringt. Vicens hat sich trotz mehrerer Unfälle offensichtlich im Griff, allerdings scheint mir, als hätte sie früher näher am Stier gearbeitet.

Zu ihrer besonders großen Beliebtheit beim Publikum trägt neben ihrem Können sicherlich auch bei, daß sie eine außerordentlich aparte Frau ist. Ich jedenfalls freue mich schon wieder sehr, wenn ich Léa und ihre großartigen Pferde das nächste Mal erleben darf.

Die Rote

ولا غالب إلا الله

Wa la ghalib ill' Allah

Es gibt keinen Sieger außer Gott

Die schneebedeckten Gipfel leuchteten herab von den Bergen der Sierra Nevada. Es war ein kalter Wintermorgen am Tage nach Neujahr, als Boabdil, der letzte moorische König von Granada, auf seinem pechschwarzen Rappen, dessen graziles, trockenes Haupt das reine arabische Blut verriet, hinaus vor die Tore der Stadt ritt, wo das Heer der Katholischen Könige wartete, voran der König selbst, Ferdinand von Aragon, und neben ihm, auf einem prächtigen, schweren Schimmel, Isabella von Kastilien, in reichem Ornat, mit allen Insignien der Macht, Standarten, Krone, Zepter, und zwischen beiden Herrschern das aufgelanzte Heilige Kreuz. Wir schreiben das Jahr 1492.

Das finale Dezennium der Nasridenherrschaft, welche über die vorausgegangenen zweieinhalb Jahrhunderte Granada hatte erblühen lassen, war geprägt von Führungsschwäche und inneren Machtkämpfen. Die muslimische Polygamie hatte nämlich eine unangenehme Nebenwirkung: verschiedene Hauptfrauen beanspruchten nur allzu gerne für ihre eigenen Söhne den Herrschaftsanspruch und initiierten aller Art Intrigen, um ihren Interessen zum Durchbruch zu verhelfen. So war es auch bei Muhammad XII., Abul Hassan Ali Abu Abdallah, den die Spanier Boabdil riefen: er war, obwohl erstgeboren, nur unter Mithilfe seiner Mutter durch den Sturz seines Vaters an die Macht gelangt, nachdem dieser unter dem intriganten Einfluß einer christlichen Haremsdame deren Sohn inthronisiert sehen wollte. In der Folge mußte Boabdil während seiner Regierungszeit den Thron gegen zahlreiche Verwandte verteidigen. Hinzu kam, daß die Vereinigung Spaniens durch die Heirat zwischen Ferdinand und Isabella die langbewährte Schaukelpolitik der Nasriden zwischen Aragonien und

Kastilien zunichte machte. Als die Katholischen Könige ihren Anspruch auf das Sultanat von Granada erhoben, der letzten maurischen Bastion auf spanischem Boden, blieb dem Sultan keine andere Wahl als die Kapitulation.

Boabdil saß teilnahmslos im Sattel, nach vorne eingesunken, vom Schmerz um den Verlust übermannt, und überreichte den Königen den Schlüssel zur Palaststadt Alhambra, ehe er mit seinem Gefolge die Sierra Nevada hinaufritt und hoch droben mit einem tiefen Seufzer einen letzten Blick zurück warf auf die geliebte Stadt. Als ihn seine Mutter, die ihm immerhin zum Thron verholfen hatte, so sah, schalt sie den Klagenden: „Beweine nicht wie ein Weib, was du nicht wie ein Mann hast verteidigen können".

1492: das Jahr, das in doppelter Hinsicht als der Beginn der Neuzeit in die Geschichte eingehen sollte: Abschluß der Reconquista und Entdeckung Amerikas, gerade als Spanien für ein Jahrhundert zur bedeutendsten Macht Europas aufstieg. Doch das entscheidende Ereignis, welches die Zeitenwende heraufbeschwor, war der Untergang des Oströmischen Reiches im Jahre 1453 gewesen. Weil damit für Europa die traditionellen Handelsrouten nach Indien und in den Fernen Osten unterbrochen waren, wurde die Suche nach alternativen Routen unumgänglich: die Umschiffung Afrikas und die Westquerung des Atlantik. Weiters waren es die zahllosen Gelehrten aus Byzanz, dem letzten Relikt des antiken Imperium Romanum, welche auf der Flucht vor den Osmanen nach Italien kamen und dort mit ihren Kenntnissen von der Welt der Antike die Renaissance auslösten und damit jenen entscheidenden Paradigmenwechsel in Gang setzten, welcher die geistige und kulturelle Identität des Mittelalters dramatisch und folgenreich verändern sollte.

Es sind sieben symbolische Jahreszahlen, welche als Eckpfeiler der Geschichte Europas gelten müssen: 753AC die mythische Gründung Roms, 476 dessen Fall, 1453 der Fall von Byzanz, 1918 der Untergang des Abendlandes; dazwischen die Entstehung des Christentums zur Zeitenwende, 622 das Geburtsjahr des Islam, und letztlich 1789 die Französische Revolution mit der Demontage all dessen, was jemals groß dagestanden hat, ein Bestreben, das in vielfältiger Wandlung bis zum heutigen Tage andauert: Zerstörung, Relativierung, Auflösung alles Eminenten bis zur völligen Bedeutungslosigkeit.

Ich war zur Zeit der Feria de la Corpus nach Granada gekommen, um die Alhambra zu studieren und an den Abenden die Stiere in der Plaza de Toros sterben zu sehen. Obwohl es Mitte Juni war, zeigte sich das Wetter anders als ich erwartet hatte, nämlich kühl und häufig bewölkt. Man konnte nachts gut schlafen und tagsüber allerhand unternehmen, was mich bewog, ausgiebig in den weitläufigen Anlagen und Gärten der Alhambra zu lustwandeln.

Die Palaststadt zählt heute zum Erbe der Weltkultur, ist sie doch ein für Europa einzigartiges Monument islamischer Kunst und Kultur. Der Myrtenhof mit dem Thronsaal sowie der Löwenhof mit den drei angrenzenden Prunksälen müssen wohl als Höhepunkte der gesamten Anlage gelten. Immer wieder aber beeindruckt der geradezu unwirkliche Kontrast zwischen islamischer und westlicher Architektur, welcher die gesamte Anlage durchzieht, sei es in Form des Palastes Karls V. oder der Renaissance-Decke im Eingangsbereich zum Löwenhof oder der kaiserlichen Gemächer um den Lindaraja-Hof.

Der Kontrast zwischen okzidentaler und muslimischer Machtdemonstration kann schärfer nicht gedacht werden: hier die tausendfache Wiederholung des nasridischen Wappenspruches an allen Wänden des Palastes, filigran und aufs äußerste verfeinert, die brutale Realität des fundamentalen Wahrheitsanspruchs – es gibt keinen Sieger außer Gott – in unendliche Schönheit auflösend und seine tiefe Bedeutung, seine ganze Psychologie verbergend, eingebettet in eine überreiche abstrakte Ornamentik, die so zart ist, daß sie sich in Nichts aufzulösen scheint, absolut schwerelos, schwebend, durchbrochen, luftig, gleich Spinnennetzen, winddurchströmt … und doch – blutgetränkt; dort aber die solemne, tonnenschwere Wucht der Renaissance: Rom, das Alte Rom wiedergeboren, mit all seiner Grandiosität, seinem Pomp, seiner Glorie. Da gibt es nichts Subtiles und Verspieltes, nur den ehrfurchtgebietenden Ernst unverhüllter Macht: einfache, klare Geometrien, strenge Ordnung, wuchtige Säulen, königliche Wappenschilder, der Doppeladler, Skulpturen, Reliefs. Alles hat Bedeutung, alles ist Symbol, Symbol von Kraft, Stärke, Überlegenheit, alles ist profund, gewichtig, austeres Monument, *aere perennius* … In den Gemächern Karls prangt die Inschrift „*Imperator Caesar Karolus V Hispaniorum rex semper augustus pius felix invictissimus*“, nicht bloß *invictus,* nein, *invictissimus,* ganz in der Tradition des Imperium Romanum und seiner Cäsaren: extrovertiertes und demonstratives Machtverständnis Europas, fünftausend Jahre alt, von den alten Reichen Mesopotamiens bis zum Britischen Empire, der diametrale Gegensatz zum Motto der Nasriden.

Doch trotz aller Extroversion, aller prachtvollen Diesseitigkeit in der Selbstdarstellung des Abendlandes bleibt das Bewußtsein um die Vergänglichkeit alles Irdischen immer gegenwärtig: Alle Macht ist und bleibt *Dei gratia,* von Gottes Gnaden, von Gott gegeben, von Gott genommen. *Dei gratia* ist also nicht nur eine Formel der Legitimation, sondern zugleich auch eine Formel der Demut: Gott hat die Macht verliehen, Gott kann sie jederzeit nehmen. So auch wenn die Kardinäle dem neugewählten Pontifex zurufen: *Sic transit gloria mundi.* Oder bei der Begräbniszeremonie des Hauses Habsburg am Tor zur Kapuzinergruft: Nach dreimaligem „Wer begehrt Einlaß?" öffnet erst die Antwort „Ein sterblicher, sündiger Mensch" das Tor. Oder wie es in einer alten anglikanischen Hymne heißt: *So be it, Lord; Thy Throne shall never / Like earth's proud empires, pass away; / Thy Kingdom stands, and grows for ever, / Till all Thy creatures own Thy sway.* Das prärevolutionäre Abendland hat auf dieser Spannung von Diesseitigkeit und Transzendenz, von Machtanspruch und Bescheidenheit, von Lebensfreude und Vergänglichkeits-Sinn seine unleugbare Größe gebaut.

Die Nasridenpaläste sind in ihrer architektonischen Grundstruktur keine islamische Erfindung, sie gehen zurück auf das römische Atrium- und Peristylhaus, als dessen besterhaltenes Exemplar wohl die Casa dei Vettii, das Haus der Vettier in Pompeij gelten darf: hier wie dort die zierlose, abweisende, weitgehend fensterlose Außenhülle, hinter der sich das reichdekorierte Innenleben versteckt, das um einen zentralen, säulenumringten Hof, das Peristylium, mit zentralem Wasserbecken, der Piscina, gruppiert ist. Bei aller Ähnlichkeit und derselben Notwendigkeit, die Hitze draußen zu halten und drinnen Kühle zu schaffen, sind jedoch die islamischen Paläste aus einem völlig anderen geistigen und psychologischen Hintergrund hervorgegangen: nicht zu Unrecht hat man etwa im Löwenhof das Abbild einer Oase mit ihren Palmen inmitten der Wüste erkannt. Die Nasridenpaläste sind „steingewordene Paradiesträume" eines Wüstenvolkes, so wie im Perserteppich der Wüstentraum von den blühenden Gärten des Paradieses umgesetzt ist. Wer je die Unerbittlichkeit der Wüste erlebt hat, ihre gleißende Fahlheit, ihre erbarmungslose Glut, so authentisch eingefangen durch Léon Belly in seiner Pilgerkarawane, oder in Carl Haags Schiffbruch in der Wüste, oder in Antal Ligetis Oase, der wird begreifen, warum Wüstenvölker sich das Paradies als blühenden Garten vorstellen, mit kühlen Bächen und schattenspendenden Bäumen, und warum diese Vorstellung so sehr Eingang gefunden hat in die islamische Kunst und Kultur.

Daß die islamische Kunst im abstrakten Ornament zu ihrem Glanzpunkt gelangen mußte, beruht neben dem Einfluß der Wüste auf Geist und Psyche zwangsläufig auf dem religiösen Bilderverbot und den großen Erkenntnissen auf dem Gebiete der Mathematik, welche die Araber auf der Grundlage ihres dezimalen Zahlensystems hervorgebracht haben.

So nimmt es nicht Wunder, daß sich abendländisches und islamisches Kunstschaffen antipodisch gegenüberstehen, wiewohl sie beide denselben Zielen dienen: Gott zu preisen, weltliche Macht zu demonstrieren, welche göttlich legitimiert ist, letztlich Schönheit zu schaffen, um sich daran zu erfreuen. Zweimal dieselben Grundideen, zweimal völlig anders interpretiert. Hier die formenschaffende Strenge der griechischen Geometrie, dort die formenauflösende Abstraktheit der arabischen Infinitesimalrechnung, hier die Betonung des Endlichen, dort des Unendlichen, hier geordnete Zentriertheit, dort geordnete Auflösung, hier Dichte, Masse, Schwere, dort Luft, Licht und Leichtigkeit, hier das Bildnis in endloser Fülle und Vielfalt, gehauen, gegossen, geformt, gemalt, dort in ebensolcher Fülle und Vielfalt das strenge und doch alle Strenge auflösende Ornament.

Ich könnte nicht sagen, das eine sei schöner als das andere. Das Streben aller Hochkulturen ist immer gewesen, große Schönheit zu zeugen, erst die Moderne hat das Häßliche und Bedeutungslose, das Niedrige und Gemeine zu ihrem Götzen erkoren, einem Götzen, dem man in erschreckender Weise huldigt.

Alhambra, wörtlich die Rote, liegt auf dem Hügel Sabika, hoch über der Stadt. Heute sind die Hänge des Hügels dicht bewaldet, doch ursprünglich waren sie unbestanden, um Angreifern keine Deckung zu bieten. Erst der Herzog von Wellington ließ Anfang des 19. Jahrhunderts die Bäume pflanzen, die nunmehr in so angenehmer Weise Schatten spenden und

Blick von der Palaststadt zum Generalife, den Privatgemächern der Sultane

Der Löwenhof: einzigartige Architektur und Höhepunkt der Alhambra

Die Alhambra und die Stadt Granada vom Generalife aus

In der Ferne zu erahnen: die schneebedeckten Höhen der Sierra Nevada

Üppiges Grün in den Gärten des Generalife

Die Plaza de Toros von Granada

die Feste als grüner Gürtel umschließen, woran man wieder einmal den untrüglichen Sinn der Engländer für Ästhetik und Stil zu erkennen vermag.

Wenn man die Palaststadt durch das Tor der Gerechtigkeit betritt, gelangt man zunächst zur Verteidigungsanlage, dem Alcazaba mit seinen Kasernen und zinnenumkränzten Wehrtürmen, welche stark an den romanisch-mediävalen Burgenbau erinnern. Ursprünglich konnte man die Alhambra nur über einen einzigen Zugang betreten, die Puerta de las Armas, das Tor der Waffen. Wie die meisten Tore der islamischen Baukunst zeigt es den gotischen Hufeisenbogen, der auf die Westgoten zurückgeht und vom Islam übernommen wurde[62]. Über einen schmalen, steilen Weg gelangte man von der Stadt zu diesem Tor an der Nordwestkante des Palastes. Wer in den Alcazaba wollte, mußte zunächst ein ausgeklügeltes Labyrinth an schmalen, langen und gewinkelten Gängen zwischen hohen Mauern und Türmen durchschreiten, ehe er ins Innere der Wehranlage gelangte. Dies ermöglichte der Besatzung, jeden Eindringling über lange Strecken von oben zu beschießen, oder siedendes Öl und flüssiges Blei hinunterzugießen.

Vom Alcazaba gelangt man über den Platz der Zisternen in die eigentliche Palaststadt, in deren Zentrum sich der Palast Karls V. befindet, an den im Norden die Nasridenpaläste angrenzen. Weiter östlich liegen Reste von Adelspalästen, Bädern, Gärten, weiters die zu einer Kirche umgebaute ehemalige Moschee und das frühere Franziskanerkloster, das heute den Parador de Granada beherbergt. Im äußersten Osten der Alhambra befindet sich der Zugang zum Generalife, den Gärten mit den am Hang eines Hügels erhöht gelegenen Privatgemächern der Sultane.

Unter allen Bauten der Alhambra bilden die Staatsgemächer der Nasridenpaläste die unbestreitbare Klimax. Sie gliedern sich in drei Teile: über die Räumlichkeiten des Mexuar, des Alten Palastes (erbaut unter Mohamed II. 1273–1302), gelangt man in die Comares (erbaut unter Jusuf I. 1333–1354) mit dem Myrtenhof und dem Thronsaal, und von da

[62] Der gotische Hufeisenbogen ist nicht zu verwechseln mit dem gotischen Spitzbogen, der im Hoch- und Spätmittelalter die Stilepoche der Gotik kennzeichnet und nichts mit den Goten selbst zu tun hat. Die Bezeichnung „Gotik" (v. ital. *gotico* fremdartig, barbarisch) wurde in der Renaissance geprägt und drückt die damalige Geringschätzung mittelalterlicher Kunst gegenüber jener der Antike aus.

in den jüngsten Teil des Palastes, die Leones (erbaut unter Mohamed V. 1354–1391). Dort befindet sich der Löwenhof mit den Haremsgemächern und den drei großen Sälen, Saal der Abencerrajes, Saal der Könige und Saal der zwei Schwestern. Unter Karl V. wurde 1526 im Norden der Leones der Lindarajahof mit den Privatgemächern des Kaisers angegliedert. In diesen Räumlichkeiten schrieb Washington Irving 1828 die Erzählungen von der Alhambra und beendete damit den langen Dornröschenschlaf, in den die Palaststadt nach dem Ende der spanischen Linie des Hauses Habsburg verfallen war.

Der Sieg über die Mauren wurde von den Katholischen Königen mit dem Auftrag zum Bau einer Kathedrale im Zentrum Granadas unterstrichen. Der Baubeginn der gewaltigen Renaissance-Kathedrale fällt in das Jahr 1523, doch wurde sie erst 1704 fertiggestellt. Mit welch gnadenloser Brutalität der militante Katholizismus seine Ziele verfolgte, läßt sich aus der vollplastischen Darstellung des Heiligen Jakobus, des Moorentöters, im ersten Seitenschiff der Kathedrale erkennen: Hoch zu Roß mit zum Hieb erhobenem Schwert schlachtet er die Mooren, die sich unter den Hufen seines Pferdes krümmen. Die erschütternde Offenheit dieser Darstellung geheiligten Tötens in einem Gotteshaus wirkt beklemmend: ungeschminkt, unverhüllt, ohne scheinheilige Verbrämung wird hier offenbar, daß der Weg der reinen Liebe, den das moderne Christentum repräsentieren will, im Diesseits ziemlich steril und künstlich wirkt. Das Christentum der Renaissance war ein robustes, robust wie es der Islam bis heute geblieben ist.

Der Kathedrale direkt angegliedert ist die Capilla Real, die Königliche Grabkapelle, wo die Katholischen Könige und deren Tochter Johanna die Wahnsinnige mit ihrem Gemahl Philipp dem Schönen, Eltern Karls V., in reichverzierten, marmornen Kenotaphen bestattet sind. Es sollte der Ort ihres größten Triumphes, da ganz Spanien dem Abendland wiedergewonnen war, es sollte also Granada sein, wo Ferdinand und Isabella ihre letzte Ruhestätte zu finden wünschten. Die reichverzierte gotische Fassade der Kapelle trägt denn auch an der Balustrade eine schier endlose Aneinanderreihung runder Siegel, welche abwechselnd die gekrönten Buchstaben F und Y für Ferdinand und Isabella präsentieren. Die Zartheit der gotischen Ornamentik mit ihrer filigran genetzten Geometrie, den

Kreuzblumen und schlanken Türmchen wird hervorgehoben und betont durch die großflächige Schlichtheit und Strenge glatter hoher Mauern, in denen sich nur wenige Fenster befinden. Das Portal der Kapelle ist im Stil der Renaissance gehalten und setzt einen exotischen Kontrapunkt in der äußeren Architektur, welcher die außergewöhnliche Qualität der gotischen Grundkonzeption und Ornamentik nochmals unterstreicht. Ein wahrhaft würdiges Grabmal für das Königspaar, das an der Schwelle zur Neuzeit im Schnittpunkt von Mediävum und Renaissance stand.

Doch war ich nicht nur der reichen Historie und Architektur wegen nach Granada gekommen. Allabendlich ging ich in die Plaza de Toros, und obwohl es bloß eine Arena zweiter Kategorie ist, hatte ich das Glück, eine ganze Reihe außergewöhnlich guter Kämpfe zu sehen. Die Kategorie einer Arena korreliert ja nicht immer mit der Qualität der Stiere.

Am ersten Abend war es Alejandro Talavante, der eine sehr saubere Arbeit zeigte. Er hatte den dritten Stier, ein sehr agiles und kampffreudiges Tier, und Talavante lieferte eine wunderbare Faena und tötete fulminant, wobei er direkt über den Hörnern hineinging und dabei vom rechten Horn die Hose in der Leistengegend aufgerissen bekam. Zurecht erhielt er zwei Ohren. Alle anderen Stiere waren träge, so träge, daß keiner der Matadores viel mit ihnen anfangen konnte. Immerhin gelang es Talavante bei seinem zweiten Stier, ihn trotz dessen beschämender Trägheit immer wieder zu zitieren. Doch dann verpatzte er die Estocada und ging eine Handbreit seitlich hinein.

Tags darauf sah ich El Fandi in Hochform. Beiden Stieren setzt er die Banderillas superb wie kein anderer in den Nacken, beide Male liefert er eine halbwegs akzeptable Faena und eine perfekte Estocada. Für seinen ersten Stier erhält er zwei Ohren, für den zweiten eines. Das, was El Fandi nicht wirklich beherrscht, ist die Faena. Er geht dabei nie nahe an den Stier heran und arbeitet sehr vorsichtig. Er ist aber ein großartiger Akrobat, der beim Plazieren der Banderillas dem ihm nachsetzenden Stier im Rückwärtslauf mit der Hand auf den Hörnern davonläuft, bis er ihn zum Stillstand bringt. Niemand macht ihm das nach! Und er ist ein erstklassiger Töter wie kaum ein anderer. Die weiteren Kämpfe des Abends waren enttäuschend, doch immerhin sah man einige ganz gute Faenas.

Die große Überraschung der Woche kam freitags. Fünf sehenswerte Kämpfe an einem Abend, das gibt es heutzutage kaum noch. Selbst der erste Kampf, der schlechteste, war über dem Durchschnitt. Dann verpatzt El Juli nach einer zweifellos sehr guten Faena die Estocada, erhält aber dennoch ein Ohr. Salvador Cortés übertrifft ihn beim dritten Stier bei weitem mit einer wunderschönen Faena und sehr guten Estocada, erhält jedoch trotzdem nur ein Ohr. Der vierte Stier ist äußerst aggressiv, und Jesulín de Ubrique liefert die beste Faena bisher. Als er sich mit dem Rücken zum Stier aufstellt, greift dieser plötzlich an, stößt ihn nieder, doch de Ubrique entgeht einer ernsten Verletzung und tötet den Stier wahrhaft fulminant. Er erhält zwei Ohren, der Stier eine *vuelta al ruedo.* El Juli arbeitet bei Stier Nr. 5 wieder sehr sauber, verpatzt jedoch abermals die Estocada. Es ist ein sehr schwieriger Stier, der das Bündel hinter der Muletta sieht und obendrein bis zum Schluß noch sehr agil bleibt. Das gibt abermals ein Ohr. Cortés beschließt den Abend mit einem wahrhaft sehenswerten Kampf und erhält zwei Ohren. Dieser Freitag übertraf alle meine Erwartungen, ich fühlte mich danach unglaublich gut und zufrieden, kehrte ins Alhambra Palace zurück, wo ich logierte, und beschloß den Abend mit ein paar Gläsern Cerveza.

Am Samstag dominierte wieder El Fandi. Er hatte einen äußerst aggressiven Stier, der gleich zu Beginn die Barrera zerschmetterte und auch bis zum Schluß kampffreudig blieb. El Fandi zeigte den besten Kampf, den ich bisher von ihm gesehen hatte. Es gelang einfach alles, selbst die Faena war gut. Natürlich zieht El Fandi auch immer eine große Show ab, und dabei übertreibt er es gerne. Er schnitt zwei Ohren. El Cordobés bot zwar bei seinem zweiten Stier eine gute Faena, doch sein berühmter Froschsprung wirkt derart lächerlich, daß man nur beschämt den Kopf schütteln kann. Dann verpatzte er alles mit vier Estocadas. El Fandi ist elegant in seiner Schauspielerei, und er kann, was er tut. El Cordobés aber ist bloß grotesk. Zum Glück ließ sich der Präsident trotz allem Gejohle und Getrampel des Publikums nicht zur Vergabe einer Trophäe hinreißen.

Francisco Rivera Ordóñez hatte zunächst einen sehr schwierigen Stier, den er aber ganz gut meisterte und dafür ein Ohr abschnitt, beim zweiten Stier verdarb er sich jedoch alles mit vier Estocadas und zwei Descabellos.

Den Abschluß bildete El Fandi, der eine ziemlich schwache Faena lieferte und ausnahmsweise auch die Estocada verpatzte. Immerhin gab es ein Ohr. El Fandi ist brillant, solange er den Stier mit seiner eigenen Bewegung diktieren kann. Er ist so schnell und behend, daß er die Reaktionsfähigkeit jedes Stieres übertrifft. Wenn er sich in Bewegung befindet, beherrscht er den Stier vollkommen, ob mit der Capa oder beim Setzen der Banderillas oder bei der Estocada. Aber die Faena ist nicht seine Sache. Sobald der Stier es ist, der sich bewegen soll, während er selbst stillstehen muß, hält er sich den Toro weit vom Leib.

Granada hatte mir viel geboten, hatte mir wieder einmal die großartige Vielfalt der europäischen Kultur und ihre historische Reichhaltigkeit vor Augen geführt. Doch jenes tiefe Glück, das man verspürt, wenn ein Ort, ein Land, seine Kultur, die Mentalität seiner Menschen im Gleichklang mit der eigenen Seele schwingt, sodaß man das Gefühl hat, hier zu wurzeln, dieses stille Glück des Ruhens im Schoße der Großen Mutter, diese heilige Geborgenheit: es gibt nur wenige Stätten, von denen ich behaupten kann, daß ich dort würde leben und sterben wollen. Das alte Exmoor zählt dazu, der Westen Schottlands und so manche Örtlichkeit in Südwest.

Literatur

Braun, Karl (2000): *¡Toro! – Spanien und der Stier*
Haneld, Reinhard (2008): *Taurosophie*
Hemingway, Ernest (1932): *Tod am Nachmittag (Death in the Afternoon)*
Irnberger, Harald (2000): *Toros y Toreros*
Neuhaus, Rolf (2007): *Der Stierkampf – Eine Kulturgeschichte*
Rollhäuser, Lorenz (1990): *Toros, Toreros*
www.stierkampffueralle.blogspot.com
www.stierkampf-corridadetoros.de

Epilog

Wenn es mir hier gelungen ist, nur ein klein wenig von der unendlichen Vielfalt der Natur als auch der menschlichen Kultur aufzuzeigen, einer Vielfalt, die heute so extrem bedroht ist wie zu keinem anderen Zeitpunkt in der Geschichte der Menschheit, und wenn es mir weiter gelungen ist, Empathie für diese wundervolle Vielfalt zu wecken, dann hat sich, wie ich glaube, all das Engagement gelohnt, welches diesem Opusculum zugrunde liegt.

Wir stehen heute vor gewaltigen Machtkämpfen um die Deutungshoheit des Weltgeschehens, die uns von alten und neuen Ideologien und Moralismen aufgezwungen werden. Anstatt einer Entideologisierung von Gesellschaft und Politik erleben wir verstärkt Radikalismen und Fundamentalismen aller Art. Die Jagd ist dabei nur ein winziger Teilaspekt in einem viel größeren Drama.

Domine, quo vadis?

VANITAS VANITATVM ET OMNIA VANITAS

Pieter Claesz, Vanitas (1598)
Königl. Gemäldegalerie Mauritshuis, Den Haag

Notizen